# 船舶电气系统
Ships' Electrical Systems

[荷]瑞内·博斯特莱普（René Borstlap）
[荷]汉斯·卡腾（Hans ten Katen） 著

程 鹏　兰 海
文书礼　曲文秀 译

哈尔滨工程大学出版社
Harbin Engineering University Press

黑版贸审字08-2017-102号

#### 图书在版编目（CIP）数据

船舶电气系统 /(荷) 瑞内·博斯特莱普, (荷) 汉斯·卡腾著 ; 程鹏等译. -- 哈尔滨 : 哈尔滨工程大学出版社, 2023.2
ISBN 978-7-5661-1595-9

Ⅰ.①船… Ⅱ.①瑞…②汉…③程… Ⅲ.①船舶配电 – 电力系统 Ⅳ.①U665.14

中国版本图书馆CIP数据核字(2017)第198070号

| | |
|---|---|
| 选题策划 | 史大伟　薛　力 |
| 责任编辑 | 张　彦 |

| | |
|---|---|
| 出版发行 | 哈尔滨工程大学出版社 |
| 社　　址 | 哈尔滨市南岗区南通大街145号 |
| 邮政编码 | 150001 |
| 发行电话 | 0451-82519328 |
| 传　　真 | 0451-82519699 |
| 经　　销 | 新华书店 |
| 印　　刷 | 黑龙江天宇印务有限公司 |
| 开　　本 | 880mm×1 230mm　1/16 |
| 印　　张 | 14.25 |
| 字　　数 | 475千字 |
| 版　　次 | 2023年2月第1版 |
| 印　　次 | 2023年2月第1次印刷 |
| 定　　价 | 240.00元 |

http://www.hrbeupress.com
E – mail:heupress@hrbeu.edu.cn

# 简介

船舶电气系统涵盖了每个电气装置的方方面面，从发电、开关和配电设备，到船上各种类型的用电设备，包括所有类型的自动控制和远程控制，以及内部和外部通信、导航和航海设备。与陆地电气装置的基本区别是船舶必须是自支撑的。船舶必须留有足够的人员和必要的空间，要求这些冗余可以保证在单一的系统或组件出现故障的情况下，船舶可到达下一个港口。船舶及离岸系统的一些应用要有这种冗余，不仅在电气或机械故障的情况下需要，在发生其他事态的情况下也需要，比如发生火灾或水灾时。重要的是要知道装置在发生故障时的工况，比如：

（1）有人或无人值守的机舱；
（2）自动化的控制系统；
（3）一个人在舰桥上值班（入级标志）。

所有的这些因素影响着基本设计，包括设备位置和电缆布线。应用高科技的控制和通信设备以及大功率半导体驱动器，要求了解电磁兼容性（EMC）知识和采用EMC措施。

本书适合那些已具备电气设备知识的读者，以及那些想要扩展电气原理知识和了解船上电气装置的具体要求的读者。每一章都将有一个简短的概述或总结以方便读者使用。

全部理论知识在本书的第13章（船舶知识）进行总结，这是一本可供造船界和造船工业人士广泛使用的百科全书。

## 作者简介

**René Borstlap**

电气和轮机工程师、设计师，电气装置项目负责人，船厂机电部主管，电气类监理。

**Hans ten Katen**

海军建造师，大型油轮船东代表，船厂维修经理，船体和机器类监理。

在本书的撰写期间，发起人René Borstlap不幸离世。他在筹划本书时的付出和知识贡献将被永远铭记。

# 目 录

| | | |
|---|---|---|
| 1 | 绪论 | 6 |
| 2 | 电力基础 | 10 |
| 3 | 基本设计准则 | 14 |
| 4 | 单线图 | 26 |
| 5 | 负载均衡 | 32 |
| 6 | 主电压选择 | 40 |
| 7 | 短路计算 | 46 |
| 8 | 断路器、接触器和选择性 | 52 |
| 9 | 型式认可设备 | 58 |
| 10 | 危险区域-IP等级 | 66 |
| 11 | 交流电源 | 72 |
| 12 | 应急电源 | 82 |
| 13 | 配电板 | 86 |
| 14 | 并联运行 | 92 |
| 15 | 发动机和启动装置 | 100 |
| 16 | 变压器和转换器 | 108 |
| 17 | 电磁兼容性（EMC） | 116 |
| 18 | 电缆 | 126 |
| 19 | 自动控制系统 | 138 |
| 20 | 报警和监控系统 | 156 |
| 21 | 航海设备 | 162 |
| 22 | 通信系统 | 172 |
| 23 | 安全系统 | 176 |
| 24 | 照明系统 | 180 |
| 25 | 动力定位系统 | 184 |
| 26 | 特殊系统 | 192 |
| 27 | 测试、调试及分类 | 198 |
| 28 | 维护 | 210 |
| 29 | 附录 | 214 |
| 30 | 有用的互联网链接 | 222 |
| 31 | 索引 | 224 |
| 32 | 致谢 | 226 |

# 1 绪 论

某种形式的船舶或许从地球上有人类开始就一直存在，但直到19世纪末电力才应用在船上。

最初电力只是以简单的直流形式应用在一些电灯上，后来更多地以交流电形式应用在动力系统中。如今船上已离不开电力，电力遍布于船上的每一个系统，例如：泵、自动控制装置、导航设备和先进的通信设备。

每年世界上会有几千艘新建船舶（从很小型的到超大型的船舶），同时有数千艘现有轮船要修理、改造及翻新。实际上所有这些项目都需要某种形式的电力设计和安装。编写本书的意义在于帮助那些参与船上电力系统决策、设计、安装、检测和维修的人员，对项目有更好的理解，从许多可选项中做出正确的选择。

造船业是全球化的业务，涉及船东和他们的投资人、造船厂、设备生产商，以及一些相关服务和技术的提供者。总之，一个项目可能涉及遍布全世界的数以千计的工人。这样，就需要许多规划和了解协调，以对项目标准和目标事先进行协议。

第2章（电力基础）是为了满足不熟悉电气设备知识的读者，以及想要扩展电气理论方面知识和了解船上电气设备的具体需求的读者。

第3章（基本设计准则）将这些问题和电气设计工作的基本需求一起阐述。

其他章节按照电气装置设计的开发顺序进行排序。

## 其他章节组织如下

### 基本设计

第4章 单线图
第5章 负载均衡
第6章 主电压选择
第7章 短路计算

所有这些章节都是由船东和造船厂在专家的协助下共同完成的。当基本设计发生改变时，一些数据需要重新计算或迭代计算，因为一个结果可能会影响其他结果。这些我们会在第3章基本设计准则里详细说。

### 基本装置的选择

第8章 断路器、接触器和选择性
第9章 型号认可设备
第10章 危险区域–IP等级

第8章（断路器、接触器和选择性）的内容只能在基本设计完成后再讲。第9章和第10章的内容都是由规范中的等级要求决定。这些设计主要由首席电气工程师完成。

### 电源

第11章 交流电源
第12章 应急电源
第13章 配电板
第14章 并联运行

第11章和12章的内容由造船厂根据基本设计做出选择，并且会成为规范的一部分。基于这些信息，电气工程师完成13章和14章的详细设计。

### 主要用电设备

第15章 发动机和启动装置
第16章 变压器和转换器
第17章 电磁兼容性

第15章和16章的内容由造船厂根据基本设计做出选择，并且会成为规范的一部分。电气工程师完成详细的设计工作。当电力设施中包含大型转换器时，必须着重注意电磁兼容性（第17章），以避免设备中的干扰。

1 绪 论

### 安装要求
　　第18章 电缆

　　第18章给出关于电缆安装和连接的信息,电气工程师可用其规划和组织船上安装。

### 主系统
　　第19章 自动控制系统
　　第20章 报警和监控系统
　　第21章 航海设备
　　第22章 通信系统
　　第23章 安全系统
　　第24章 照明系统

　　通常,这些章节适用于任何船舶,基本要求会列在规范中。电气工程师将会完成系统的具体设计。

### 特殊系统
　　第25章 动力定位系统
　　第26章 特殊系统

　　大多数情况下,动力定位系统(第25章)主要应用在特殊类型的船舶上,像海域起重机、铺管机、潜水支援船等,基本要素也会列入规范中。第26章的内容会在一些特殊系统中出现,比如直升机设施、应急推进系统和一些类似的系统中。

### 船只的建成及投入使用
　　第27章 测试、调试及分类
　　第28章 维护

　　第27章的内容涉及了船舶的建成和投入使用的工作。这些条款主要是用于船主验证电力装置是否已按照合同完成建设,也用于维护使用中的船舶(第28章),并定期进行船级社检验。

### 附加信息
　　第29章 附录
　　第30章 有用的互联网链接
　　第31章 索引
　　第32章 致谢

　　这些章节可以快速搜索有用的信息。

### 海事船

每一个项目都需要本书中的不同的要点。

### 新建船舶

对于新建船舶,从第3章到第24章都需要。新建一艘客轮,需要特殊考虑安全系统(第23章)和照明系统(第24章)。

### 旧船改造

改造旧船可能需要增大发电机容量以获得更多的电能,例如添加额外的装卸货物装置或艏推进器。单线图(第4章)、负载均衡(第5章)和短路计算(第7章)都需要更新和重新检验。

### 特殊的船

在世界的各个港口上有许多特殊的船只。有些是专门定制的,有些是经过改造的旧船。例如,大型海上起重机、铺管船、潜水支援船、勘探船、挖泥船等。

这些特殊的船大都装有动力定位系统和精密的电子系统。针对这些项目,动力定位系统(第25章)和特殊系统(第26章)特别适用。

### 海洋平台

本书不包含海洋平台,例如任何形状或尺寸的钻机。它们的规则和规范与船上的有很大不同。此外,许多海洋平台系统是独一无二的,应用本书处理它们会使其更加复杂。

但是,将本书的前四部分用在处理与海上相关的工程上也是安全和可行的,它们可以成为处理电力设计的基本要素。

### 使用说明

本书仅供参考,用户应始终参考合同和技术规范以及具有法律约束力的规则和法规的要求。对于船级社要求,应确保网页资源丰富且最新信息更新及时。

## 2 电力基础

> 本章定义和解释了不同形式的电及其用途。词典中将"电"定义为：物质与原子粒子相关的基本性质，它的自由运动或受控运动会促使力场的发展和动能或势能的产生。

定义看起来很复杂，但是电力是传输功率的、无污染的配电媒介。在正常使用的情况下，电力无气味、无污染且相当安全。

电力不是目的，而是用相对简单的设备来实现电力分配的媒介，它很容易转换成机械能、光能和热能，其中很小的一部分可以用于信息传递。

两个带电物质之间，相互施加作用力于对方，其中一方施加的大于另一方的量叫作电荷，并且以适当的单位进行测量：

固定在一点或在一个受限制的电力区域的电荷称为静电；在一个导体中流动的电荷称为电流。

静电通常是不受欢迎的。

例如：一艘正在装载的油轮，液体流经货物软管所产生的电压可能导致静态高电压，继而引发火花。

电流有两种基本形式：直流电（DC）和交流电（AC）。

## 1. 直流电

直流电的产生有很多方式：
（1）蓄电池或燃料电池的化学过程；
（2）发电机的机械能转换；
（3）交-直转换器。

直流电可以存储在蓄电池中，在需要的时候可以直接使用。以传统的柴电潜艇为例，电能由柴油发电机在水面运行时产生或在浮潜深度的水下产生，并存储在电池中。螺旋桨由一个在水面或水下的电动机驱动。电池箱如图2-1所示。

在现代化的船舶上，直流系统一般使用在小型装置或临时电源上。

不间断电源系统（UPS）是储备直流电的电池、电池充电器和交-直变换器的组合。当计算机突然断电时会导致信息丢失或程序崩溃，此时就需要不间断电源给计算机供电。UPS也应用在易变化的照明设备中。

直流系统的缺点是装有集电器、电刷、复杂的开关装置的发电机和电动机都需要大量的维护，并且随着尺寸的增大而变得更加复杂。直流系统的另一个缺点是必须快速地关闭直流电路，以减少有害电弧的影响。带有复杂的电刷和集电器的直流发电机或电动机如图2-2所示。

图2-1　电池箱

1—旋转线圈；
2—固定线圈；
3—集电器；
4—电刷。

图2-2　带有复杂的电刷和集电器的直流发电机或电动机

## 2　交流电

交流电允许开关装置的电流在每个周期下降到零,当电压为零时电弧会自行熄灭,前提是断路触点之间的距离足够大,以防止在下一个周期中复燃。断路器中电弧熄灭的图片会在第8章(断路器、接触器和选择性)中展示。

图2-3是一个单相的交流系统及磁铁和旋转磁场的物理位置,可以是电动机或发电机。交流电非常合适于照明和控制电路。交流电单相转换成转动能量,需要一个辅助绕组来定义方向。因此,小型电动机需要一个启动绕组或辅助绕组。大型电机很少是单相的。

## 3　旋转电流(RC)

在单相交流系统之后发展的是三相交流或旋转系统。永磁发电机有三个绕组,并且彼此相距120°,每个绕组中依次产生交流电压/电流。

这种旋转电压/电流,可以给一个简单交流鼠笼电机(见第15章)供电。该电机具有相同的等距绕组。通过改变两相的方向来改变旋转方向。三相系统的更大优势是,当负载平均分布在各相上时,三相电流的总和为零。在该情况下,零点或中性点可以去掉或减小。这种有效的配电系统是在船舶和海上设施中最常用的系统。

## 4　船舶电气系统

近年来,船上的电气系统已经变得越来越复杂,已经从低质的、相对较小的系统,发展到复杂的、需要精心设计的大型系统,尤其是带有配电系统的选择。更多的内容见第3章第8节。

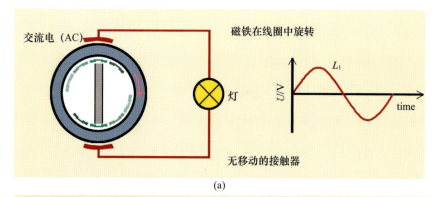
(a)

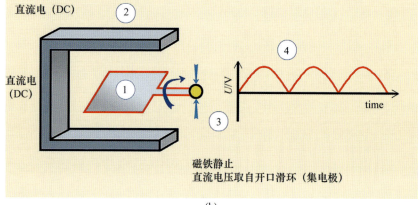
(b)

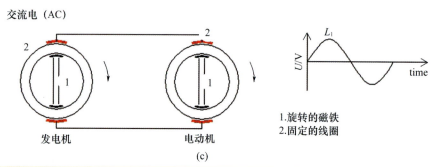
(c)

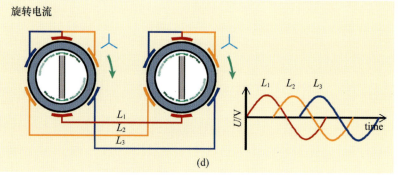
(d)

图2-3　单相的交流系统、磁铁和旋转磁场的物理位置

## 5 电压、功率和电流的关系

在直流和单相交流系统中，电压、功率、电阻和电流之间的关系（图2-4）是：

$$I = \frac{U}{R}$$

$$I = \frac{P}{U}$$

$$P = U \times I \times \cos\varphi$$

在三相交流系统中，电压、功率和电流之间的关系是

$$P = U \times I \times \sqrt{3} \times \cos\varphi$$

其中，$\cos\varphi$是功率因数，由负载决定。对于阻性负载，如照明、取暖和炊事设备（不包括具有电容性负载的电路）。$\cos\varphi$通常是1。

发电机的功率因数一般为0.8。电动机的功率因数随负载在0.6~0.9间变化。小电机或低负载的大电机的功率因数通常为0.6，满载的大电机的功率因数为0.9。

电压：$U$（V=伏特）
电流：$I$（A=安培）
功率：$P$（W=瓦特）
电阻：$R$（Ω=欧姆）

一般而言，大多数国家采用以下电压：
（1）单相电压为230 V；
（2）三相线电压为50 Hz，400 V；
（3）三相线电压为60 Hz，440 V。

当功率已知时，电流的计算公式为

$$I = \frac{P}{U \times \sqrt{3} \times \cos\varphi \times \eta}$$

根据电流值，可以选择电缆、断路器或熔断器。

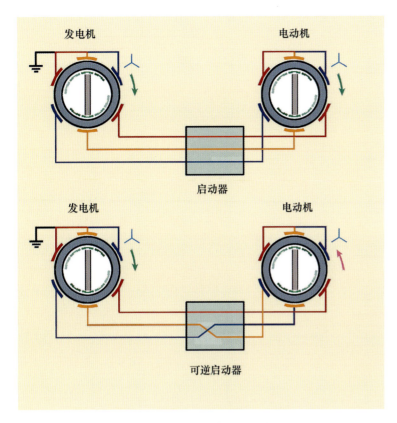

(a) 改变两根缆线的接线做成可逆交流电机

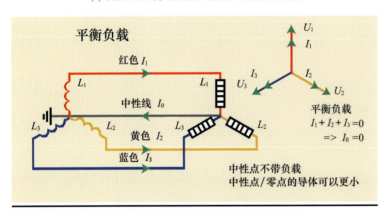

(b) 三相系统带等值负载

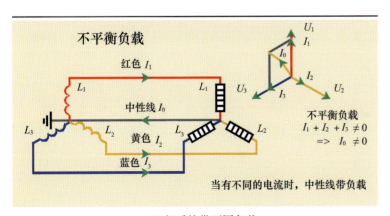

(c) 三相系统带不同负载

图2-4 电压、功率、电阻和电流的关系

# 3 基本设计准则

> 建立基本设计准则是成功设计的第一步。设计准则的内容和清晰度有助于项目的设计、准备、安装、测试、调试以及交工涉及的所有内容。准则由船东编制合同规范时明确地标明,否则由造船厂与船东协商后确定。

## 1 引言

在小型船上,船舶电气系统可以很简单,有小型电源,如电池和太阳能电池板,但是,更多的时候会设计一些复杂的系统。现代的船舶可能有近100种不同的系统,从发电机到大型配电系统,从大型控制系统到带有远程诊断系统的卫星通信,通过卫星传送到船上的计算机系统。

因此,如何与船东、造船厂的代表、供应商、安装工人和调试工程师一起工作,参与到一个船舶电气设计中,是一项挑战。

建立基本设计准则是在所有实际设计之前至关重要的第一步。在项目的开始,仔细检查基本设计准则可以避免在后续设计中进行代价昂贵的改动。

## 2 项目管理

每一个项目,不管大小,都应该根据五个基本准则进行管理,它们在项目开始时应该被写入项目计划中。

### 2.1 质量

质量是项目交付的最后结果。当要求的是一辆大众汽车时,你做出的不能是劳斯莱斯。这些基本点在合同规范中有所规定,合同中也会有所需的等级要求符号。若合同规范中存在不明确的方面,应在项目开始时解决和纠正。

### 2.2 合同价格

合同价格是根据合同商定的工程价格。通常情况下,造船厂和船东签订主合同,与其他各方签订分包合同。合同规范的任何变更都可能导致主合同的价格调整。

### 2.3 规划

规划是根据合同商定的工作时间安排。在大多数情况下,包括项目的里程碑,它是项目的支柱,各方都能够将自己的活动集中到这些里程碑上。同样,任何规划的变化都可能导致主合同的价格调整。

### 2.4 组织

组织是为了表明参与的各方之间的关系和他们的权力。由此产生的组织结构图,帮助参与各方识别项目中的关键角色和他们的角色。应尽量避免组织结构图的变化,特别是在管理层方面,它的变化会导致项目的信息流失。

### 2.5 信息

信息是所有参与者彼此沟通的方式。其范围可以从主要交流者(阅读和回复)和二级交流者(只读)使用的电子邮件的分发到图纸和文件的编码方式。电气设计是较大项目结构中的一部分,遵循同样的管理结构。

项目是由人来完成的,良好的沟通是必不可少的。信息应有助于考虑到所有活动的SMART:

S:明确的,即不能模糊或不清楚;

M:可测量的,即量化商定的标准单位;

A:协议,即已讨论过所有涉及的部分,并会遵守协议;

R:实际,即不要求不可能的事;

T:时间依赖性,即将主题与开始和结束计划联系起来。

很明显,当一艘船是一系列船舶的一部分时,只需要尽最大努力来建立第一艘船。对于一些较复杂的船舶的首次设计,则可能需要更多的精力来准备基本设计准则。

## 3 定义

基本设计准则应在项目开始时制定,最好由船东完成。但是,由于船东可能没有足够的资源和专业知识去完成,在这种情况下,会有专门的船舶设计部门参与帮助船东完成。有了更标准的船舶,船东可以直接去造船厂。

基本设计准则从船东对船的用途描述和基于船舶即将工作的商业环境的服务类型开始。

船只的用途可以是一般的货运船、客船、油船、支援船、钻井船等,并描述其能力和操作范围,如不受限制服务、沿海服务或内河航道服务。

船上的工作人员的操作类型将会被定义为有人或无人值守机舱和自动化水平。同时,舰桥的基本设计将在集成水平上进行。

冗余标准将确定在船不能继续运行下去时,有多少设备可以有故障。冗余级别分为:

1级:针对所有船舶,标准的单一故障模式;

2级:针对动力定位船舶,单一故障模式;

3级:针对动力定位船舶,对火灾和水灾有额外的预防措施。

设计阶段有一定的顺序。当单线图和负载均衡可用时,电源电压可以在短路计算完成后选择。短路计算得到的值是选择断路器、选择和设计主配电板的基础。当基本设计结构确定后，可以订购、生产主要电气元件，如主配电板。

当所有项目的基本设计准则都完成后，将结果提交给船级社审查。船级社将根据船舶所要求的船级对基本设计准则进行审查。

对于电气安装，除了需要基本设计准则还需要更多信息，例如：

（1）短路计算表；
（2）选择性图表；
（3）主要材料清单；
（4）施工布置图纸。

如果是新的或非常规的设计，还必须提交操作说明。

各方面的基本设计准则将在以后的各个章节中进一步详细解释。

应当指出，当起草新设计船舶的基本设计准则时，一个决定可能影响另一个决定。当没有足够的可用数据时，基本设计基于假设值完成，但这些值应尽快在具体的设计中验证。当有更准确的可用数据时，前面的计算应重新验证，确定结果是否仍然在范围内。尤其是设计一个"一次性"船只，在得到最终结果前需要反复计算。

## 4 服务类型

### 无限制的服务

在海上航行，岸上是无法提供帮助的。冗余设备、电池使用时间、应急发电机能力的要求应最大限度地满足《国际海上人命安全公约》（SOLAS）。无限制服务的油轮、沿海服务船、内河航道船和限制服务拖船如图3-1所示。

### 限制服务

任何船舶，尤其是专为在某一地点或短期服务而设计的船舶，如英国和大陆之间的渡轮。

### 沿海服务

带有"沿海服务（Coastal Service）"标志的船舶允许在有限的区域内操作。一般包括当地的交流站点和服务机构。另外，对电池额定值、通信设备和冗余的要求不高，因为可以在短时间内就可以获得帮助。

### 内河航道

作业区域：河流、沟渠、港口等。该类船舶的作业区域有限，由消防大队或拖船提供援助。对消防泵、应急电池额定容量或油箱容量的要求要比无限制服务的要求少。

图3-1　无限制服务的油轮、沿海服务船、内河航道船和限制服务拖船

## 5 操作类型、机舱和舰桥

### 5.1 有人/无人值守机舱

现在，有人机舱是罕见的。现代自动化系统，如远程控制、报警和监控系统，使无人机舱的操作成为可能，至少在一段时间内是这样。在白天，工程师可以按照计划进行维护、修理或更换有缺陷的部件。由于机舱通常很热、潮湿和嘈杂，使用无人机舱会更合适。装有简单的电气装置的船舶，设计载人机舱，并去掉昂贵和复杂的自动化远程控制、报警和监控系统，火灾探测系统，燃料泄漏检测系统等是可行的。一个独立的发电机组的自启动，在运行装置出错时母线的自动关闭和所有必要的电力设备的自启动是SOLAS对所有船只的要求，包括有人机舱的船只。发动机控制室如图3-2所示。

图3-2 发动机控制室

### 5.2 无人（UMS）符号

在标有UMS符号的船舶上，无须人长时间地在机舱内值班。该类船舶要求有额外的报警系统，如：

（1）火灾探测系统；
（2）机械自动安全系统和远程控制系统；
（3）空气压缩机的报警和监控系统的自动控制系统；
（4）用于推进辅助设备的备用泵的自启动，例如：海水泵、淡水泵、润滑油泵、燃料油泵、没有直接驱动发电机的螺旋桨液压泵。

系统必须以这样一种方式存在：在正常操作条件下，不需要工程师的人工干预。报警和监测系统必须与安全系统是独立的。在预定的时间内未被确认的报警系统，必须通过轮机员呼叫系统自动转发给值班轮机员。当值班轮机员未能在预定时间内采取行动时，报警信号将转达给其他轮机员。当值班轮机员在无人机舱巡逻时，他将启动操作员健康系统。该系统由机舱入口处的开始/停止面板和在机舱内的定时复位面板组成。当定时时间到且没有复位时，将给舰桥和值班室发送一个报警信号，定时器通常设计为30 min。

### 5.3 一人在舰桥值守

通常，船舶在海上（沿海、限制性或无限制性服务）运行时，在舰桥内有一个值班员。类似于一人在机舱内值班，基本要求为：必须高度关注与导航设备相连的报警和预警系统，既要看到也要听到。

必须具备以下报警：
（1）最短路径。
（2）搁浅报警。
（3）路标接近提醒。
（4）偏离航线报警。
（5）偏离轨道报警。
（6）舵机报警。
（7）航行信号灯报警。
（8）陀螺罗经报警。
（9）监视安全系统故障报警。
（10）海上配电板供电故障报警。如果是双重供电的，既要为正常电源，也要为备用电源电路设置报警。所有的报警必须万无一失，这样当设备或电源出现故障，会触发报警。

机舱的报警和监控系统应该监测舰桥报警系统的电源故障，应该提供一个安全监控系统，监测值班员的健康和意识。值班员通过接收最大时间间隔为12 min的警告，确认他的健康情况。当值班员未能在30 s内回应接到报警或未能在1 min内接到舰桥报警，监控系统将发送监测报警到船长室和备用导航员室。但是，船旗国不接受客船在舰桥上只有单独一人值守，所以当客船载客的时候，驾驶台上必须至少有两名工作人员。

## 5.4 集成舰桥

其他可能的导航功能符号是集成舰桥导航系统。此配置要求（除一人值守舰桥外）：
（1）冗余的陀螺罗经；
（2）GPS系统；
（3）路线规划能力；
（4）自动跟踪能力；
（5）电子海图显示（ECDIS）。

## 6 负载均衡

电气设备的位置，以及操作过程中需要多少电力的估计，是基本设计的关键问题。详细的总设计方案通常会给出发电机和大负载的位置。负载均衡能估计各种操作条件下的总用电负荷，给出在每个条件下所需的发电机容量的数据。在特定位置的总负荷的详细负载均衡给出了一个局部配电板和馈线电缆的设计数据。负载均衡还必须确定在紧急情况下所需的负荷。该数字用于选择一个功率适合的应急柴油发电机和油箱，或在较小的系统中的带有充电器的应急电池。

驾驶室控制台

从总体上分析一个挖泥船的主要电力负载可以看出，主配电板的最佳位置是在船首靠近大电力负载的位置，如大型疏浚泵和船首推进器。当发电机（通常位于船尾的主机室）连接到主配电板上，需要对超长电缆做特殊保护，这些发电机通常与船尾的主机舱相连。差动保护对于额定值超过1 500 kVA以上的电机，不会增加很多成本。在挖泥船的前部有充足的空间，并且不用考虑重量，因为沉重的主发动机位于船尾。

## 7 维护标准

（1）自给；
（2）岸基维护。

上述影响基本设计的参数，包括：负载均衡、单线图、基本电缆布线要求、重要电气设备的基本位置、自动化的要求。

操作类型决定了船员所需的知识水平和是否一定要在船上安装备件。在一个铺管船或潜水支援船上，当操作不能停止时，船舶自身必须能够提供所有必要的备件。在其他情况下，要求船舶定期靠岸，如渡轮，它很容易靠岸，也可以很容易地聘请到专业人士，大部分备件可以在岸上保存。

符号和相色：电气图纸包含标准符号，有时会用相色，正如那些在本章中用到的。有关这方面的更多详细资料见本书第29章。

## 8 配电系统的类型

### 8.1 接地、连接和安全的介绍

自从1950年左右，交流发电和配电在船舶上大规模引入以来，关于配电系统的类型一直存在争议。配电系统类型的主要焦点是中性点接地系统的处理。

选择接地方式时，主要决定因素是人的安全，其次是设备的安全。重要设备的损坏可能危及船舶的安全，也降低了船员的工作安全性。

船上的主要故障是接地故障，故障经常在带电导体接触到"地"时发生。船上的"地"基本上是金属结构。

当电力系统"不接地"时，电源的中性点与船舶的金属导体是绝缘的。在"不接地"系统中，会检测到接地故障，但不会自动删除第一次故障。允许电力系统保持运行，对于重要的电力系统来讲，这可能是一大优势，如那些有关动力定位的操作。

"不接地"仍然会有故障电流，电流源于装置内部电缆的电容和抑制电容器的电容。在有许多电缆的大型装置中，故障电流会很大。要找到在"不接地"系统中的第一次接地故障，需要完成一些工作，因为它们通常不会自动显示，并且会一直影响配电板的开关电路，直到故障现象消失。只有在配电板中安装了更复杂的系统和磁、势平衡电流互感器时，配电板才会自动查出故障，这会是一个昂贵的附加功能。

当电力系统"接地"时，电源的中性点连接到船的金属结构上。在大多数情况下，"接地"系统通过在故障电路启动自动断路器或熔断器熔断消除接地故障。带电导体触及设备的金属外壳，船员会有危险。将所有电气设备的金属外壳连接到船体上，确保它们具有相同的电压，这样不会引起电击。此外，将电气设备连接到船体上将为故障电流提供通路，它允许保护装置或检测设备对故障电流做出反应，因此大大提高了安全性。在船上，大部分设备直接安装到金属层或舱壁上，舱壁是船舶的一部分。设备没有直接安装在舱壁上时，如带有防振支座的撬装设备，必须有额外的接地安装。这些设置必须与灵活的地线尺寸匹配，接地电缆与焊接到船的结构的总接地点相连。

在"不接地"系统中，剩余阶段的电压水平将上升到正常值的$\sqrt{3}$倍。如果故障没有得到解决，这种较高的电压水平会导致绝缘电线或电缆损坏。这就是为什么大多数的检验机构必须对系统中每年可能发生的接地故障的总时间设定限制。导线松动和与地断路可能在一艘船正在运行时发生，会导致瞬态过电压，从而永久损坏设备。一般情况下，没有单独处理电力系统接地的"最好方法"。对工程师而言，选择系统主要考虑安全、成本和操作方面。结果可以应用在由于特殊用途而必须接地的系统中，如应用专用变压器的住宅、酒店及厨房。

基本服务可以由绝缘系统提供，如与动力定位和推进相关的基本服务。通过从不同的电源和应用冗余的系统中分离出来，系统可以进一步优化。

## 8.2 船舶的主要接地方法

接地一般有三种方法：
（1）中性点不接地；
（2）固体和低阻抗接地；
（3）高阻抗接地。

### 8.2.1 中性点不接地系统

三相三线中性绝缘（不接地）系统如图3-3所示。

主要优点是：
（1）接地故障服务的连续性；
（2）接地故障电流可以保持在较低水平。

主要缺点是：
（1）需要高绝缘水平；
（2）可能产生高瞬态过电压；
（3）接地检测电路可能很困难。

> 在最新版本的IEC 60092-502中，绝缘且接地的配电系统在油轮上允许使用，但是，不允许带有船体回馈。通过船的结构回馈，在海上的危险区域内，只在有限的系统中是可以被接受的，如柴油电机电池启动系统、本质安全系统、强制电流阴极保护系统。

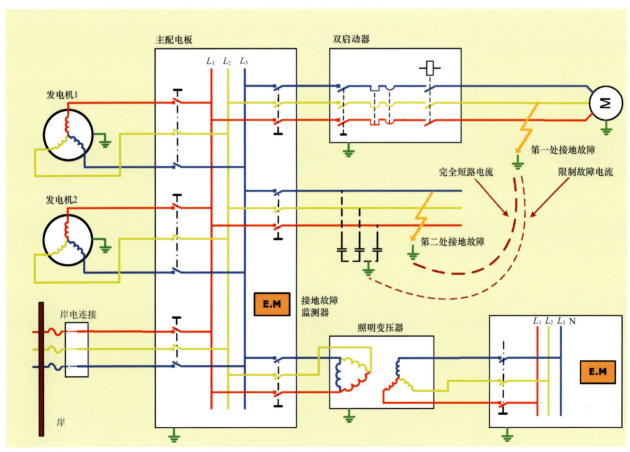

图3-3 三相三线中性绝缘（不接地）系统

船舶上大多数范围为400~690 V的主要电力系统都有一个绝缘中性点。检测接地故障并尽快排除也是很重要的。这是为了避免在第二处接地故障时短路电流过大，超过设备的三相故障额定电流，导致无法修复的损坏。危险压域也有一个绝缘中性供电系统，接地系统中故障电缆的闪络太高，可能会导致爆炸。

### 8.2.2 固体和低阻抗接地系统

主要优点：

（1）无须特别注意设备的绝缘；

（2）自动检测和立即隔离接地故障；

（3）在很短的时间里有接地故障电流，损害小；

（4）避免电弧接地过电压；

（5）保持在一个恒值内的接地相电压。

主要缺点：

（1）瞬间切断和停止服务；

（2）故障电流大，可造成大规模的损害，并有爆炸的危险。

大多数低功耗，在110~230 V内变化的低压系统有一个固定的中性接地点。电源主要由一个单相连接到中性点的电源提供，如变压器仅提供给小功率用电设备和照明系统。

固体或低阻抗接地系统配电有两个基本类型：

A. 有船体回馈的中性点接地的三相四线制；

B. 无船体回馈的中性点接地的三相四线制（TN-S系统），所有的电压会上升，甚至到达500 V AC。

无船体回馈的类型（B）类似于岸上房屋中的接地系统，主要用于船舶的居住舱室。该系统的另一个优势是，它要求与陆上设施有相同的运行和维护技能。各个国家的劳工法都要求，公司要对船上的工人或船员的安全负责。使用这种类型的系统，会更容易遵守安全、培训、业务授权等方面的标准，它们是相同的。应为舵机或提供基本服务的泵提供低压电源，以保障这些设备在接地故障时不受影响。对于这些设备，最好的办法就是为它们提供专门电源，区别于主电源。

图3-4显示了一个不接地系统的总体布局，带有低电压接地系统。

### 8.2.3 高阻抗接地

高阻抗接地是用一个电阻接地，用于许多中压系统。它有以下优点：

（1）低接地故障电流，减少损害和降低火灾发生的危险；

（2）降低由系统过电压引起的最小接地故障闪光危险；

（3）设备保护成本低。

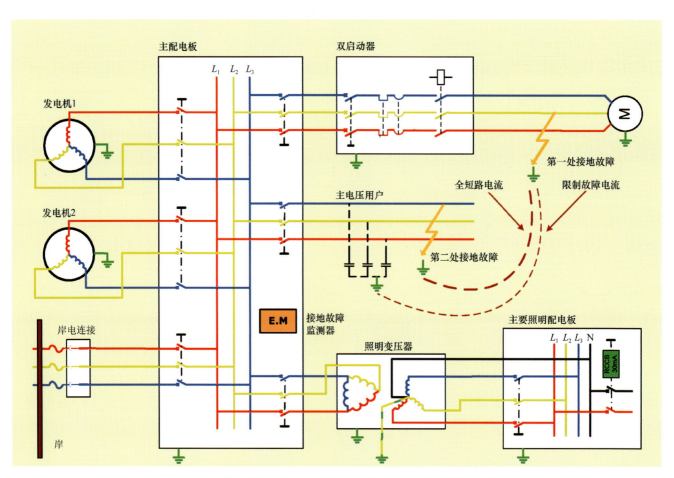

图3-4　三相三线中性绝缘（不接地）系统，带有低电压接地系统

中性点和船体之间通过电阻连接后，电阻将接地故障电流限制在一个很低的值，但是该值仍能确保接地故障保护装置的选择性操作。

为确保地面电流检测和保护设备的运行，确定接地电阻值是合格的高电压工程师的工作。

正如低压绝缘系统，有接地故障的高阻抗接地的高电压系统，在理论上是可行的，但不推荐。

故障升级为相同故障并导致火灾或大量设备损坏的危险始终存在。因此，建议尽快隔离设备并修复接地故障。在船上的高压系统相对容易，但是通常应用得不是很广泛。

## 8.3 接地方式的一些实用性建议

当涉及不同电压等级或不同类型的服务时，中性点应分开处理，无须考虑其他系统。在同一电压等级的配电系统中，当中性点连接到地面上的几个点，并且没有和变压器的中性点、发电机的中性点相连时，应注意均衡电流。接地装置与船体的连接应确保接地连接中的任何循环电流不会干扰无线电、雷达、通信和控制设备电路。

当系统中性点接地时，可以通过手动断开来维修或测量绝缘电阻。当使用四线制配电系统并且没有使用接触器时，在任何时候系统中的中性点应该接地。大多数接地故障发生在与主电源无关的电气设备中，如照明设备、厨房设备和甲板设备。在"不接地"配电系统中，提供一个独立的"接地"系统设备使接地故障自动清除，将是一大优势。在"不接地"系统中，应该考虑安装"故障开关"（必要时带有一些阻抗），这样在方便的时候，暂时将系统的中性点接地可使故障电路跳闸。

## 8.4 接地方法和岸上连接

当电气系统的中性点接地时，在某些情况下，船体可能会在港口内充当岸电的接地点。但是船舶和海岸之间流动的接地电流将会导致船体的电偶腐蚀。为了避免这种情况，可以在船上安装隔离变压器，仅在岸边时使用。隔离变压器的二次侧可以连接到船的地面，形成一个与岸上系统没有联系的中性点。

图3-5给出了一个在岸上电源上装有隔离变压器的中性接地系统。

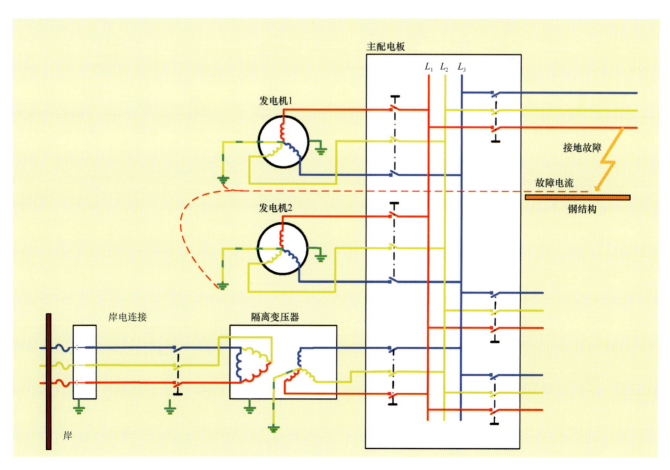

图3-5 三相三线中性绝缘（接地）系统，连接带有隔离变压器的岸上电源

## 8.5 触电危险

中性点处理方式对人在触电时的危险不会有明显的效果。人体的耐冲击电流很低，任何中性点接地的方法都存在潜在的致命的电流。即使在未接地系统中，接地电容的电线也是危险的。为了减少人触电的风险，可以使用剩余电流装置，它有30 mA的高灵敏度，工作时间短于30 ms。剩余电流装置只能对固定接地子系统有效，如在居住住所，它们装在有一个中性点接地的变压器的后边。图3-6为装有剩余电流装置的三相四线制低压中性点接地系统的布局图。另一种减少触电危险的方法是在低压子系统中（<250 V）使用隔离变压器。

## 9 冗余标准

对于船的运行和安全要求而言，需要必要的冗余装置以保证在运行中或其供电系统单一故障时不会导致两种服务同时失效。应该为每个系统单独安排供电电路。供电电路必须在它们的配电板和整个电缆长度上相互分离，并尽可能远地彼此分开，而不使用任何公共组件。常见的组件是配电板、馈电线、保护装置、控制电路或控制装置组件。这既是高压单线图、低电压单线图和24 V直流单线图的基础，也是开关板和配电板的布局设计基础。防止火灾和电器损坏，为其他部分提供相同的物理分离是必须的。

## 9.1 正常服务

系统中的一些需冗余设置的用电设备：
——启动空气压缩机。
——喷淋泵、消防灭火泵、超雾泵、水帘泵。
——舱底泵和压载泵。
——海水和淡水冷却泵，高温和低温系统。
——电力推进设备。
——电启动发动机的启动电池和电池充电器。
——火灾探测和报警系统。
——燃料油泵和加热器。
——可控螺距螺旋桨泵。
——电力驱动下的主发动机、变速箱、辅助发动机的轴系润滑泵和吸泵。
——惰性气体的风扇、洗涤泵和甲板舵机泵。
——舵机泵。

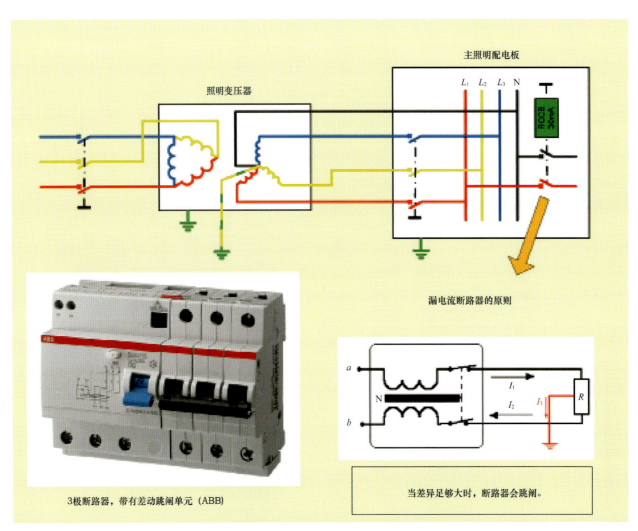

图3-6　三相四线低压中性点接地系统，带有剩余电流装置

——动力定位推进器，注意用于操纵的推进器无须安装多个，但可以从两个不同的配电板引入双馈线。

——照明系统无须安装太多，只要最后的两个支路为每个居住舱室提供服务就可以；电路也可由应急配电板供电。

——法规规定，导航设备必须连接到配电板上，由主配电板和应急配电板通过转换开关连接。

——带有专用配电板的导航灯，配电板通过双馈线由主配电板和应急配电板连接。原则只需更换一个坏掉的灯泡，不需要更换两个灯，在恶劣天气条件下也一样。

——远程操作阀。

——机舱风扇。

——水密门。

——卷扬机。

——上述服务的电源和控制系统。

此外，为了保证居住处所的最低舒适度，以下服务是必须的：

（1）烹饪/加热；

（2）家用制冷；

（3）机械通风；

（4）卫生和淡水。

是否将家用制冷放入必备清单，目前正在讨论中。

以下服务不是维持正常出海作业船舶的必要设备：

（1）货物装卸和货物保存设备；

（2）不同于居住条件的酒店服务；

（3）动力定位推进器以外的推进器。

然而，在非必要的脱扣系统中，推进器在做饭、取暖、通风、卫生和其他任何非航行服务断开之前是不会脱扣的。这就避免了在操纵和停泊时的危险情况。

图3-7为配电板的布局图举例，显示了重要的用电设备部分、带有总线隔离器和重要用电设备的发电机控制板部分。

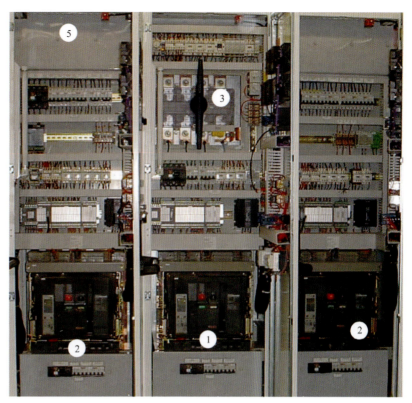

(a)

(b)

1—通岸接头断路器；2—发电机断路器；3—总线部分隔离器；
4—必要用户断路器1；5—主母线。

图3-7 配电板的布局图

3 基本设计准则

## 9.2 应急设备

应急设备可能包括：应急照明设备、导航灯、内部通信、应急消防泵、喷淋/超雾泵、带有舱底阀的应急舱底泵等。

客轮应急设备必须可以使用36 h，货轮的最短时间是18 h。这就决定了电池容量或在紧急情况下柴油发电机油箱的容量。

图3-8为应急配电板的两部分：

（1）应急发电机和母线连接到主配电板；

（2）应急用电设备的配电部分。

## 9.3 柴油机电力推进

图3-9是一个简化的柴油电力推进船（图3-10）的单线图，

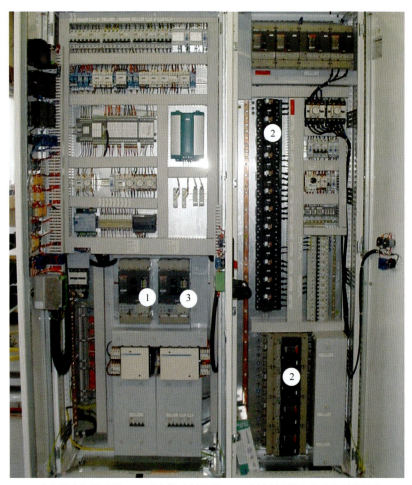

1—应急发电机断路器；2—应急输出断路器；3—连接断路器和主配电板的母线。

图3-8 应急配电板

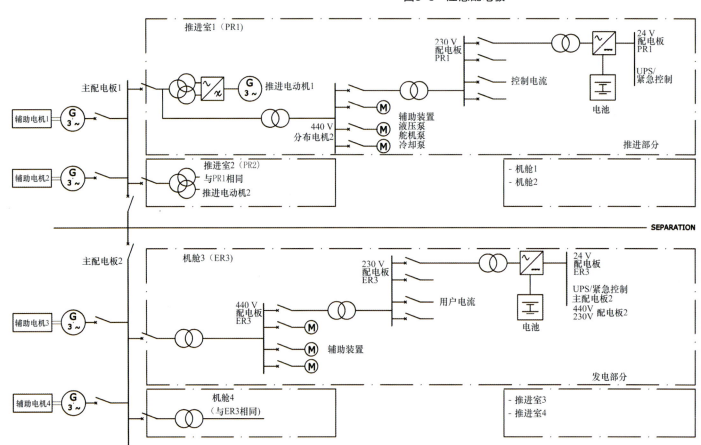

图3-9 简化的柴油电力推进船的单线图

为了达到推进的目的，该船有四个柴油发电机组和四个推进器。图中只画出一半柴油电力推进器和一半主配电网络。图3-9显示了四个推进器的分布。每个推进器有一个单独的高压馈线、一个单独的440 V变压器和配电板、一个单独的230 V变压器和配电板，以及一个单独的24 V直流电池供电和配电板。在该系统中，单一故障会导致一个推进器出现故障，相当于推进器发生火灾或水灾的影响。柴油发电机室有两个柴油发电机组，并配有两台基本辅助设备，以及：

（1）装有多个相同的母线部分断路器的高压配电板；
（2）440 V变压器和配电板；
（3）230 V变压器和配电板；
（4）24 V直流电池充电器和配电板。

有了这项安排，单一故障的影响将小于火灾或水灾导致的高压配电板的损坏，以及最终导致的两个推进器的损坏。由一个机舱供电的推进器的电缆布线不能通过其他机舱。相似地，推进器的电缆也不能通过相邻推进室。

## 9.4 机舱的电池系统

图3-11是一个装有电动主发动机的游艇的24 V的机舱启动电池和发动机控制配电系统的简化单线图。此时，单一故障不会引起推进发动机和一个或多个辅助发动机的损坏。为了应急处理，24 V的机舱系统包含两个相同的配电箱，通常情况下两箱之间是断开的。主配电板与连接到PS部分的辅机1（PS）和辅机2（CL）、连接到SB部分的辅机3（SB）有一个相似的布局。主配电板在PS和SB部分之间应有一个母联断路器。

24 V直流系统的左侧是由配电板端口部分电池充电器和辅机1、辅机2给直流电机供电。

本系统电源的控制电路：
——主24 V电源给辅机1和辅机2供电；
——主24 V电源给主机1供电；
——主24 V电源给舰桥上控制系统PS供电；
——备用24 V电源给辅机3供电；
——备用24 V电源给主机2供电；
——备用24 V电源给舰桥上控制系统SB供电，并通过常闭开关连接启动电机（辅机1和辅机2；主机1）。

24 V直流系统的右侧由主配电板SB部分的电池充电器和辅助发电机3的直流电机供电。本系统提供的控制电路：
——主24 V电源给辅机3供电；
——主24 V电源给主机2供电；
——主24 V电源给舰桥上控制系统SB供电；
——备用24 V电源给辅机1和2供电；
——备用24 V电源给主机1供电；
——备用24 V电源给舰桥上控制系统PS供电，并通过常闭开关连接启动电机（辅助发动机3；主发动机2）。

所有控制电路必须监测故障和报警。

图3-10　近海的柴油电力推进船

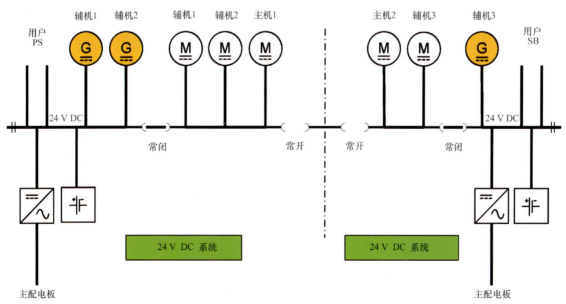

图3-11　游艇单线图

# 4 单线图

基本的单线图能显示电气安装的布局原则。从图中可以看出发电机的数量和等级、主配电板的电气系统布局，包括主母线、可能的分离点及两个主母线的主要用电设备处的分离点。图中还包括整个船的配电箱和配电板的电源电路和与它们相连的用电设备（图4-1至图4-3）。基本的单线图会显示出比电气规范更多的关于电气安装的内容。

## 1　单线图

单线图清晰地给出了冗余、应急服务、容量和额外的针对处理机舱火灾和水灾的冗余设备的差异，动力定位船上也需要这些差异。

后面的船舶的基本单线图描述了：

（1）柴电DP起重机船和管道铺设船；
（2）化学品运输船；
（3）客轮；
（4）小帆船。

图4-1　柴油发电机

图4-2　断路器

图4-3　电动机

4　单 线 图

## 2 起重机船的单线图

该船（见26页）配备了12个发电机组（每个发电机组6.6 kV，6 MW，均分在4个机舱内），4块配电板分设在4个独立空间，以及分在2个浮标上的12个方位推进器。推进器安装在6个推进室。标记1的发电机尚未安装，给推进器供电的相同数量的发电机标记2，这样的位置是为以后的安装做准备。柴电DP起重机船和管道铺设船的单线图如图4-4所示，机舱控制室如图4-5所示。

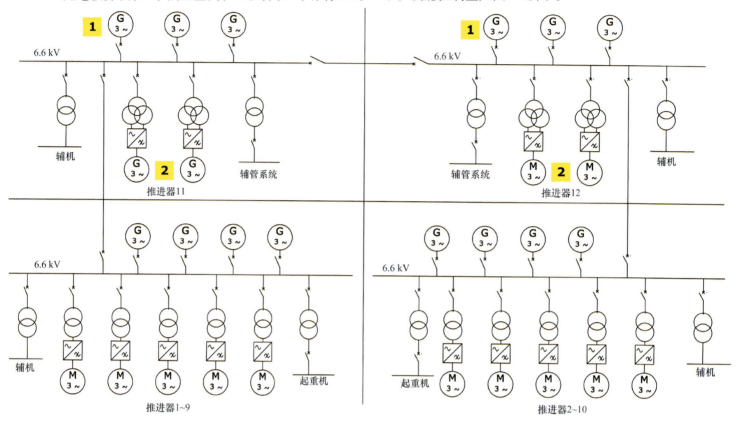

图4-4 柴电DP起重机船和管道铺设船的单线图

图4-5 机舱控制室

## 3 化学品运输船的单线图（图4-6）

化学品运输船（图4-7）通常有3个或4个发电机组。一个发电机组能带动正常的海上负载。在港口，卸货过程中需要更多的发电机组驱动货油泵的负荷。货油泵通常是电力或液压驱动。液压驱动时，电源板是电力驱动，主机通过齿轮箱驱动螺旋桨。发电机是通过齿轮箱的动力输出驱动，该发电机有时也用作紧急推进电动机，由可用柴油发电机提供必要的电源。

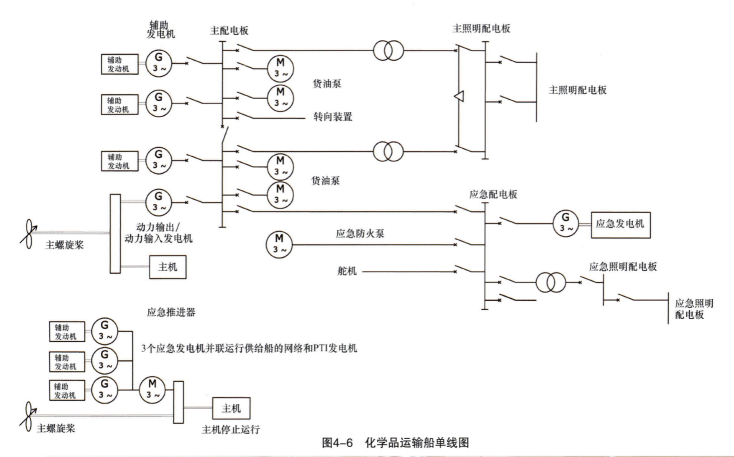

图4-6 化学品运输船单线图

图4-7 化学品运输船

4 单线图

## 4 客轮的单线图（图4-8）

推进器由两个位于减速箱上的螺旋桨驱动，由两个主柴油发动机供电。电源由变速箱上的两个6.6 kV的主发电机组和两轴驱动的动力输出发电机提供。发电机给配电板提供6.6 kV电压。通过这个6.6 kV的配电板，次级440 V系统通过变压器给用电设备供电。6.6 kV配电板直接送入艏推进器。柴油发电机和轴带发电机仅在需要从一台发电机切换到另一台法发电机时并联运行。在海上，柴油发电机是断开的。客轮如图4-9所示。

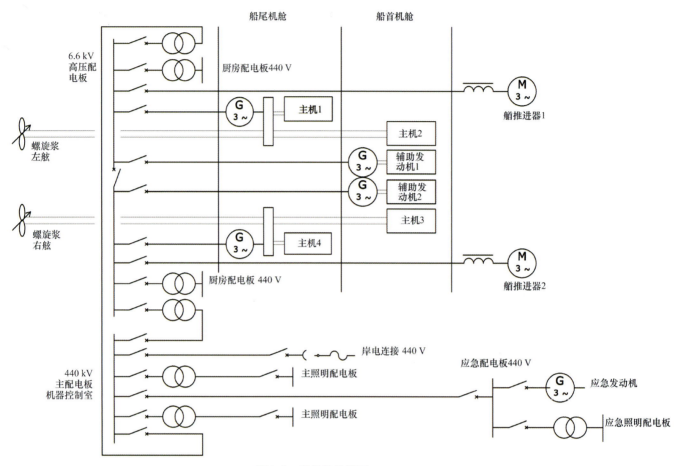

图4-8 客轮的单线图

图4-9 客轮

## 5 小帆船的单线图（图4-10）

10 m或12 m的帆船通常配备两个12 V或24 V的电路，每个电路都由电池供电。两个供电系统是完全分开的。一个是启动辅助柴油发电机，另一个是为所有用电设备供电，如照明设备、导航灯和导航设备、无线电广播设备、甚高频电源。柴油机发电机给电池充电，充电电流由一个二极管桥产生，二极管桥只允许充电电流流过，不允许放电电流流过，是为了防止电流从一个电池流向另一个。岸上电源经常是一个单独的230 V系统，用于取暖和照明，它也可通过相同的二极管桥给充电电池充电，同时使用一个定时器防止过度充电。电池也可以在航行时，由太阳能电池板和/或风力发电机充电。小帆船如图4-11所示。

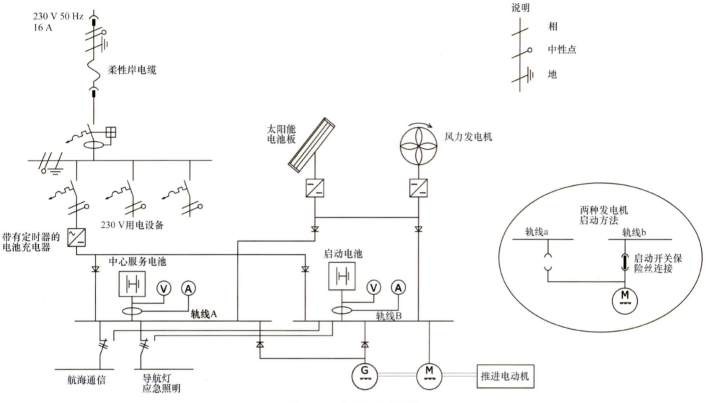

图4-10 小帆船的单线图

图4-11 小帆船

# 5 负载均衡

电力负载计算在启动项目时进行，以确定所需柴油发电机的数量和容量。第一个电力负载的计算可能需要做出许多假设。该清单必须在项目的各个阶段维护更新，以便根据电气装置的详细设计对其进行微调。

## 1 计算电力负载的基本步骤

### 1.1 概述

电力负载清单列出了所有电气设备的容量和在不同操作条件下的使用情况，依据各系统的机械设计完成，是一份列有所有泵和各种设备的机械额定功率的清单。所需的电功率通过泵电机的修正系数获得。

通过船舶的总体布局来估计照明负载，从相似的船只那里获得数据，并以此来完成列表。当电力负载清单完成后，可以进行分析，估计在各种运行工况下电气系统的电力需求。

使用功率乘以需要系数计算预期的电力需求。需要系数与负荷系数、多样性因素有关，是设备的需要功率与设备的额定功率之比。

将预期功率因数应用到实际功率（以kW或MW为单位）的计算中，可得到视在功率（以kVA或MVA为单位）。注：在没有精确数据的情况下，可用0.8作为功率因数。通过比较船舶不同运行工况下的期望负荷，可以评估主发电机的数量和额定功率。

### 1.2 运行工况

一般船舶都具有下列运行工况：
——正常航行状态；
——装卸货状态；
——进出港状态；
——应急状态。

船只的类型将决定其运行工况。例如，一个挖泥船需要估计清淤和抽水上岸的负载需求。对于重型货船，需要评估压舱的负载要求。对于带有动力定位系统的船，如管道铺设船、起重机船、钻井船和岩石倾倒船只的负载情况，必须按照推进系统和其他重要系统的冗余标准进行评估。在安装的负载超过可用功率时，计算负载情况是特别重要的，可以在下面的例子中看到。

### 1.3 用电设备分类

用电设备通常根据其目的进行分组，情况如下。

（1）推进的辅助设备：连续运行、非连续运行。
（2）船舶的辅助设备：连续运行、非连续运行。
（3）酒店的辅助设备：连续运行、非连续运行。
（4）装卸货物：辅助设备。
（5）紧急辅助。

### 1.4 必要和非必要用电设备

必要用电设备是涉及船只的安全航行和推进以及船员、乘客的安全的用电设备。当用电设备可以没有危险地切换时，它们会被列为非必要用电设备。关闭非必要的耗掉设备（大多数情况下是自动操作）可能有助于运行中的柴油发电机在接近过载时降低功率。这样也可以降低安装成本。

图5-1是一个11 MW有用功率和13.5 MW供给主要用电设备的DP2型钻井船。当加入船舶的其他用电设备的总安装容量约为16 MW时，必须进行负载评估，并且需要用非必要用电设备的电源装置控制必要用电设备。

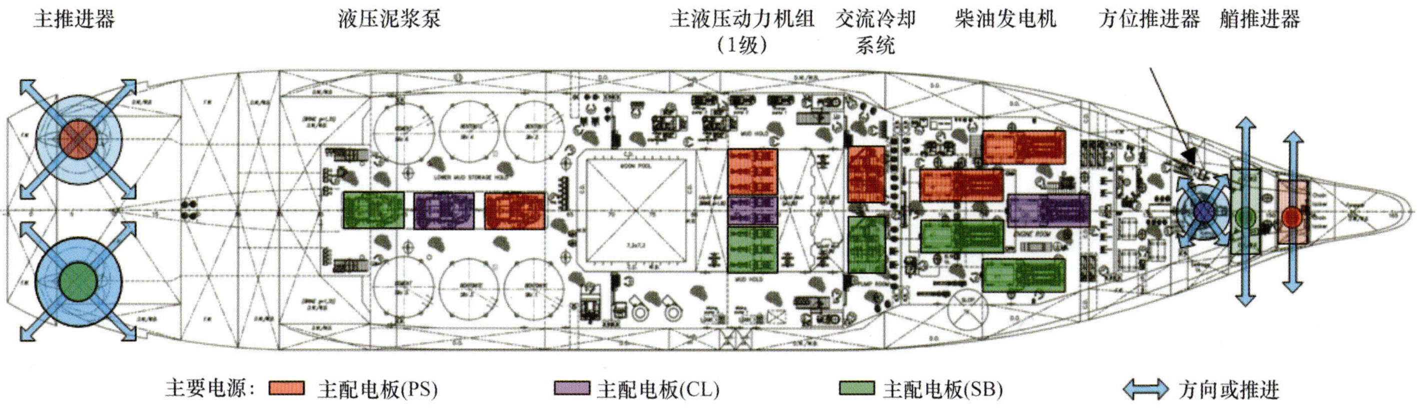

图5-1 钻井船

## 1.5 计算电力负载

计算电力负载时，可以使用许多基于长期经验或常见做法的标准值。下面是一些在计算负载时可能用到的标准值的例子。

第一部分内容可作为一般船舶的通用标准，第二部分以负载均衡为例给出了大型游艇的标准。

所有数字都与36页表中的"%MAX"栏有关，其值是用电设备的负载在所有电力负载中的百分比。

当计算一个电力负载时，必须在每种工作模式下都留有余量，以满足启动时和用电设备满载时的最大非连续运行。例如，当编制应急负载清单时，如果它是最大的，应急消防泵必须能够启动，并且在基本负载上运行。当所有的数据都被计算在内后，必须添加10%的余量，以弥补配电损失，如电缆中的配电损失。

下面是计算电力负载的一些例子。

### 1.5.1 机舱中辅机的连续运行

以下用电设备通常在机舱内是连续运行的。

100%负荷：
（1）主机海水泵；
（2）主机淡水泵；
（3）主机润滑油泵；
（4）主机燃油增压泵；
（5）主机循环泵；
（6）变速箱润滑油泵；
（7）机舱风扇。

> 在上面的例子中给出的负载的百分比表示负荷系数。负荷系数是负载的平均需要功率与负载的最大额定功率之比。

### 1.5.2 机舱内辅机的间歇运行

以下用电设备在机舱内通常是间歇运行的。

在航行时30%负荷，在进出港时80%负荷：
（1）液压泵可调螺距螺桨；
（2）舵机泵；
（3）1.5.1中列出的备用泵。

负荷30%~50%：启动和控制空气压缩机。

负荷30%：主机的润滑油充油泵，仅在启动过程中使用。

负荷20%：
（1）舱底污水泵；
（2）压载泵；
（3）在抛锚和靠港工况下的系泊绞车和锚机；
（4）起重机。

### 1.5.3 客舱辅助设备的连续运行

客舱的辅助设备是所有船舶的舱室中与船员安全有关的系统。正常情况下，下列负载将是连续运行的。

负荷100%：主照明系统。
负荷50%：插座。

根据外面的温度，居住处所的空调系统分配0—50%—100%。

客运船舶和大型游艇，根据是否有乘客，负载有很大的不同。在船上没有乘客时，大部分设备可能关闭，减少总负载。

更多细节详见本章后面的大型游艇的负载计算。

### 1.5.4 客舱辅助设备的间歇性运行

以下用电设备通常是间歇性运行的。

负荷30%：
（1）普通的厨房、洗衣房和储藏室设备；
（2）临时冷却系统。

但是，当邮轮以及船上有乘客时，在这些装置上分配的负载将是100%，因为这是24小时为客人服务的。

### 1.5.5 货物装卸的辅助设备

当货船安装以下系统时，将按以下方式进行特殊的负载分配：
（1）甲板起重机　40%；
（2）货泵　80%~100%；
（3）泥泵　80%~100%；
（4）货舱门和阀门　20%；
（5）冷藏集装箱　30%。

必须指出的是，冷藏集装箱在装载过程中需要更高的系数，因为冷却系统必须弥补集装箱从岸上到船上的传输过程中的停机时间。

### 1.5.6 应急用电设备

应急发电机的总负载必须经过精心计算，因为这将是在紧急情况下的最后的电源，并且在任何时候都必须避免过载情况。

以下是一些经常需要的用电设备：
（1）应急照明　100%；
（2）应急消防泵　20%；
（3）舵机泵　30%~80%；
（4）电池充电器　30%。

对于一个小型船舶，应急电池应足以给应急用电设备供电。更大的船则需要一个应急柴油发电机。

应急电池的最短放电时间或应急柴油发电机油箱的容量由等级规则、规范和《海上人命安全公约》（SOLAS）规定进行定义。一般，货轮是18小时；客轮是36小时。对于客轮，还应安装一个临时的应急电源。这是一个应急电池系统，给应急照明和其他重要系统供电，如公共广播系统至少能工作半小时，或直至应急发电机工作并连接上电池系统。

该系统在安装时，必须完成一个单独的负载计算。无线电设备通常都有专用电池，最短的放电时间为1小时。这个电池将由应急发电机直接充电。无线电池的充电系统必须能够在10小时内完成充电。

通常情况下，导航和航海设备将全部或部分由应急电源供电，可以按30%的负荷计算。

## 1.6 验证值

负载计算中的估计数据可以在一个项目的相关阶段进行验证。

在设计期间，设备的参数表可以用于更新列表中的基本数值，如额定功率和频率。

在测试和调试过程中，可以获得实际测量值或设备铭牌上的值，并用来更新列表。

在系泊试验和试航时，可以验证各种工况下的数据，并且可以最终确定电力负载表，交付"完工图"和文件。

## 1.7 大型游艇的负载计算举例

大型游艇在各种工况下的负载计算见表5-1。

各工况的定义如下：
（1）港口，没有乘客；
（2）港口，有乘客；
（3）进出港，没有乘客；
（4）进出港和动力定位，有乘客；
（5）航行，没有乘客；
（6）航行，有乘客。

动力定位，例如当船舶无法抛锚，但必须保持在该位置时可使用。

### 1.7.1 没有乘客的港口

当游艇在一个没有乘客的港口时，用电设备的数量很少。只有机舱内的辅助设备需要电力，保持游轮在当前的航行条件下运行。船舶服务的辅助设备，如门、舱口盖、起重机和系泊绞车的液压电源将会限制使用，就像厨房、茶水间和洗衣设备一样。其他系统，例如推进器、直升机辅助设备都不使用。

此外，一些在舰桥内用于航海和通信的设备在港口处需要使用时，将使用机组人员呼叫系统和招待系统。

大部分的照明和空调系统都将关闭，只在机舱内和部分船员使用的宿舍内使用。负载中的预期结果在港口和船员的负载计算栏中显示。

在此操作条件下，电源管理系统会限制一台发电机产生的电力。这将是一种环境友好措施，其中一台发电机的负载被限制到额定功率的95%。

在这种每台发电机达到极限的情况下，电源管理系统可以暂时减少一些负载，以避免正在运行的发电机过载跳闸。大部分的时间下，应该切断非必要的用电设备。然后由正在值班的工程师选择一个不同的操作模式，该模式下有更多的发电机容量。

当足够的岸电电源可用于该操作条件时，可以用来代替发电机。

### 1.7.2 有乘客的港口

从逻辑上讲，这种情况是由于集中利用和乘客的需求增加，较没有乘客的情况增加了更多的电力需求。和1.7.1节相比，增加了一些额外的系统：
（1）带按摩浴缸的游泳池；
（2）客户娱乐系统。

电力负载产生的预期结果在"港口"栏的"船员和乘客"栏内显示。同样，电源管理系统会控制总输出功率。根据外界温度和电气负载不同，通常会有两个发电机运行。

### 1.7.3 没有乘客的进出港

当船舶进入或离开港口时，为了操纵它需要电源，其中包括一个或多个比较大的推进器。在这种特殊的操作条件下，由于没有乘客，基本电力要求与1.7.1提到的相同。

通常情况下，可以在电源管理系统中选择启动、同步和连接3台发电机到主配电板上的操作。有了足够的电力，不会有连接到用户的限制，可以连接所有必要的设备。唯一的限制是需要优先考虑推进器，并且电源管理系统将在需要时降低采暖通风和空调等选定服务的功率，产生的预期的电气负载结果在"进出港"栏的"船员"栏中的负载计算示例中显示。

表5-1 大型游艇的负载计算举例

| 大型游艇负载列表举例/kW | | 数量 | 额定功率 | 负荷系数 | 常用负载 | 最大负载 | 港口 船员 | | 港口 船员和乘客 | |
|---|---|---|---|---|---|---|---|---|---|---|
| | 描述 | | | | | | %MAX | 负载 | %MAX | 负载 |
| **推进装置** | | | | | | | | | | |
| E310 | 舵机泵（1-MSB,2-ESB） | 4 | 4.90 | 0.80 | 3.92 | 15.68 | 0% | 0.00 | 0% | 0.00 |
| E610 | 主机润滑油启动系统 | 2 | 2.40 | 0.80 | 1.92 | 3.84 | 0% | 0.00 | 0% | 0.00 |
| E610 | 主机冷却液预热单元 | 2 | 20.00 | 0.80 | 16.00 | 32.00 | 25% | 8.00 | 25% | 8.00 |
| E650 | 辅助发动机SW泵排气 | 3 | 1.00 | 0.80 | 0.80 | 2.40 | 0% | 0.00 | 0% | 0.00 |
| | 发电机室风扇PS | 1 | 1.00 | 0.80 | 0.88 | 0.88 | 100% | 0.88 | 100% | 0.88 |
| | 发电机冷却器PS | 2 | 1.50 | 0.80 | 1.20 | 2.40 | 50% | 1.20 | 50% | 1.20 |
| E710 | 启动空气压缩泵 | 2 | 5.50 | 0.80 | 4.40 | 8.80 | 25% | 2.20 | 25% | 2.20 |
| E714 | 空气干燥机 | 1 | 0.33 | 0.80 | 0.26 | 0.26 | 25% | 0.07 | 25% | 0.07 |
| E720 | 燃油传送泵 | 1 | 4.00 | 0.80 | 3.20 | 3.20 | 0% | 0.00 | 0% | 0.00 |
| E730 | 润滑油传送泵 | 1 | 3.00 | 0.80 | 2.40 | 2.40 | 0% | 0.00 | 0% | 0.00 |
| E810 | 消防泵/舱底泵 | 2 | 17.50 | 0.80 | 14.00 | 28.00 | 0% | 0.00 | 0% | 0.00 |
| E810 | 应急消防泵 | 1 | 17.50 | 0.80 | 14.00 | 14.00 | 0% | 0.00 | 0% | 0.00 |
| | 机舱风扇 | 2 | 15.00 | 0.80 | 12.00 | 24.00 | 25% | 6.00 | 25% | 6.00 |
| | **总推进装置** | | | | | 137.86 | | 18.35 | | 18.35 |
| **船舶维修辅助设备** | | | | | | | | | | |
| E320 | 锚/系泊绞车正向 | 2 | 15.00 | 0.80 | 12.00 | 24.00 | 0% | 0.00 | 0% | 0.00 |
| E875 | 热水循环泵 | 3 | 0.22 | 0.80 | 0.18 | 0.53 | 100% | 0.53 | 100% | 0.53 |
| E881 | 污水处理厂 | 1 | 12.00 | 0.80 | 9.60 | 9.60 | 20% | 1.92 | 40% | 3.84 |
| | 提供冷却系统 | 1 | 20.00 | 0.80 | 16.00 | 16.00 | 20% | 3.20 | 20% | 3.20 |
| | **总船舶维修辅助设备** | | | | | 50.13 | | 5.65 | | 7.57 |
| **直升机辅助设备** | | | | | | | | | | |
| E802 | 直升机燃油泵打滑 | 1 | 1.50 | 0.80 | 1.20 | 1.20 | 0% | 0.00 | 0% | 0.00 |
| E346 | 直升机泡沫水泵 | 1 | 30.00 | 0.80 | 24.00 | 24.00 | 0% | 0.00 | 0% | 0.00 |
| | **总直升机辅助设备** | | | | | 25.20 | | 0.00 | | 0.00 |
| **推进器** | | | | | | | | | | |
| | 艏推进器 | | 300.00 | 0.80 | 240.00 | 240.00 | 0% | 0.00 | 0% | 0.00 |
| | 艉推进器 | | 250.00 | 0.80 | 200.00 | 200.00 | 0% | 0.00 | 0% | 0.00 |
| | **总推进器** | | | | | 440.00 | | 0.00 | | 0.00 |
| **厨房/食品室** | | | | | | | | | | |
| | 主厨房船员甲板 | | | | | | | | | |
| 452 | 陶瓷烹饪台，提供1+2 | | 8.00 | 0.80 | 6.40 | 6.40 | 10% | 0.64 | 40% | 2.56 |
| 452 | 电磁炉，提供1+2 | | 5.00 | 0.80 | 4.00 | 4.00 | 10% | 0.40 | 40% | 1.60 |
| 452 | 制冰机 | | 0.67 | 0.80 | 0.54 | 0.54 | 5% | 0.03 | 10% | 0.05 |
| 452 | 冰箱 | | 0.23 | 0.80 | 0.18 | 0.27 | 5% | 0.02 | 5% | 0.02 |
| 452 | 洗碗机 | | 5.00 | 0.80 | 4.00 | 8.00 | 5% | 0.40 | 5% | 0.40 |
| | **总厨房和食品室** | | | | | 19.30 | | 1.49 | | 4.63 |
| **洗衣房** | | | | | | | | | | |
| E453 | 洗衣机 | | 5.50 | 0.80 | 4.40 | 26.40 | 20% | 5.28 | 60% | 15.84 |
| E453 | 烘干机 | | 6.44 | 0.80 | 5.15 | 30.91 | 20% | 6.18 | 60% | 18.55 |
| E453 | 蒸汽电熨斗 | | 0.85 | 0.80 | 0.68 | 0.68 | 20% | 0.14 | 60% | 0.41 |
| | **总洗衣房设备** | | | | | 57.99 | | 11.60 | | 34.80 |
| **航海的电气设备/导航** | | | | | | | | | | |
| E513 | 电池充电器通用服务 | | 1.20 | 0.80 | 0.96 | 0.96 | 10% | 0.10 | 10% | 0.10 |
| E516 | 一般照明（内部） | | 0.01 | 0.80 | 0.0 | 2.40 | 50% | 1.20 | 50% | 1.20 |
| | 应急照明（内部） | | 0.01 | 0.80 | 0.0 | 3.20 | 10% | 0.32 | 50% | 1.60 |
| E518 | 外部照明 | | 0.01 | 0.80 | 0.0 | 6.16 | 50% | 3.08 | 50% | 3.08 |
| E561 | 报警和监测设备 | | 2.00 | 0.80 | 1.60 | 1.60 | 10% | 0.16 | 10% | 0.16 |
| | **总电子设备** | | | | | 14.32 | | 4.86 | | 6.14 |
| **空调系统外部温度+20** | | | | | | | | | | |
| | 预热器 AC1-AC5 | | 52.00 | 1.00 | 52.00 | 52.00 | 0% | 0.00 | 0% | 0.00 |
| | 风扇 AC1-AC5（频率控制） | | 27.50 | 1.00 | 27.50 | 27.50 | 35% | 9.63 | 75% | 20.63 |
| | 水冷却器1~4（频率控制） | | 63.00 | 1.00 | 63.00 | 252.00 | 25% | 63.00 | 63% | 158.76 |
| | 舵室风扇供电 | | 7.00 | 1.00 | 7.00 | 7.00 | 100% | 7.00 | 100% | 7.00 |
| E761 | 辅助海水循环泵 | | 15.00 | 1.00 | 15.00 | 30.00 | 50% | 15.00 | 50% | 15.00 |
| E762 | 辅助淡水循环泵 | | 30.00 | 1.00 | 30.00 | 60.00 | 50% | 30.00 | 50% | 30.00 |
| | 新风机组船员风扇 | | 1.10 | 1.00 | 1.10 | 1.10 | 100% | 1.10 | 100% | 1.10 |
| | **总空调系统** | | | | | 429.60 | 0% | 125.73 | 0% | 232.49 |
| | **总负载** | | | | | 1.174 | | 168 | | 304 |
| | | | | | | | 港湾 | 472 | | |

在标准情况下，上面列出的用电设备及其最大耗电量称为负载均衡。

这是此类列表的一个简短示例，一份包含"所有"用电设备的实际列表会包含很多内容。

表5-1（续）

| 进出港 | | | | 航行 | | | | 应急情况 | |
|---|---|---|---|---|---|---|---|---|---|
| 船员 | | 船员和乘客 | | 船员 | | 船员和乘客 | | | |
| %MAX | 负载 | %MAX | 负载 | %MAX | 负载 | %MAX | 负载 | %MAX | 负载 |
| 50% | 7.84 | 50% | 7.84 | 50% | 7.84 | 50% | 7.84 | 50% | 7.84 |
| 0% | 0.00 | 0% | 0.00 | 0% | 0.00 | 0% | 0.00 | | 0.00 |
| 0% | 0.00 | 0% | 0.00 | 0% | 0.00 | 0% | 0.00 | | 0.00 |
| 0% | 0.00 | 0% | 0.00 | 0% | 0.00 | 0% | 0.00 | | 0.00 |
| 100% | 0.88 | 100% | 0.88 | 100% | 0.88 | 100% | 0.88 | | 0.00 |
| 50% | 1.20 | 50% | 1.20 | 50% | 1.20 | 50% | 1.20 | | 0.00 |
| 25% | 2.20 | 25% | 2.20 | 25% | 2.20 | 25% | 2.20 | | 0.00 |
| 25% | 0.07 | 25% | 0.07 | 25% | 0.07 | 25% | 0.07 | | 0.00 |
| 0% | 0.00 | 0% | 0.00 | 0% | 0.00 | 0% | 0.00 | | 0.00 |
| 0% | 0.00 | 0% | 0.00 | 0% | 0.00 | 0% | 0.00 | | 0.00 |
| 0% | 0.00 | 0% | 0.00 | 0% | 0.00 | 0% | 0.00 | 100% | 14.00 |
| 50% | 12.00 | 50% | 12.00 | 50% | 12.00 | 50% | 12.00 | 50% | 12.00 |
| | 24.19 | | 24.19 | | 24.19 | | 24.19 | | 33.84 |
| 0% | 0.00 | 0% | 0.00 | 0% | 0.00 | 0% | 0.00 | | 0.00 |
| 0% | 0.00 | 100% | 0.53 | 0% | 0.00 | 100% | 0.53 | | 0.00 |
| 20% | 1.92 | 40% | 3.84 | 0% | 0.00 | 0% | 0.00 | | 0.00 |
| 20% | 3.20 | 20% | 3.20 | 0% | 0.00 | 0% | 0.00 | | 0.00 |
| | 5.12 | | 7.57 | | 0.00 | | 0.53 | | 0.00 |
| 0% | 0.00 | 0% | 0.00 | 0% | 0.00 | 0% | 0.00 | | 0.00 |
| 0% | 0.00 | 0% | 0.00 | 0% | 0.00 | 0% | 0.00 | | 0.00 |
| | 0.00 | | 0.00 | | 0.00 | | 0.00 | | 0.00 |
| 80% | 192.00 | 80% | 192.00 | 0% | 0.00 | 0% | 0.00 | | 0.00 |
| 80% | 160.00 | 80% | 160.00 | 0% | 0.00 | 0% | 0.00 | | 0.00 |
| | 352.00 | | 352.00 | | 0.00 | | 0.00 | | 0.00 |
| 5% | 0.32 | 20% | 1.28 | 5% | 0.32 | 20% | 1.28 | | 0.00 |
| 5% | 0.20 | 20% | 0.80 | 5% | 0.20 | 20% | 0.80 | | 0.00 |
| 5% | 0.03 | 10% | 0.05 | 5% | 0.03 | 10% | 0.05 | | 0.00 |
| 5% | 0.02 | 5% | 0.02 | 5% | 0.02 | 5% | 0.02 | | 0.00 |
| 5% | 0.40 | 5% | 0.40 | 5% | 0.40 | 5% | 0.40 | | 0.00 |
| | 0.97 | | 2.55 | | 0.97 | | 2.55 | | 0.00 |
| 20% | 5.28 | 60% | 15.84 | 20% | 5.28 | 60% | 15.84 | | 0.00 |
| 20% | 6.18 | 60% | 18.55 | 20% | 6.18 | 60% | 18.55 | | 0.00 |
| 20% | 0.14 | 60% | 0.41 | 20% | 0.14 | 60% | 0.41 | | 0.00 |
| | 11.60 | | 34.80 | | 11.60 | | 34.80 | | 0.00 |
| 10% | 0.10 | 10% | 0.10 | 10% | 0.10 | 10% | 0.10 | 30% | 0.29 |
| 50% | 1.20 | 50% | 1.20 | 50% | 1.20 | 50% | 1.20 | | 0.00 |
| 10% | 0.32 | 50% | 1.60 | 10% | 0.32 | 50% | 1.60 | 100% | 3.20 |
| 50% | 3.08 | 50% | 3.08 | 50% | 3.08 | 50% | 3.08 | | 0.00 |
| 10% | 0.16 | 10% | 0.16 | 10% | 0.16 | 10% | 0.16 | 50% | 0.80 |
| | 4.86 | | 6.14 | | 4.86 | | 6.14 | | 4.29 |
| 0% | 0.00 | 0% | 0.00 | 0% | 0.00 | 0% | 0.00 | | 0.00 |
| 35% | 9.63 | 75% | 20.63 | 35% | 9.63 | 75% | 20.63 | | 0.00 |
| 25% | 63.00 | 50% | 126.00 | 25% | 63.00 | 50% | 126.00 | | 0.00 |
| 100% | 7.00 | 100% | 7.00 | 100% | 7.00 | 100% | 7.00 | | 0.00 |
| 50% | 15.00 | 50% | 15.00 | 50% | 15.00 | 50% | 15.00 | | 0.00 |
| 50% | 30.00 | 50% | 30.00 | 50% | 30.00 | 50% | 30.00 | | 0.00 |
| 100% | 1.10 | 100% | 1.10 | 100% | 1.10 | 100% | 1.10 | | 0.00 |
| 0% | 125.73 | 0% | 199.73 | 0% | 125.73 | 0% | 199.73 | | 0.00 |
| | 524 | | 627 | | 167 | | 268 | | |
| | 操作 | | 1151 | | 航行 | | 435 | 应急 | 38 |

### 1.7.4 有乘客的进出港

与1.7.3节的区别是需要连接更多的负载。由于有足够的电力，可以连接所有的用电设备，与前文提到的有同样的限制。

电力负载的预期结果在"进出港"栏的"船员和乘客"栏中显示。

### 1.7.5 没有乘客的航行

在该状态下，电源管理系统将总发电功率限制在一台发电机。一个发电机的负载被限制到总功率最大值的95%，这将是一种环境友好的总则。

当需要电源管理系统时，将会暂时限制一些用电设备的负载并切断非必要的用电设备，如高压交流系统的负载。

电力负载的预期结果在"航行"栏的"船员"栏中显示。

### 1.7.6 有乘客的航行

这种工况下，船员和客人的暖通空调系统处于满负荷状态。实际功率消耗取决于外界温度。功率管理系统控制产生的总功率，并且通常将连接一个或两个发电机。

电力负载的预期结果在"航行"栏的"船员和乘客"栏中显示。

### 1.7.7 应急模式

在紧急情况下，表5-2中列出的用电设备必须供电。

设计应包含足够的备用容量，允许最大的应急泵的启动和分配损失。

电力负载的预期结果在"应急"栏中显示。

N负载均衡总结见表5-2。

表5-2　N均载均衡总结表（绿色的部分表示在发电机的能力内）

| 用户类型 | 操作概述 | 海港 | | 操纵 | | 航行 | | 应急 |
|---|---|---|---|---|---|---|---|---|
| | | 船员 | 船员和乘客 | 船员 | 船员和乘客 | 船员 | 船员和乘客 | |
| 推进辅助设备 | | 33.40 | 33.40 | 62.52 | 62.52 | 62.52 | 62.52 | 0.00 |
| 船舶维修辅助设备 | | 27.58 | 74.90 | 5.12 | 50.54 | 0.00 | 43.50 | 0.00 |
| 直升机辅助设备 | | 0.00 | 0.00 | 0.00 | 0.00 | 0.00 | 0.00 | 0.00 |
| 推进器 | | 2.00 | 2.00 | 360.40 | 360.40 | 0.00 | 0.00 | 0.00 |
| 厨房/食品室 | | 3.30 | 16.95 | 3.35 | 13.41 | 3.35 | 13.59 | 0.00 |
| 洗衣房 | | 10.79 | 32.38 | 10.79 | 32.38 | 10.79 | 32.38 | 0.00 |
| 导航 | | 18.36 | 27.44 | 18.56 | 27.64 | 18.56 | 27.64 | 0.00 |
| 总和 | | 95.43 | 187.06 | 460.74 | 546.88 | 95.22 | 179.62 | 0.00 |
| 应急 | | | | | | | | |
| 加热/排气/制冷 | −5 | 299.02 | 436.01 | 299.02 | 436.01 | 299.02 | 436.01 | 0.00 |
| | 0 | 275.74 | 365.64 | 275.74 | 365.64 | 275.74 | 365.64 | 0.00 |
| | +5 | 235.10 | 302.03 | 235.10 | 302.03 | 235.10 | 302.03 | 0.00 |
| | +10 | 220.14 | 282.36 | 220.14 | 282.36 | 220.14 | 282.36 | 0.00 |
| | +15 | 171.80 | 260.12 | 260.12 | 260.12 | 171.80 | 260.12 | 0.00 |
| | +20 | 136.73 | 243.49 | 136.73 | 210.73 | 136.73 | 210.73 | 0.00 |
| | +25 | 162.87 | 239.39 | 162.87 | 239.39 | 162.87 | 239.39 | 0.00 |
| | +30 | 229.97 | 242.11 | 229.97 | 242.11 | 229.97 | 242.11 | 0.00 |
| | +35 | 262.73 | 272.35 | 262.73 | 272.35 | 262.73 | 272.35 | 0.00 |
| 可用发电机容量 | | 295.00 | 587.00 | 880.00 | 880.00 | 309.00 | 588.00 | 207.00 |
| 发电机运行 | | 1.00 | 2.00 | 3.00 | 3.00 | 1.00 | 2.00 | 1.00 |
| 发电机容量 | | 309.00 | 309.00 | 309.00 | 309.00 | 309.00 | 309.00 | 180.00 |
| 发电机总容量 | | 309.00 | 618.00 | 927.00 | 927.00 | 309.00 | 618.00 | 180.00 |
| %发电机容量 | | 0.95 | 0.95 | 0.95 | 0.95 | 0.95 | 0.95 | 0.95 |
| 调整后的发电机总容量 | | 293.55 | 587.10 | 880.65 | 880.65 | 293.55 | 587.10 | 171.00 |
| 可用于高压交流电网 | | 198.12 | 400.04 | 419.91 | 33.77 | 198.33 | 407.48 | 171.00 |

### 1.8 小帆船游艇的负载均衡

小帆船游艇（图5-2）也需要某种形式的负载均衡。此游艇有岸上电源、一个主发动机的直流发电机、太阳能电池或风力发电机。

在港口时，主要由岸电供电，供给取暖、做饭、通风和电池充电。

在航行时有两种模式：
（1）用发动机运行，带有直流发电机给电池充电；
（2）用风电航行，并且使用风力发电机和太阳能电池给电池充电。

太阳能电池和风力发电机的容量是非常有限的，使用发动机进行加热或做饭是不可能的。在航行期间，只有一些照明和一些通信装置会长时间使用。因此，在帆船上做饭很少使用电力，通常，使用煤气（丁烷或丙烷）或煤油。

当电池的电量变低时，发动机必须再次充电。否则将会导致通信系统在一段时间后出现故障，在紧急情况下可能危及船员的安全。出于这个原因，往往要安装电池状态表。

图5-2 小帆船游艇

# 6 主电压选择

一般情况下，电气设备的价格随着电压值的升高而升高。因此，安装应用在汽车上的是最便宜的电气设备：12 V直流。卡车有更高的电力需求：24 V直流。至于船舶，电气装置正常使用400/230 V 50 Hz或 440 V 60 Hz。虽然后者通用性不好（没有标准的灯泡可用，并且变压器也需要克服此问题），但是该电压仍然被广泛使用。

## 1 低压开关设备

开关装置有两个设计标准：热效应和机械强度。标准的低压开关设备的热短路能力基于最大额定电压为500 V 50 Hz和500 V 60 Hz。对于以上相同的（低）电压的母线系统的短路能力（如上）最大为220 kA（峰值），是市场上最大的断路器的负荷极限。该断路器的开断能力为100 kA RMS（有效值）。

RMS是交流电压、电流与直流电压、电流的比的有效值。例如：峰值为142 V的交流电的电压有效值约为100 V，测量仪器是以电压和电流有效值为标准的。

在短路情况下，100 kA电流相当于7.5 kA的额定负载（依据比例：额定电流/短路电流，见第7章 短路计算），这相当于5 MVA，400 V/50 Hz和6 MVA，450 V/60 Hz的情况。

在450 V时，可以安装3台发电机，每台2 000 A，适用于连续并联运行。

对电缆而言，这也接近了安装限制，从发电机到配电板的电力电缆可能是10根电缆，每根3×95 mm²，装在500 mm宽的电缆槽内。在开关设备的安装中是6.6 kV，接着为12 kV和24 kV。船舶可用的最大值是15 kV。

在欧洲，陆地上的工业装置通常在三相四线制、400/230 V 50 Hz的配电系统上运行。它的优点是开关装置容易获得并且相对便宜。在美国，三相三线制、450 V 60 Hz的配电系统结合110 V 60 Hz用在照明系统中，需要通过照明变压器将450 V的三角形接法将280 V电压转换成 110 V。

一个400 V 50 Hz的发电机正常工作在1 500 r/min，当转速为1 800 r/min时产生约480 V电压，频率为60 Hz。一个标准的400 V 50 Hz、1 500 r/min的电动机当输入为480 V 60 Hz、1 800 r/min时，会生产额外的20%的功率。相同电压，50 Hz和60 Hz的关系几乎是线性的。如果把美国的情况变到欧洲的400 V 50 Hz的发电机和电动机上，60 Hz的电压会上升到480 V。如前所述，低压开关设备的容量限制在有效值约100 kA或最大值220 kA，这样，由短路的数据可知，发电机总容量也就限制在5 k～6 k VA。

为了适应电力需求的增加，例如大型海上平台或风力涡轮机的安装船，经常选择一次电压为690 V/60 Hz。这样选择的原因是，对于大部分开关设备，当电压高于500 V时，短路导通和开断能力下降。但船东都不愿意引进高压系统，高压系统需要受过专业训练的人员及专用工具和备件，690 V的系统更受青睐。

图6-1为不带起重机的船，有3台发电机，每台500 kW（港口运行使用1台，海上航行1台，操纵期间使用2台）。

发电机组的数量和等级取决于各种条件下的满足负载要求的负载均衡。

对于一个非复杂船舶，例如

图6-1　不带起重机的船

一艘没有装卸货物设备的散货船，一般港口负荷为500 kW，海上负荷为1 000 kW；对一个类似的装有起重机的船来讲，一般港口负荷为2 000 kW，海上负荷为1 000 kW，但此时需要不同的发电机容量。一个电力推进船可能需要一个1 000 kW港口负荷，启动时为3 000 kW，在海上最大速度运行时为7 000 kW。可以用两组1 000 kW和两组 2 500 kW的发电机供电，短路特性仍是450 V/60 Hz，这已接近极限，因为一个低压断路器的最大值是6 300 A，足以应对2 500 kW的发电机。巡航船如图6-2所示。

图6-2 巡航船，大多是柴油发电，配有6.6 kV 60Hz，8 M~9 MVA的电力系统

总之，达到5 000~7 000 kW，400 V/50 Hz或450 V/60 Hz是有可能的。考虑到开关设备、发电机、电动机和电缆的可用性方面，商业上可行的下一等级是6 600 V/（50 Hz/60 Hz）。大多数针对这些负载的转换设备和变压器需要专门制作。电缆运行如图6-3所示。

国际电工技术委员会标准IEC 61892-2（针对移动和固定式近海装置电气设施）中建议电压等级见表6-1。

另一种可能性是通过断开母线端的断路器来限制连接到母线的发电机总容量，从而将短路水平限制在开关装置的容量内。

(a)3 000 kW低压电缆运行（2×2左边的红色电缆）；

(b)两个3 000 kW高压电缆运行

图6-3 电缆运行

表6-1 电压等级表

| 交流电流（AC）配电系统IEC 61892-2 | | |
|---|---|---|
| 电压 | 类型 | 应用 |
| 11 kV,3相 | 发电和配电电压 | 安装的发电机容量超过20 MW；为了启动DOL，安装的电机在400 kW以上 |
| 6.6 kV,3相 | 发电和配电电压 | 安装的发电机容量为4 MW~20 MW；安装的电机在400 kW以上，启动DOL |
| 3.3 kV,3相 | 配电电压 | 针对大的消费者的第二高电压配电水平 |
| 690V,3相 | 发电和配电电压 | 安装的发电机容量低于4 MW，安装的电机低于4 MW，并且为了启动DOL钻井电机的转换器的一次侧电压 |
| 400V,3相 | 配电电压 | 生活住处、厨房和洗衣房大型设备 |
| 400/230VTN-S | 配电电压 | 低于3 kW照明和小功率单相加热器,伴热 |
| UPS 230 V IT | 配电电压 | 仪器仪表，控制，通信和安全系统 |
| 230 V IT ESB | 配电电压 | 紧急供电系统 |
| 230 V TN-S ESB | 配电电压 | 应急照明和小功率 |

## 2　高压开关设备

市场上，开关设备和电缆的最低等级是7.2 kV。因此，最接近的标准电压为6.6 kV 50 Hz/60 Hz。下一等级是12 kV和24 kV，50 Hz/60 Hz。截至目前，最大安装系统的电压为15 kV，是市场上在无升压变压器的情况下的最高等级的船用发电机电压。大多数柴油电动船有高压配电系统，某些有独立的针对低压电源和照明的发电机组，但是大部分安装有产生低电压的变压器。开关设备的尺寸、电缆的尺寸和质量也会影响高压配电系统的使用。DP起重机船和J型铺管设备如图6-4所示。

## 3　电缆

电缆是电流和功率的传输介质。除去开关设备的局限性，高电压的选择减少了电源电缆的数量。例如由690 V/60 Hz电源供电的3 000 kW的推进器，需要15根3×95 mm²的电缆并行或18根240 mm²的单芯电缆。同样的推进器，由6.6 kV配电系统供电，可将消耗控制在300 A以内，可以由单独的3×185 mm²高压电缆供应。通过使用高电压，所需的空间和布线质量大为降低。除了减轻质量外，因为应用很少的电缆线，使用高电压系统也会降低安装、钢结构和电缆贯穿的成本。当电缆固定时，高压电缆的调试还需要一个高电压测试。

## 4　发电机和电动机

在外观和成本方面，应用高电压的标准发电机和电动机与应用低电压的标准发电机和电动机相差不大。推进系统仅可在高电压的场合使用。

图6-5为一个带有冷藏功能的集装箱船，有一个6.6 kV/60 Hz的电源安装，带有一个3 M~4 M VA容量的PTO发电机（主发动机驱动发电机）和2或3

图6-4　DP起重机船和J型铺管设备

图6-5　带有冷藏功能的集装箱船

倍的2 MVA容量的辅助发电机。在港口，装卸货时所需的功率是3 M~4 MVA。

## 5 直流系统的新发展

随着价格的降低和谐波质量的提高，半导体转换器正在飞速发展。半导体转换器可以控制无级调速风扇的速度产生所需空气流动，控制泵产生所需的液体流量，或控制压缩机产生所需压缩气体量。例如，空调系统的冷却水泵可以将它的速度调整到冷却的需求。这样可以节省能源，因为在被冷却的空间内，空气无须先被加热而后冷却并保持在所需的温度。同样，当发动机的冷却水泵被这种类型的转换器调节时，产生足够的流量使发动机保持在相应的温度，用它作为水温、空气温度和发动机负荷的参数。根据不同系统的要求，冷水机组可产生适量的冷冻水，因此更环保、更节能，过度制冷因为浪费能源已经被弃用。超额制冷

发电机组将首先以恒定的频率在交流条件下产生所需的功率。当通过直流转换成交流电压和频率时，它们会以最有效的速度给交流电机供电。电加热器也可以由半导体器件联合控制。当然，也有需要固定电压、固定频率的电气系统项目，但这些都是有限的。

由基于负载均衡的单线图（图6-6）可以看出，解决方案中需要许多组件/零件：

（1）两个或者更多的柴油发电机产生恒定电压、恒定频率和正弦电压；

（2）带有交流断路器和同步负荷分配装置的发电机控制面板（图6-7）；

（3）为了适应岸上的电压和频率，使用了复杂的岸电连接转换器，将这些电源转换为船舶所需的电源；

（4）带交流电路断路器的交流电源为整船提供交流电；

（5）针对舯推进器和艉推

进器的大频率的变频器限制了启动电流，并且阻止电压下降；

（6）许多用于单个用电设备和用电设备群体的小型频率转换器需要相同的频率。

注意：有时，过滤器可以消除畸变并产生一个"纯净"的配

图6-7 发电机控制面板

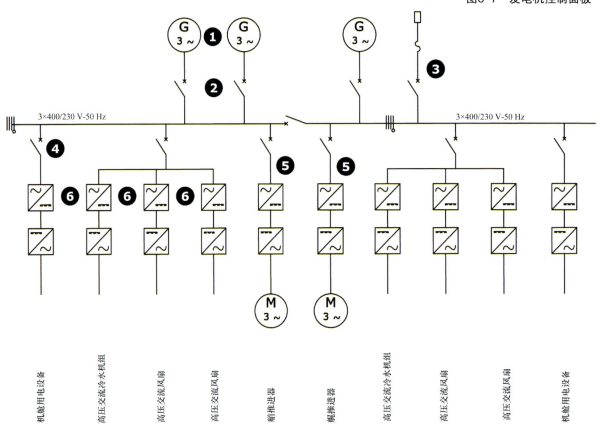

图6-6 基于负载均衡的单线图

电系统。

回头看此安装的实际需求，下面列出了一种不同的方法（图6-6）：

（1）柴油发电机产生电能。

（2）岸电连接将岸上的电源转换成船上的电源。

（3）转换器将电能转换为适合单个用电和用电组的电压和频率。直-直转换器、交-交转换器如图6-8和图6-9所示。

（4）两个相对较小的转换器将船舶的能量转化为恒压、恒频系统，以供专用的用电设备。

船舶的能源系统，也可以使用直流电作为主电源进行设计和安装。当按照仍然存在但过时的分类规则进行设计时，会使直流开关设备更为复杂，且会因复杂性、成本和维护而降低其可行性。

降低直流分布规律，应用基础知识：安全操作、可靠性、自我监督和自我保护，有可能是一个更可行的安装方法，它与今天最先进的方法匹配。

应用现在的半导体开关器件，在正常条件下，完成连接和断开的切换功能，由高速直流熔断器防止短路保护，会形成更简单的系统（图6-10）。与要求的交流系统和必要的冗余相同，母线分离会形成冗余系统。

一个新设计的故障模式与影响分析（FMEA），有助于规则的调整和设计的批准。

图6-8　直-直转换器

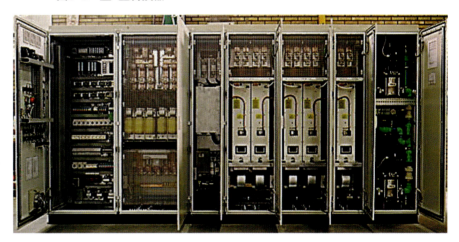

图6-9　交-交转换器

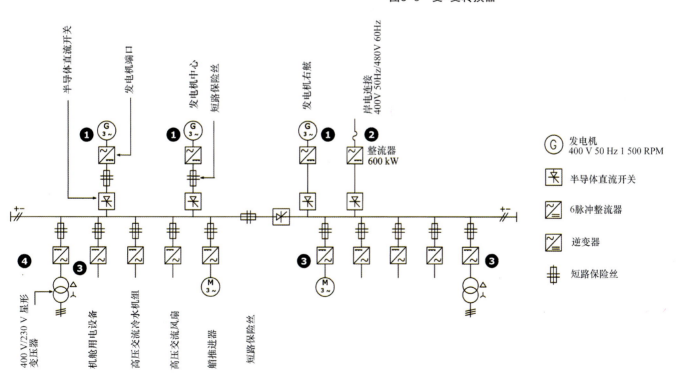

图6-10　带有直流短路熔断器和半导体直流开关的直流单线图

6　主电压选择

# 7 短路计算

> 短路计算用于确定所需的断路器的开关能力、保险丝的分断能力和母线及其他电流载体的动态强度。
>
> 通过型式认可和型式试验的母线系统和配电板组件就可以使用，所以不必对这些组件做定制设计。

## 1 发电机的短路行为

大短路电流增加了配电板的成本，在市场上是不可取的，发电机的额定能力和产生较大电流的能力之间存在固定关系。例如，当一个电动机在电压骤降的范围内启动。

上一页的一组照片显示了在一个仅有15 kA（有效值）短路水平的低压400 V/50 Hz配电板内的事故和启动的电弧测试。

（1）短路事故

在室外，大型移动式起重机，有些架空高压线太接近它的吊臂，会产生电弧，因为起重机通过可伸缩的支架接地，在事故发生的时刻会向下运动。当故障被上游的断路器清除后，起重机和柏油路仍然是着火的。

（2）在实验室中做短路测试

在一个标准的电气柜内，垂直安装两根母线。在母线之间，一个薄导体水平嵌合。当母线连接到高压电源上，通过薄导体产生短路，会产生电弧，薄导体瞬间熔化，但电弧仍保持。3 s后给母线供电的电源被断开。发电机的瞬时性能一般是由发电机的尺寸决定的，不受自动电压调节器等控制系统的影响。

带有低电抗的发电机能够承受较大的启动电流，当启动一台大型电机时，不会有过大的电压骤降。低阻抗的发电机在短路时，也产生大电流，需要更昂贵的开关装置。高电抗的发电机不能够产生大型电动机的启动电流。这种类型的电动机需要星三角启动器、自耦变压器启动器，或是软电子启动器，以保持电压在发电机的限制范围内。

一台发电机，需要产生足以使断路器跳闸或在系统中的任何地方切断熔断器的大短路电流。当发电机无法产生该电流时，断路器或熔断器不会切断短路。当该短路没有被立刻中断，可能会导致火灾。因此，短路能力是船舶发电机的一个基本特征。

大用电设备的启动和停止所造成的电压骤降必须低于引起其他用电设备故障的最低值。接触器在线圈的电压低于额定值的65%时断开。白炽灯在电压低于额定值的80%时闪烁。荧光灯在低于额定值的90%时会显示出变化，在游艇上使用的卤灯在电压降到额定值的95%以下时会有反应。

## 2 交流系统的短路电流

在没有精确的数据时，主配电板上的交流系统的预期故障可以估算为可能连接的每一台发电机的满载额定电流的10倍的总和。上面所获得的值接近对称有效值、断路器和熔断器的开断能力值。在功率因数为0.1时，相关短路电流的峰值约为上述值的2.5倍。当确定发电机的关合容量和所需母线系统的机械强度时，应考虑这个峰值。峰值决定了母线之间的应力。第4部分中有计算实例。

## 3 直流系统的短路电流

电池在其端子处的短路电流可按如下方式计算：

（1）15倍的电池等级，单位为安培小时（Ah），针对低速率放电的电池系统，电池持续时间超过3 h。

（2）30倍的电池等级，单位为安培小时，包括密封的铅酸电池或碱性电池，具有100 Ah或更多的能力，针对高速率下进行放电，相应的电池的持续时间少于3 h。

（3）为了获得直流系统的总短路电流，必须将运行中的所有的直流电动机的满载电流的6倍加到所需的电池的值中。

当获得了预期短路值，进行以上快速检查，如果超过最大允许值，必须进行更详细的计算。当对船舶中的交流系统进行详细的短路计算时，应根据IEC 61363（船舶的电气安装以及移动和固定的离岸单元）的第1部分（计算三相交流系统的短路电流）计算。

特别是对于使用短电缆且有时连接到高预期短路电流的船舶。必须指出，大多数设计工作使用特殊计算机软件完成电气系统建模和短路计算，例如ETAP和EDSA。

## 4 更先进的交流系统短路计算

计算开始是基于一般经验的简单估算，不涉及发电机的任何数据，然后开始涉及一些发电机的数据，最后再是带有电缆数据的计算。在所有情况下，必须添加运行中的电机的参数。

## 4.1 最初的估算，无发电机数据

当没有详细的发电机数据可用时，可以先做一个最初的短路电流评估。随机地选择发电机的额定功率和额定电压值举例：

额定功率 $S_n$ (kVA)，举例：1 000 kVA；

额定电压 $U_n$ (V)，举例：400 V；

额定电流 $I_n$ (A)，可以由公式 $I_n = \dfrac{S_n}{U_n \sqrt{3}}$ 计算得出，在该例中，$\dfrac{1\,000}{400\sqrt{3}} \approx 1\,400$(A)。

当没有更多的可用数据时，大多数船级社使用下面的计算方法确定短路电流：$I_K(\text{RMS})=10 \cdot I_n$。在该例中，发电机的短路电流是14 kA（RMS）。对于有一台额外的相同型号的发电机时，该值将会增加。例如，当有3台这样的发电机并行地给配电板供电，将是42 kA。这个是断路器和熔断器能够开断的电流，称为开断能力。一个更重要的数据是接近短路电流时，断路器必须断开的最大电流，它是非对称的峰值电流，用公式 $I_{\text{peak}}=2.5 I_K(\text{RMS})$ 计算。如果没有可用的数据，经验规则给出峰值电流为短路电流（有效值）的2.5倍，所以在该例中，1台发电机的峰值为35 kA，3台发电机的峰值为105 kA。这是断路器能够接通的电流，叫作接通能力。

断路器的能力值在每个制造商的文件中给出，如接通能力和开断能力。当文件指出断路器能够承受的短路电流只能开断一次，则必须在船上带有一个或更多的备用的相关型号的断路器。峰值电流也决定了导体和母线之间的最大应力。对于母线，该值用于确定母线系统必须能够承担的机械应力。随着母线系统的设计，该值用于选择母线汇流排和它们之间的间隔。

## 4.2 改进的带有发电价参数的计算

当有更多的发电机信息可用时，短路计算可以改进。该例子展示了当发电机的次瞬变电抗可用时的结果，它是在一个短路后的前6个周期内的发电机的阻抗，在这里设为12%。

次瞬变电抗 $X_d''$ (%)，在该例中为12%。

短路电流 $I_K(\text{RMS})= \dfrac{I_n}{X_d''}$ ，在该例中，$I_K(\text{RMS})= \dfrac{1\,400}{12\%}=12\,000$ A(RMS)=12 kA

定子绕组 $R_a$ (mΩ)，在该例中为2 mΩ。

定子电抗可用公式 $X_a = X_d'' \cdot \dfrac{U_n^2}{S_n^2}$，$U_n$ 为额定电压，$S_n$ 为额定功率。

由比例 $\dfrac{R_a}{X_a}$，在该例中为 $\dfrac{2}{19.2}=0.1$，可知 $\cos\varphi$ 和上升因数 $X$（见图7-1），结果为 $\cos\varphi=0.1$，上升因数 $X=1.65$。峰值电流可由式 $I_{\text{peak}}=I_K(\text{RMS}) \cdot X \cdot \sqrt{2}$ 计算，结果为 $12\,000 \cdot 1.65 \cdot \sqrt{2}$，峰值较之前的结果大幅度降低。

## 4.3 改进的带有电缆数据的计算

将连接发电机到配电板上的电缆线的电阻和阻抗考虑在内是对短路计算精度的进一步改进。

电缆的电阻为 $R_1 = \dfrac{r_1 \cdot l}{n}$，电缆的电抗为 $X_1 = \dfrac{x_1 \cdot l}{n}$。

式中，$r_1$、$x_1$ 和 $l$ 分别是具体的电阻值、电抗值和电缆的长度；$n$ 为并行电缆的数量。

每米的电缆数据见表7-1。

表7-1 电缆数据

| 电缆型号 | $r_1$（Ω/km或mΩ/m） | $x_1$（mΩ/m 50 Hz） | $x_1$（mΩ/m 60 Hz） |
| --- | --- | --- | --- |
| 3×120 mm² | 0.164 | 0.072 | 0.086 |
| 3×95 mm² | (200 A) 0.204 | 0.075 | 0.090 |
| 3×70 mm² | 0.280 | 0.075 | 0.092 |

在该例中，发电机的额定电流为1 400 A，可以使用7根3×95 mm²的并行电缆连接到主配电板上。设置该电缆为20 m：

电缆的电阻：$R_1 = \dfrac{r_1 \cdot l}{n} = \dfrac{0.204 \cdot 20}{7} = 0.6 \text{ (m}\Omega)$

电缆的电抗：$X_1 = \dfrac{x_1 \cdot l}{n} = \dfrac{0.075 \cdot 20}{7} = 0.22 \text{ (m}\Omega)$

总电阻：$R = R_a + R_1 = 2 + 0.6 = 2.6 \text{ (m}\Omega)$

总电抗：$X = X_a + X_1 = 19.2 + 0.22 = 19.4 \text{ (m}\Omega)$

阻抗：$Z = \sqrt{R^2 + X^2} = \sqrt{2.6^2 + 19.4^2} = 20.2 \text{ (m}\Omega)$

短路电流：$I_K(\text{RMS}) = \dfrac{U_n}{\sqrt{3} \cdot Z} = \dfrac{400}{\sqrt{3} \cdot 20.2} = 11.8 \text{ kA (RMS)}$，该结果与前文的12 kA没有太大的改变。

随着更精确的$\dfrac{R}{X} = 0.14$，上升因数$X = 1.55$，因此不对称峰值为$1.55 \cdot \sqrt{2} \cdot 11.8 \text{(kA)}$或24.9(kA)。

表7-2是以上例中计算的发电机对短路电流的贡献。

表7-2  发电机对短路电流的贡献

| 项目 | 4.1最初估算 | 4.2 带发电机数据 | 4.3 带电缆数据 |
|---|---|---|---|
| $I_K$/kA（RMS） | 14 | 12 | 11.8 |
| 上升因数$X$ | 2.5 | $1.65\sqrt{2}$ | $1.55\sqrt{2}$ |
| $I_{peak}$/kA（峰值） | 35 | 28 | 24.9 |

### 4.4  添加发动机数据

为了完成短路计算，必须考虑正在运行的发动机的作用。为了完成这部分计算，本例中必须假设一些数据。

额定功率$S_n$（kVA），举例：700 kVA。

额定电压$U_n$（V），举例：400 V。

额定电流$I_n$（A），可以由公式$I_n = \dfrac{S_n}{U_n\sqrt{3}}$算得，在该例中，$I_n = \dfrac{700}{400\sqrt{3}} \approx 1\,000 \text{ (A)}$。

当没有更多的数据可用时，大多数船级社使用下面的计算方法去确定短路电流：$I_K(\text{RMS}) = 3.5 \cdot I_n$，在该例中为3 500 A（RMS）。

上升因数可以由发电机数据获得。

发动机对短路电流计算的贡献见表7-3。

表7-3  发动机对短路电流计算的贡献

| 项目 | 4.1最初估算 | 4.2 带发电机数据 | 4.3 带电缆数据 |
|---|---|---|---|
| $I_K$/kA（RMS） | 3.5 | 3.5 | 3.5 |
| 上升因数$X$ | 2.5 | $1.65\sqrt{2}$ | $1.55\sqrt{2}$ |
| $I_{peak}$/kA（峰值） | 8.75 | 8.2 | 7.6 |

### 4.5  总结

从以上短路计算的例子总结出，当可用数据越多并有足够的时间去计算时，结果会更加精确。发动机和发电机的贡献见表7-4。

表7-4  发动机和发电机的贡献

| 项目 | 4.1最初估算 | 4.2 带发电机数据 | 4.3 带电缆数据 |
|---|---|---|---|
| $I_K$/kA（RMS） | 1.75 | 15.5 | 14.9 |
| $I_{peak}$/kA（峰值） | 43.75 | 36.2 | 32.5 |

$k$-$R/X$关系图、靠近发电机的短路电流（包括元件的细节）、发电机附近的短路电流原理图如图7-1至图7-3所示。

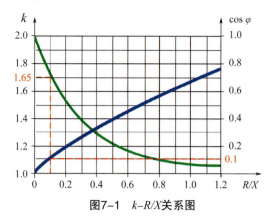

图7-1　$k$-$R/X$关系图

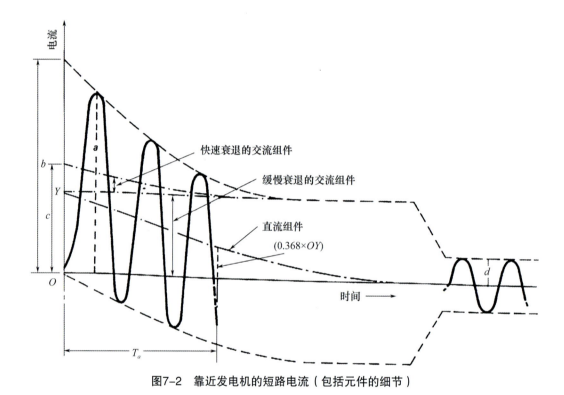

图7-2　靠近发电机的短路电流（包括元件的细节）

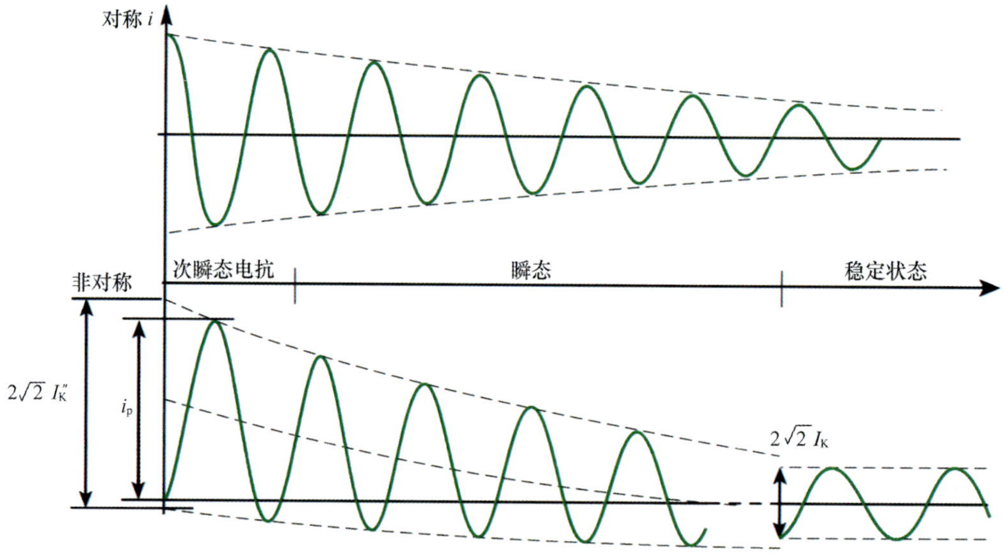

图7-3　发电机附近的短路电流原理图

## 5 母线的热功率

短路计算得到的数据,决定了在配电板上所需的母线(图7-4)系统强度和所需的断路器(图7-5)性能。配电板通常需要型式测试,因此其性能可在实验室中得到验证,或者是由经过型式测试的部件组装而成。母线系统通常由经过型式测试的部件制成,如母线与其架桥。表7-5给出了针对单线和双线系统的最大的连续电流。

使用的基本数据来自之前短路计算例子的结果,可以选择表7-5中发电机的母线系统。结果取自电缆数据和电机的贡献$I''_K$=14.9 kA,$I_s$=32.5 kA的共同计算。

1 000 kVA的发电机,额定电流为1 400 A,允许选择一个60×5 mm的双线系统,当温度上升到50 K时,电流为1 524 A。

应用这个选择峰值电流的支持距离。选择电流峰值$I_{peak}$=48 kA和$I''_K$=23 kA(RMS)的列,将是正确的计算结果(32.5 kA/14.9 kA)。允许588 mm的最大支持距离,实际选择是500 mm。

详细数据请参见表7-6,这个例子的相关值已在表格中用彩色标记。

图7-4 主配电板母线支持

表7-5 母线系统的最大额定电流

| | 最大的连续电流(AMP) | | | |
|---|---|---|---|---|
| | 最高温度升到50 K | | 最高温度升到30 K | |
| 母线交叉选择/mm | 单线/A | 双轨/A | 单线/A | 双轨/A |
| 25×5 | 433 | 776 | 327 | 586 |
| 30×5 | 502 | 890 | 379 | 672 |
| 40×5 | 639 | 1 108 | 482 | 836 |
| 50×5 | 772 | 1 317 | 583 | 994 |
| 60×5 | 912 | 1 524 | 688 | 1 150 |
| 80×5 | 1 173 | 1 921 | 885 | 1 450 |
| 30×10 | 756 | 1 300 | 573 | 986 |
| 40×10 | 944 | 1 624 | 715 | 1 230 |
| 50×10 | 1 129 | 2 001 | 852 | 1 510 |
| 80×10 | 1 643 | 2 796 | 1 240 | 2 110 |
| 100×10 | 1 974 | 3 286 | 1 490 | 2 480 |

图7-5 断路器

表7-6 母线系统的最大支持距离　　　　单位:mm

| | 与峰值电流和母线尺寸有关的最大支持距离 | | | | | |
|---|---|---|---|---|---|---|
| | 峰值电流/kA | 11 | 24 | 48 | 63 | 82 |
| | 电流有效值/kA | 6 | 12 | 23 | 30 | 39 |
| | 母线 | | | | | |
| 单母线/mm | 25×5 | 1 000 | 527 | 261 | 200 | 154 |
| | 30×5 | 1 000 | 578 | 286 | 219 | 169 |
| | 40×5 | 1 000 | 667 | 331 | 253 | 195 |
| | 50×5 | 1 000 | 746 | 370 | 284 | 218 |
| | 60×5 | 1 000 | 837 | 416 | 318 | 245 |
| | 80×5 | 1 000 | 944 | 468 | 359 | 276 |
| 双母线/mm | 25×5 | 1 000 | 746 | 370 | 284 | 218 |
| | 30×5 | 1 000 | 817 | 406 | 311 | 239 |
| | 40×5 | 1 000 | 944 | 468 | 369 | 276 |
| | 50×5 | 1 000 | 1 000 | 524 | 401 | 309 |
| | 60×5 | 1 000 | 1 000 | 588 | 451 | 342 |
| | 80×5 | 1 000 | 1 000 | 663 | 508 | 342 |

7 短路计算

## 8 断路器、接触器和选择性

本章介绍了断路器和接触器的区别，两者都可以接通或断开电路。

断路器和接触器之间的主要区别是，断路器设计的目的是检测并在适当的时候切断短路电流和过载电流，而接触器是一种自动开关。

## 1 接触器和断路器

接触器比断路器（图8-1）具有更好的电气性能，但都与额定电流有关。一个微型的额定电流为16 A的断路器（图8-2）可以中断6 000 A的短路电流，接近于额定电流的400倍，但是，只可以应用几次。90 A断路器如图8-3所示。

一个16 A的接触器可以切断额定电流为16 A的电机高达160 A的启动电流数千次。还可以中断16 A的满载电流数千次。一个接触器在6 000 A短路电流时其触点会接通并损坏。

图8-1　250 A断路器（宽30 cm）

图8-2　16 A断路器（宽3 cm）

图8-3　90 A断路器（宽10 cm）

8　断路器、接触器和选择性

接触器是用来中断超过额定电流10倍的故障电流的，一旦达到设计的故障电流，其触点会融在一起或接触器会爆炸。接触器具有对断路器或熔断器的故障电流的保护作用。

断路器不适合中断大电机的启动，不适合中断大电流。断路器的开关能力根据不同的条件而不同。有些断路器只能中断一次故障电流，必须像熔断器一样更换。因此在船上必须有这种类型的备用断路器。模压外壳式断路器也可以整体更换，特别是电流限制型的。必须使用特殊的工具才能更换触点。4个断路器的电流随时间变化的特点如图8-4所示。

为了启动大型电机，必须使用接触器，尤其是直接启动。直接启动将产生8~10倍额定电流的启动电流，这就是设计接触器的原因。

断路器能在约25倍的标称电流时切断电流，并且在大约10倍的额定电流时断开，但比接触器的使用次数少。断路器和接触器的性能数据（数据表）用来确定一个特定系统的最佳解决方案。额定电流等级为630~6 300 A的断路器在有限的操作次数下，有220 kA的关断能力和100 kA的阻断能力。5 000 A断路器（宽约1 m）、100 A断路器、100 A断路器的简化图、16 A断路器（图中显示为了中断短路电流所需的组件）、带1 000 A断路器的大电机的简化图如图8-4至图8-9所示。

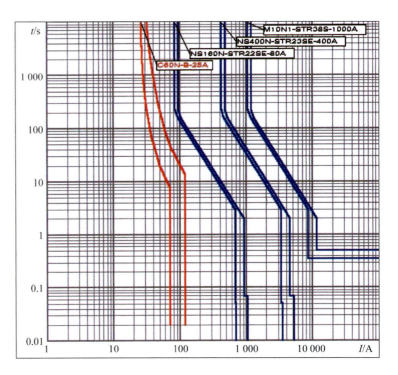

图8-4　4个断路器的电流随时间变化的特点

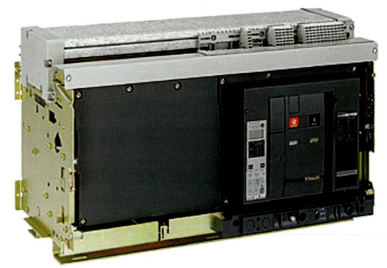

图8-5　5 000 A断路器（宽约1 m）

图8-6　100 A断路器

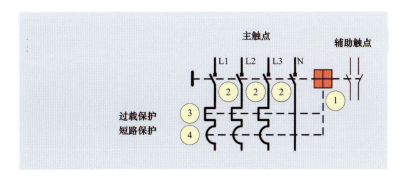

图8-7 100 A断路器的简化图

## 2 接触器（磁性开关）

接触器（图8-10、图8-11）的闭合机械装置是由线圈拉动铁芯，从而闭合触点。打开是通过断开线圈和小弹簧。线圈的力取决于电压。

当大电机直接启动时，产生一个大电压降，由于存在启动电流，线圈上的触点处可能断开。交流线圈电压降到低于80％。用直流线圈代替交流线圈，带有储值电阻的电路中，一旦触点合上，就允许电压降至50％。还有其他由同一电源供电的接触器可能会在加载过程中降落。由阶跃负载引起的电压骤降将在安装调试过程进行测试。

1—锁；2—主触点；3—过载保护；4—短路保护；5—灭弧室。

图8-8 16 A断路器（图中显示为了中断短路电流所需的组件）

图8-10 12 A的小型接触器，宽度大约为8 cm

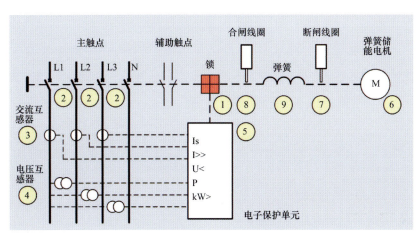

图8-9 带1 000 A断路器的大电机的简化图

图8-11 每一相有两个主触点的大型接触器，1 000 A等级，宽度大约为1 m

8 断路器、接触器和选择性

## 3 选择性

选择性的目的是尽可能快地分离出由短路或过载引起的故障。这是为了让尽可能多的系统保持正常工作状态。

选择或鉴别是一门技术，以确保串联断路器之间的操作特性的协调。这样做的目的是确保只有出故障的上游断路器跳闸，装置的其他部件不会受到影响。一个设计应确保至少最低选择性作为每个等级的要求。如断路器和熔断器等保护装置的制造商会提供可以用于设计中的产品选择表。特殊的建模软件也可以用来帮助确定时间与电流的协调。大多数断路器有两个具体跳闸区。一个是过载区，另一个是短路区。过载区是在断路器的额定电流和该值的8~10倍。在此区域内，断路器的热保护是积极活跃的。图8-12（a）为过载区断路器跳闸曲线图，过载区域是高亮度。短路区在过载区域之上，即上边提到的额定电流的8~10倍的区域。磁场的保护在此区域是积极活跃的，特别是当短路发生时。图8-12（b）是短路区断路器跳闸曲线图，短路区域是高亮度。超载装置保护电缆和用电设备免受持续过电流的影响。过载保护装置并不总是完全可调的，特别是在小型断路器上。这些小型断路器可以用不同的曲线表示，例如电机保护器或电缆保护装置。

Diazed是螺旋式帽熔断器的欧洲标准。Diazed熔断器的DⅡ型高达25 A，DⅢ型高达63 A。由于温升过高，船舶上不适合安装较大规格的DIV和DV。出于短路保护，一些等级规则排除超过320 A的较大规格的熔断器。

Diazed熔断器保护装置是一个相对简单和便宜的装置，并且有相当大的承受力。4 A的熔断器比2 A的熔断器熔化慢，但比6 A的熔断器熔化快。为了获得熔断器的选择性，一般可以在两者之间留下一段距离。熔断器也可以适合不同的熔解曲线（从"正常"的针对标准的照明子电路到"缓慢的"电机子电路）。迅速中断熔断器可用于保护半导体电路。Diazed熔断器的中断电流-时间的简化图如图8-13所示。一系列的Diazed熔断器如图8-14所示。

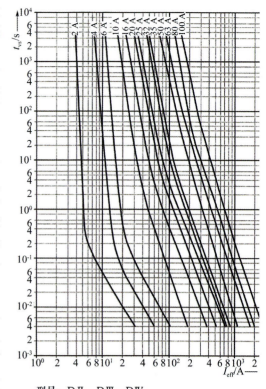

型号：DⅡ，DⅢ，DIV
操作等级：gG
额定电压：500V AC/500 V DC
额定电流：2... 100 A

图8-13 Diazed熔断器的中断电流-时间简化图

图8-14 一系列的Diazed熔断器

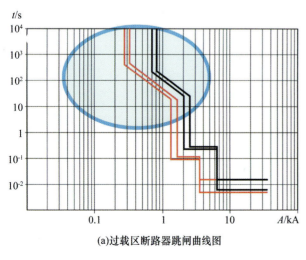

(a) 过载区断路器跳闸曲线图

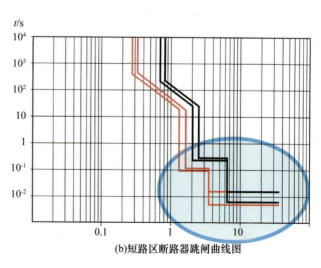

(b) 短路区断路器跳闸曲线图

图8-12 断路器跳闸曲线图

## 4 带熔断器的电流限制

熔断器的最重要的特征之一是其限流能力。电流限制的作用是，在故障电流到达其最大值以前，它就被隔离了。熔断器会熔化得非常快，从而限制了传输到故障的总能量。这种快速的故障隔离也限制了系统的热应力和机械应力，可避免损坏，缩短停机时间。熔断器有时用作一个或多个断路器的主保护，需要高短路水平并且相对而言，断路器的短路额定值是不够的。要确定的熔断器的电流限制可以进行计算，但更简单的方法是使用一个由熔断器生产商提供的电流限制图表。图8-15显示了确定一个典型的160 A熔断器通过的电流的例子。必须注意的是，制造商制作的电流限制图表必须可用于任何特定的设计中。在该例中，一个30 kA的预期短路已计算完毕。图8-15中的黑色斜线代表短路的峰值。上边的线是带有直流分量的峰值（公式），下边的线是没有直流分量的峰值（公式）。没有安装熔断器时，峰值将达到其最大值。在本例子中，红线画到上边的线上，然后沿着水平方向向左看，找到的值约为75 kA。当将熔断器安装在特定等级的绿色限制曲线之一时，可以用于找到峰值。在本例中，使用与上边相同的方式，随着红线看去是约13 kA，但是使用绿色的熔断器电流限制线，是使用160 A的熔断器代替本例。熔断器能够通过从对角线峰值线到预期的短路电流画一条红线后，找到有效的RMS值。在该例中，短路电流的结果约为5 kA。

## 5 选择性图表

选择性图表用于表示串联保护装置的过载和短路脱扣曲线之间的关系，如熔断器和断路器。图8-16显示了发电机断路器和通过该断路器供电的另外两个断路器的时间-电流脱扣曲线。红色的曲线代表了一种典型的电机供电电路的过载保护和瞬时短路继电器的热曲线。发电机断路器必须可以关断任何电流，发电机（或其他发电机的总容量）可以产生更长的支路。进行完全选择性的安装是非常困难的，并可能意味着在主配电板上安装昂贵的选择性断路器。这就是为什么通常在设计中选择部分选择性。但是，在短路中，可能有更多的故障回路被切断，这可能会危及安装的冗余（冗余对于动力定位船是特别重要的）。然而，也可以满足基本设计的冗余，即通过分割更多支路的配电箱的重复的必要装置，配电箱通过电流限制装置供电。这使得支路可以使用不太复杂的开关设备，因为故障电流被前端断路器限制。必须保证基本用电设备的冗余，因为它的双联用电设备由前端的一个不同的电路供电。限制所有支路的开关设备的成本，包括断路器、熔断器、母线系统等。冗余也是基于单一故障原则。如果第二个故障发生在第二个完全相同的支路配电箱上，则其他重复的必要设备可能会失效并且推进器会停止。更多的冗余要求见本书第2章。

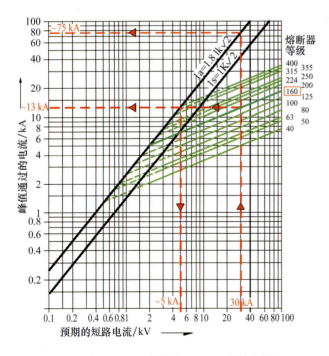

图8-15 电流限制图（针对40~400A的熔断器）

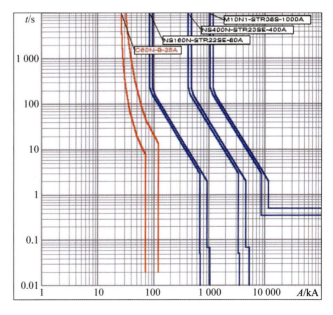

图8-16 发电机断路器保护和两个带有直接操作短路保护的断路器的时间-电流脱扣曲线

## 9　型式认可设备

> 型式认可是一种独立的认证服务，可以提供一项证书用以阐述某种产品符合某个特定标准规范和产品的质量体系认证。它基于设计审查、初步型式测试和生产过程的验证。

## 1 简介

型式认可不仅针对等级规则的设计审查，也针对国际通用标准，包括初步型式测试和生产过程的验证。ISO 9000的质量体系认证也是可以接受的。船上使用的设备位置还需要通过一定测试来决定。型式认可的仪器也需要经过测试并被认可符合等级规则中定义的海洋环境。欧洲船用设备指令（MED）是为了易于欧洲市场中货物的自由流动。认证机构根据每个MED指令认证的设备可以用在欧洲所有的船上，并且其与等级独立。所有的评价机构都接受其他评价机构以及其他认证机构的MED认证。

使用型式认可的设备可以简化等级认证，但离不开正常的认证要求。详细的要求见第27章（测试、调试及分类）。

## 2 环境条件

在型式认可测试开始前，必须定义环境条件。一般针对空气和水的环境条件是：

（1）空气温度45 ℃（数据可以随着服务的限制而不同）；

（2）海水温度32 ℃（数据可以随着服务的限制而不同）；

（3）最大湿度95%，不凝结。

基本的环境测试见表9-1。

环境类别见表9-2。

表9-1 基本的环境测试

|  | 测试 | 环境分类 | | | | |
|---|---|---|---|---|---|---|
|  |  | 环境1 | 环境2 | 环境3 | 环境4 | 环境5 |
| 1 | 目视检测 | X | X | X | X | X |
| 2 | 性能测试 | X | X | X | X | X |
| 3 | 压力测试 | X | X | X | X | X |
| 4 | 绝缘电阻 | X | X | X | X | X |
| 5 | 电源范围 | X | X | X | X | X |
| 6 | 电源故障 | X | X | X | X | X |
| 7 | 倾角 | X | X | X | X | X |
| 8 | 振动测试1 | X | X | X |  | X |
|  | 振动测试2 |  |  |  | X |  |
| 9 | 湿度测试1 |  | X | X | X | X |
|  | 湿度测试2 | X |  |  |  |  |
| 10 | 盐雾测试 |  |  |  |  | X |
| 11 | 干热测试 |  |  |  |  | X |
|  | 太阳辐射测试 |  |  |  |  | X |
| 12 | 低温测试 |  |  |  |  | X |
| 13 | 高压测试 | X | X | X | X | X |
| 14 | 外壳测试 |  |  |  |  | X |
| 15 | EMC测试 | X | X | X | X | X |

表9-2 环境类别

| 分类 | 描述 | 环境温度变化 | |
|---|---|---|---|
| 环境1 | 受控环境 | 根据产品说明书 | |
| 环境2 | 考虑温度、湿度、振动的封闭空间 | 最小值5 ℃ | 最大值55 ℃ |
| 环境3 | 从其他设备获得热量的封闭空间 | 最小值5 ℃ | 最大值55 ℃ |
| 环境4 | 安装在往复机上 | 最小值5 ℃ | 最大值55 ℃ |
| 环境5 | 露天甲板 | 最小值−25 ℃ | 最大值70 ℃ |

船舶的最大移动范围定义如下：

纵倾角：±5°；
俯仰角：±5°；
横倾角：±22.5°；
横摇角：±22.5°。

图9-1 型式认可机构标志

## 3 型式认可测试

### 3.1 振动

需要被测试的对象应放置在固定于电磁铁铁芯上的支架上。为了得到所需的振动，电磁线圈的电流和频率可以调整。所需的振动的选择应与操作单元所需的环境相关。

图9-2为现代化的柴油发电机，图9-3为在特殊环境中进行的辐射和传导干扰测试。发动机上装有标准的控制和监测系统，该单元也应根据预期的柴油发电机的情况进行剧烈振动水平测试（图9-4）。安装在控制单元上的触摸屏控制箱需要单独进行测试。

图9-4 振动测试

图9-2 现代化的柴油发电机

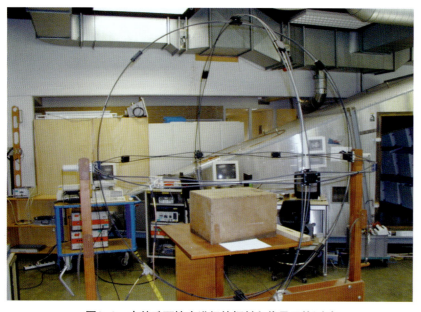

图9-3 在特殊环境中进行的辐射和传导干扰测试

表9-3 振动测试

| 振动测试结果 | | | |
|---|---|---|---|
| 环境1 | 移位 | 1.5 mm | 2~13 Hz |
| 一般情况 | 加速度 | 10 m/s² | 13~100 Hz |
| 环境2 | 移位 | 1.5 mm | 2~28 Hz |
| 在发动机上 | 加速度 | 10 m/s² | 28~200 Hz |

### 3.2 盐环境

安装在室外或暴露在盐环境的设备需要接受盐雾测试（图9-5），即在一段时间内将设备放置在一个封闭的模拟环境中进行测试。

(a)

(b)

图9-5 盐雾测试

## 3.3 干热和太阳辐射

当设备被安装在产生热量的空间（如机舱和锅炉房）时需要进行干热测试。安装在甲板上或直接接触太阳的设备需进行太阳辐射测试。干热测试（图9-6）在一个整个装置被均匀加热到所需的温度环境中进行。太阳辐射测试（图9-7）仅需将设备加热到所需温度，会产生机械应力。

图9-6　干热测试

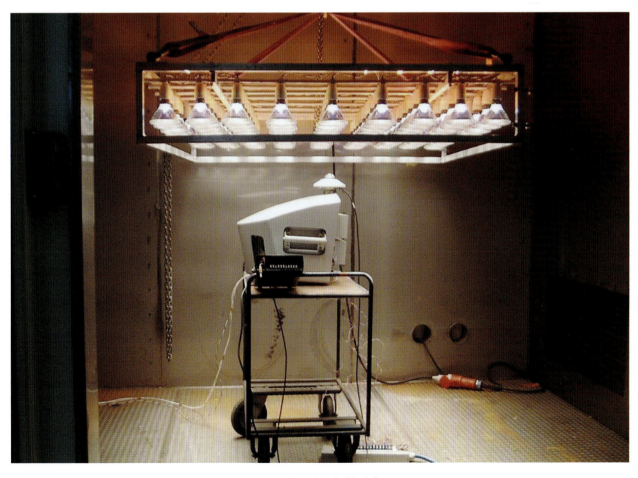

图9-7　太阳辐射测试

## 3.4 低温

当打算将一台设备安装在露天甲板上时，该设备需要接受一次低温测试。

## 3.5 高压

所有的电气设备需要接受高压测试。额定电压与高压测试之间的关系见表9-4。

表9-4　高压测试

| 额定电压与高压试之间的关系 | |
|---|---|
| 额定电压 $U_n$ / V | 测试电压 / V |
| $U_n \leq 60$ | 500 |
| $60 < U_n \leq 1\ 000$ | $2U_n + 1\ 000$ |
| $100 < U_n \leq 2\ 500$ | 6 500 |
| $2\ 500 < U_n \leq 3\ 500$ | 10 000 |
| $3\ 500 < U_n \leq 7\ 200$ | 20 000 |
| $7\ 200 < U_n \leq 12\ 000$ | 28 000 |
| $12\ 000 < U_n \leq 15\ 000$ | 38 000 |

## 3.6 外壳

用在水下和前甲板的设备必须接受压力测试。如果设备仅接触喷雾或水滴，可只做滴水测试。

外壳滴水测试

## 3.7 电磁兼容性

带有源电子元件的设备需要进行电磁兼容性测试，所有必备的设备，必须从型式认可设备中选择。如果选择的设备不在列表中，那么它至少满足型式测试的要求。

高压测试

电磁兼容性测试

压力测试

图9-8的证书是一个惰性气体系统的带有MED标志的型式认可证书。证书上的舵轮表示它符合《船用设备指令》（MED）的型号许可要求。在评价和测试设计后，可以发放MED证书。

# Certificate of Conformity (Module G)

Maritime and Coastguard Agency
An Executive Agency of the Department for Transport

Lloyd's Register Verification (LRV), having been appointed by the UK MCA as a "notified body" under the terms of The Merchant Shipping (Marine Equipment) Regulations S.I. 1999 No. 1957 and Article 9 of Council Directive 96/98/EC as amended by Commission Directives 98/85/EC, 2001/53/EC, 2002/75/EC and 2002/84/EC for Marine Equipment, certifies that:

LRV did undertake the relevant quality assessment procedures for the equipment of the manufacturer identified below which was found to be in compliance with the **Fire protection** requirements of Council Directive 96/98/EC on marine equipment as amended above and in accordance with Annex B, Unit Verification Module G, subject to the conditions below and in the attached Schedule which will also form part of this Certificate.

| Manufacturer: | Place of production: |
|---|---|
| Aalborg Industries Inert Gas System B.V. | same |
| **Address:** | **Address:** |
| St. Hubertsstraat 10<br>6531 LB Nijmegen<br>The Netherlands | same |

Annex A.1 item no **A.1 / 3.42**

Item designation:
**INERT GAS SYSTEMS COMPONENTS**

| Manufacturer's code no. | Product description: |
|---|---|
| 062.10.1.9530 | Inert Gas system type: Gin 2500-0.15 FU |

Product identity number:
**Serial number 06830**

Approval is subject to continued maintenance of the requirements of the above Directives and to all products continuing to comply with the standards and conditions of EC Type Examination Certificates issued by Lloyd's Register Verification.

| Date of Issue | **16 January 2008** | Issued by: | **Lloyd's Register Verification** |
|---|---|---|---|
| | | | EC Distinguishing No. 0038 |

Certificate no. **MED 08G0009 – (Control no: GRO0805012)**

Signed: *For ...*

Name: A.W. van der Velden

For and on behalf of Lloyd's Register Verification

Note: A technical file shall be maintained to record the above product for a period of at least 10 years from date of issue of this Certificate.

Subject to the Manufacturer's compliance with the foregoing, and those conditions of Articles 10.1(1) and 11 of the Directive, the Manufacturer or his authorised representative is allowed to affix the 'Mark of Conformity' to the products above.

This certificate is issued under the authority of the MCA.

0038 / 08

Lloyd's Register, its affiliates and subsidiaries and their respective officers, employees or agents are, individually and collectively, referred to in this clause as the 'Lloyd's Register Group'. The Lloyd's Register Group assumes no responsibility and shall not be liable to any person for any loss, damage or expense caused by reliance on the information or advice in this document or howsoever provided, unless that person has signed a contract with the relevant Lloyd's Register Group entity for the provision of this information or advice and in that case any responsibility or liability is exclusively on the terms and conditions set out in that contract.

Form 1616V (2005.01)

图9-8　合格证书

惰性气体系统会产生非易燃性气体，主要是氮气与二氧化碳的混合气体，用在轮船上作为危险货物外的覆盖层。这样做有两个目的：一个是避免在货物表面，爆炸性货物与空气接触；其次，对于某些货物，防止货物被空气氧化。

《船用设备指令》批准的目的是缓解欧洲共同体的贸易压力。设备必须经过公认的国际标准的批准，并且审批制度应该符合欧洲共同体的需求。此外系统也包括授权机构的设计审查和初步测试，以及生产质量体系的认证。目前，MED认证仅限于安全、消防、导航、航海，以及通信设备。2007年，欧洲共同体成了大量客户的选择。

型号认可的右舷的双侧灯

监管机构的标识

欧洲市场

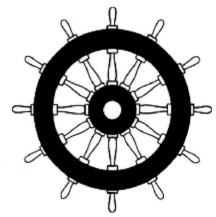

MED认证的设备带有舵轮标记

64　　　　　　　　　　　　　　　　　　　　　　　　9　型式认可设备

 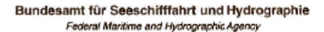

**Bundesrepublik Deutschland**
*Federal Republic of Germany*

Bundesamt für Seeschifffahrt und Hydrographie
*Federal Maritime and Hydrographic Agency*

# EC TYPE EXAMINATION (MODULE B) CERTIFICATE

This is to certify that:

Bundesamt für Seeschifffahrt und Hydrographie, specified as a "notified body" under the terms of „Schiffssicherheitsgesetz" of 9. September 1998 (BGBl. I, p. 2860) modified last 08. April 2008 (BGBl. I, p. 706), did undertake the relevant type approval procedures for the equipment identified below which was found to be in compliance with the Navigation requirements of Marine Equipment Directive (MED) 96/98/EC last modified by Directive 2008/67/EC.

| | |
|---|---|
| Manufacturer | aqua signal Aktiengesellschaft |
| Address | Von-Thünen-Straße 12, 28307 Bremen, GERMANY |
| Applicant | aqua signal Aktiengesellschaft |
| Address | Von-Thünen-Straße 12, 28307 Bremen, GERMANY |
| Annex A.1 Item (No & item designation) | 6.1    Navigation lights |
| Product Name | LED-Serie 65 |
| Trade Name(s) | LED-Serie 65 |

**Specified Standard(s)**

| | |
|---|---|
| Regulation COLREG 72, Annex I/14 | EN 14744, 2005 |
| IMO Resolution A.694(17) | IEC 60945 Ed.4.0, 2002 |

This certificate remains valid unless cancelled, expired or revoked.

Date of issue: 2008-09-01     Issued by: Bundesamt für Seeschifffahrt und Hydrographie
Bernhard-Nocht-Str. 78, 20359 Hamburg, Germany
Expiry date: 2013-08-31     **Notified body 0735**

Certificate No.: BSH/4612/6010945/08

This certificate consists of 2 pages.

by order

Schulz-Reifer

This certificate is issued under the authority of the „Bundesministerium für Verkehr, Bau und Stadtentwicklung".
V2008-07-23

型式检验证书

10 危险区域–IP等级

危险区域是指由于气体、易燃液体甚至爆炸性粉尘的持续或局部存在而可能发生爆炸的区域。例如，油轮甲板上的油箱、货物装卸区，货物泵房、存放汽车及其燃料箱的渡轮的汽车甲板、油漆存放处、装载危险货物运输的干货船都是危险区域。最好的解决方案是在危险区域不安装任何电气设备。

在IEC 60529中定义的**IP等级**（国际防护等级）对固体物体，包括身体部位、灰尘、意外接触和水入侵的保护程度进行了分类。

带液位传感器的货舱的0区

## 1 危险区域

危险区域，不仅取决于货物的类型，也取决于与货物位置相关的区域的位置。内河油轮有时在海上航行，并且可能进行长途航行。在海上或内陆都有具体的要求，但目的相同。

危险货物分为以下几组：

（1）易燃液化气体；

（2）着火点低于60 ℃的易燃液体，和被加热到一个离着火点只有15 ℃以内温度的液体；

（3）着火点高于60 ℃的易燃液体；

（4）危险的物资，只有当大批量存储时有危险。

## 2 危险区域的划分

### 2.1 0区

该区爆炸性气体不断出现，例如货舱内的原油和成品油或一艘运输可燃性液体（液化气除外）的化学产品运输油轮，该地区的着火点不超过60 ℃。在液化气的情况下，货舱本身和周围的二级屏蔽空间被划分为0区。

### 2.2 1区

正常工作期间，爆炸性气体环境定期出现。邻近装原油、成品油或化学品等的货舱油箱顶部或在其之下的空间的着火点高达60 ℃。由单一甲板或舱壁从0区分隔出的区域、货油泵舱，以及以上货物的管道空间是1区。

此外，露天甲板上距离货舱出口、货物阀门、货物管道法兰、货油泵舱出口3 m以内，以及一个高速排风口的6 m半径以内区域，高于甲板2.4 m以上的区域也是1区。高速排风口往往与压力阀/真空阀相连，是一种允许气体在与它相连的油箱的过压或负压（真空）下通过的装置，由此防止损害船舱的结构。在装载货物期间，由于过压或太阳辐射加热，气体会高速喷出，这是为了防止这些气体在甲板面上形成危险层。在装载过程中，通过泵送新货物而排出的液货舱中的气体，通常被收集在气体回收系统中，并在炼油厂中被重新凝结，以免污染空气并且获得回收物。

IWW油轮的1区范围从货舱区的围堰船头到船尾，在45°角内高于油轮3 m以上的区域。高度高于远洋油轮。高压放电阀出口半径2 m的区域被视为危险区域。高速排气口留出的甲板以上的高度必须高于甲板1 m，也比国际海事组织要求的低得多，并且为了舰桥下面的通道，应保持船舶尽可能低。

正在测试货舱的报警装置

油轮甲板，1区，带高速排风口的压力真空阀

## 2.3　2区

在正常操作期间不存在爆炸性气体环境的区域是2区，如果出现，也是很短的一段时间。如着火点高于60 ℃的装货的油轮，干货船以及有足够通风量的渡轮的RO／RO空间。

> 液化天然气（LNG）和汽油蒸气密度比空气大，任何露天甲板或甲板以下的空间是以后进一步研究的关于分区的内容。

## 3　合格设备的选择

危险区域要根据货物选择合格设备。

气体货物被分为以下几组：

Ⅰ：甲烷，如在煤矿中的甲烷。

Ⅱ：一般的工业气体和来自可燃液体和可燃固体材料的气体。

ⅡA：丙烷。

ⅡB：乙烯。

ⅡC：氢气。

除了根据货物，合格的安全设备也应根据在操作过程中的最高表面温度选择。表面温度必须低于气体货物的着火点，着火点在货物清单（船上允许装的货物类型的合格册）中列出。

防爆类型见表10-1。

温度等级及其最大的表面温度是：

T1：450℃。T4：135℃。
T2：300℃。T5：100℃。
T3：200℃。T6：85℃。

## 4　合格的保护方式

（1）本质安全合格；
（2）认证的本质安全类型"1b"；
（3）防爆设备类型"D"；
（4）加压设备类型"P"；
（5）无火花设备类型"N"；
（6）电缆桥架和电缆设备；
（7）外层带金属屏蔽和非金属屏蔽的电缆。

### 4.1　本质安全设备

本质安全设备是由屏障装置隔离的设备，这个屏障物将危险区域的能量限制在一定范围内，使其不会引起火花而导致爆炸。在危险区域，由屏障单元到本质安全单元的电缆必须彼此分开，以防止电缆通过感应吸收超过本质安全限制的额外功率。

### 4.2　0区的设备

在0区，本质安全认证为"1a"级的电气设备最适用。表10-2为以气体、液体或固体形式存在的危险货物清单，并说明了1区和2区对电气设备的要求。

表10-1　防爆类型

| 保护类型 | 编号 | 区域 | 图解 | 操作 | 标准 |
|---|---|---|---|---|---|
| 增加安全性 | e | 1 | | 终端控制箱 | IEC |
| | | | | 鼠笼式电机 | 60079-7 |
| | | | | 照明配件 | |
| 防火外壳 | d | 1 | | 其他电机 | IEC |
| | | | | 开关控制柜 | 60079-1 |
| | | | | 指示设备 | |
| 加压 | p | 1 | | 开关控制柜 | IEC |
| | | | | 分析仪 | 60097-2 |
| | | | | 大型电机 | |
| 本质安全 | ia | 0 | | 仪器仪表 | IEC |
| | | | | 通信设备 | 60079-11 |
| | | | | 传感器 | |
| 油浸 | o | 1 | | 转换器 | IEC |
| | | | | 启动电阻 | 60079-6 |
| 功率配件 | q | 1 | | 转换器 | IEC |
| | | | | 电容器 | 60079-5 |
| | | | | 终端 | |
| 封装 | m | 1 | | 开关控制柜 | IEC |
| | | | | 指示灯 | 60079-18 |
| | | | | 显示单元 | |
| 有限气密IP55 | n | 2 | | 车辆甲板照明配件 | IEC 60529 |
| | | | | 车辆甲板插座 | |
| | | | | 通风，45 cm以上 | |

表10-2　最低要求总结

| 产品名称 | 危害 | 通风要求 | 环境控制举例 | 温度等级 | 应用群体 | 着火点 |
|---|---|---|---|---|---|---|
| | 安全 | 受控 | 惰性 | T1~T6 | ⅡA,ⅡB,ⅡC | 无着火点 |
| | 污染 | 常开 | 干燥 | | | >60℃ |
| | 安全/污染 | | 通风 | | | <60℃ |
| 丙烯酸 | 安全/污染 | 受控 | 无要求 | T2 | ⅡA | <60℃ |
| 环己烯 | 安全/污染 | 受控 | 无要求 | T3 | ⅡA | <60℃ |
| 异丙醚 | 安全/污染 | 受控 | 惰性 | | | |
| 芒果籽粒油 | 污染 | 常开 | 无要求 | | | >60℃ |
| 硝基甲苯 | 安全/污染 | 受控 | 无要求 | T1 | ⅡA | >60℃ |

## 4.3 通过气密的边界分离

考虑能源释放和通风条件，由气密舱壁或甲板与另一个空间分隔开的空间可以被分为危险性较小的区域。能源排放和通向货油舱、污水舱、货物管道、管道系统、含有液体或气体的设备的其他开口，有法兰接头或气封。

从表10-3中看出，防止空间和通风系统中潜在的泄漏可以降低对空间的要求。油轮的更多的详细要求可以查阅IEC 60092—506标准，运载危险货物的船舶查找IEC 60092—502标准。当区域依据通风划分时，必须对通风故障进行监测和报警，不适合通风区域的设备必须关闭。除非操作需要，否则门不得安装在危险区域和非危险区域之间，且不得安装在0区域。

进入1区的封闭空间可考虑成2区和无危险的，前提是空间通过超压通风，门是自动关闭的。

## 4.4 危险区域的设备

1区和2区的设备也必须按照严格的规则进行选择以满足要求。一般在1区，需选择本质安全、隔爆型或耐压型设备。在2区，可以放宽条件，电缆须带有金属屏蔽层，其外层由非金属层覆盖。与0区不同，允许有电缆接头。

## 4.5 危险区域的代码和标准

在危险区域的电气装置的设计中，必须应用典型的规范和标准。这包括船级社、美国石油学会（API），欧洲ATEX，IEC和其他的规则和规范。

应当指出，危险区域的设备代码和标准正转变为更国际化的标准，如ATEX和IEC设备保护级别（EPL），应定期检查或至少在一个项目的开始进行检查。

危险区域划分及标准见表10-4。

表10-3 通过气密舱壁或甲板分隔开的空间

| 区域 | 有气体释放能量 | |
|---|---|---|
| | 有通风设备 | 无通风设备 |
| 0区 | 1区 | 0区 |
| | 货油泵室 | 围堰+货物边缘 |
| 1区 | 2区 | 1区 |
| | 带货物管道边缘的空间 | 带货物管道边缘的空间 |
| 2区 | 2区 | 1区 |
| | 带货物管道边缘的空间 | 带货物管道边缘的空间 |
| 区域 | 不带货物管道边缘的空间 | 无气体释放能量 |
| | 有通风设备 | 无通风设备 |
| 0区 | 2区 | 1区 |
| | 压载泵室 | 围堰空隙 |
| 1区 | 非有害空间 | 非有害空间 |
| 2区 | 非有害空间 | 非有害空间 |

1区，装有防爆电机的油轮甲板

2区，带有IP55设备的车辆渡轮甲板

表10-4 危险区域划分及标准

| 环境条件 | 地点 | 最小级别的保护 | 允许设备 | | | |
|---|---|---|---|---|---|---|
| 爆炸危险 | | | 开关装置 | 机器 | 其他设备 | |
| 0区 | 油箱和危险货物存放处 | 本质安全型1A | 否 | 不存在 | 测量设备 | |
| 1区 | 油轮甲板 | 防爆 | 是 | 是 | | |
| 1区 | 油漆存储处 | 防爆 | 否 | 否 | 只需照明 | |
| 1区 | 电池室 | 防爆 | 否 | 否 | 只需照明 | |
| 2区 | 汽车甲板 | IP 55 | 是 | 是 | 高于45 cm | 1 |
| 2区 | 游艇上的小船存储处 | IP 55 | 是 | 是 | 高于45 cm | 2 |
| 对人有危险 | 干燥的空间 | IP 20 | 是 | 是 | | |
| 无机械损伤 | 驾驶舱 | IP 20 | | | | |
| | 走廊 | IP 20 | | | | |
| | 浴室 | IP 34 | 否 | 否 | 只需照明 | |
| 滴水 | 机舱控制室 | IP 23 | | 是 | | |
| 轻度机械损伤 | 驾驶台 | IP 23 | | | | |
| | 二层甲板上的机舱 | IP 23 | | | | |
| | 配电室 | IP 23 | | | | |
| 溅水 | 机舱 | IP 44 | | 是 | | |
| 中度机械损伤 | 浴室 | IP 44 | | | 安全插座 | |
| | 画廊 | IP 34 | | | | |
| | 洗衣房 | IP 34 | | | | |
| 喷水或灰尘 | 甲板下的机舱 | IP 55 | 否 | 是 | | |
| 固体水 | 船首和露天甲板 | IP 67 | 否 | 是 | | |
| 水下 | 可潜水 | IP 68 | 否 | 是 | | 3 |
| 附注 | 1. 10次换气 | 2. 气体检测 | 3. 指定深度 | | | |

## 5. IP等级

防护等级用IP等级和EX等级进行分类，IP等级指对水和灰尘的防护，EX等级指对可燃性气体的防护。在两者之中，有很大的重叠部分。等级主要由IMO、IEC、NEC 500（USA）进行标准化。IMO标准是国际海事组织制定的标准，IEC标准是国际电工委员会制定的标准，广泛地用于海上和陆上。NEC是美国国家电力委员会制定的标准，注重强调气体、灰尘和纤维。采矿在美国是一个重要课题。保护类型取决于表10-5中的环境条件。

配备IP44以上电动机的机舱

表10-5　IP等级

| IP等级 | 电气设备 |
|---|---|
| 第一位防尘 | 第二位防水 |
| 0 无保护 | 0 无保护 |
| 1 目标 < 50 mm | 1 垂直滴水 |
| 2 目标 < 12 mm | 2 75°~90°滴水 |
| 3 目标 < 2.5 mm | 3 45°~90°喷水 |
| 4 目标 < 1.0 mm | 4 溅水 |
| 5 粉尘保护 | 5 水射流 |
| 6 严密防尘 | 6 大浪，7.1 m以下浸水 |
|  | 7 在1 m以下水柱浸水 |
| 例子：IP 68 | 8 在"X"米水柱以下无限浸没 |
|  | 铭牌或证书上注明"X" |

IP 23是电动机可用的最经济的等级，用于干燥、无气体或粉尘威胁的环境中。这是针对水滴的最低限度的保护。

IP 44是下一个等级，它是针对溅水和大于1 mm的粉尘颗粒的保护。

IP 55是针对水射流（消防带）有限的气体和粉尘的保护。

IP 66适用于用在波涛汹涌的大海上，带有喷射水的露天甲板上。

IP 67的设备防尘，并且可以浸泡在1 m深的水中。必须注意的是，该等级的设备不适合用于可能存在"绿色"海水的露天甲板上。应该检查图纸或设计。

IP 68的设备可以长时间地浸泡在一个给定的水压下。许可证书必须指出最大允许水压。

装有IP34或更高设备的厨房

10　危险区域-IP等级

## 11 交流电源

船舶上的交流电源通常由发电机供电,并且在港口时可能是通过岸电供电。

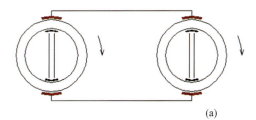
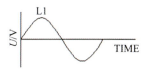

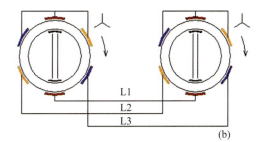
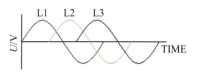

交流电流和旋转电流

## 1 发电机

发电机是将机械能转换成电能的装置。当发电机产生交流电时,它称为交流发电机。交流发电机的两个主要组成部分是:(1)定子,静态部分;(2)转子,定子内部的旋转部分。

定子由大量线圈组成,这些线圈以固定模式互连,其两端在接线盒中终止。内部转子在旋转时会有磁极,定子会在定子线圈上产生电压。当三组定子绕组按三分之一的位置偏移安装,会产生三相交流电流。

转子磁场的产生有许多方式:(1)通过感应产生(无刷交流发电机);(2)由永磁铁产生(很小的发电机);(3)转子绕组由滑环和电刷通直流电。船舶上的发电机通常是无刷类型。发电机产生的频率取决于极对数和转速。与特定频率对应的速度称为该频率的同步转速。船舶的频率通常是50 Hz或60 Hz,交流发电机的频率、转子极数与转速关系见表11-1。

船舶上使用的发电机基本上都是标准的工业类型,这些工业类型是在适用的规章制度和有关船舶环境的IEC标准中定义的环境条件下,反复评估得出的。

表11-1

| 频率 | | 极数 | |
|---|---|---|---|
| 50 Hz r/min | 60 Hz r/min | 极数 | 极对数 |
| 3600 | 3000 | 2 | 1 |
| 1800 | 1500 | 4 | 2 |
| 1200 | 1000 | 6 | 3 |
| 900 | 750 | 8 | 4 |
| 720 | 600 | 10 | 5 |
| 600 | 500 | 12 | 6 |
| 100 | | 72 | 36 |

## 2 船舶发电机的特点

除了工业发电机之外,船舶发电机有一个永磁铁,用于启动时自励。它们还采用了自动电压调节器来产生额定电流3.5倍的持续短路电流。

断路器选择性跳闸需要短路电流。船舶发电机必须具有产生足够高的短路电流以供选择或区分的能力,并且要高于岸上标准。此外,它们还必须能够并联运行,在没有自动化设备的协助下,分担当前的负载。设备、发电机和电动机的详情见IEC 600922—302。

在生产中的大型发电机定子,单独制造的绕组安装成定子,并且连接在一起

平衡机中同一机器的转子

11 交流电源

## 3 发电机的测试

根据船级社的要求,每个生产商在工厂验收测试期间以及随后在船上的试运行期间,发电机必须在不同的负载条件下进行测试。一些发电机制造商具有所需的负载电阻和电抗,能够以额定功率因数加载发电机。水阻负载的功率因数为1,因而当柴油发电机达到上千瓦的额定功率时,不适合测试发电机,其电流为80%。水阻适合测试柴油机是否上升到100%和测试发电机、负载分配和阶跃载荷至80%。一个可行且可接受的替代方法是空载自励运行发电机。而后,以带有短路定子和外部电源激励的热运行方式,使定子电流达到额定值。在空载运行机器时,机身发热主要来源于铁损和在短路运行时的铜损。

将引起机身发热的这两个因素考虑在内,机器的总温升是可以估计的。绕组温度通常是在已知温度下,通过测量绕组电阻得到的。在机器温度稳定在最大值之后,测量绕组的温度。

绕组电阻只能在机器停止和关闭时测量。为了确定该机器达到其最高温度并稳定的时刻,需要测量运行时冷却水或冷却空气的入口和出口温度。一旦入口和出口温度之间的差异稳定达半小时,机器就达到最大值。当温度测量装置(如嵌入式PT100传感器)准备就绪,就可以在运行的同时测量温度。因为电阻和温度的测量方法不同,不同保温材料的最大允许温升不同。电阻法给出总绕组的平均温升。嵌入式温度测量设备位于热点。

发电机测试表及短路测试表见表11-2至表11-3。

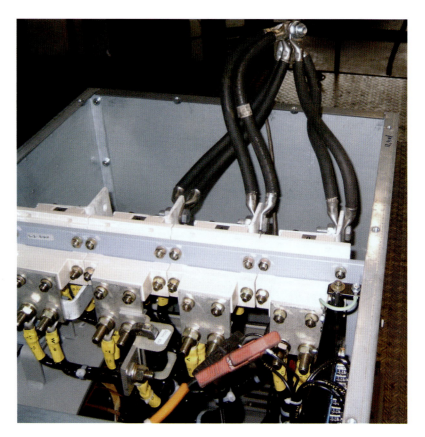

短路测试运行

发电机的负载测试

表11-2 发电机测试表1

| 空载运行测试 | | | | | | | |
|---|---|---|---|---|---|---|---|
| 时间 | 电压 | 频率 | 电流 | 转速 | 冷却空气出口温度 | 冷却空气入口温度 | 温度差 |
| | V | Hz | A | r/min | ℃ | ℃ | ℃ |
| 8:30 | 450 | 60 | 0 | 1 800 | 20 | 20 | 0 |
| 9:00 | 450 | 60 | 0 | 1 800 | 23 | 21 | 2 |
| 9:30 | 450 | 60 | 0 | 1 800 | 25 | 21 | 4 |
| 10:00 | 450 | 60 | 0 | 1 800 | 27 | 21 | 6 |
| 10:30 | 450 | 60 | 0 | 1 800 | 28 | 21 | 7 |
| 11:00 | 450 | 60 | 0 | 1 800 | 28 | 21 | 7 |

外部激励

$R_1$：20℃时的冷却电阻，0.015 Ω
$R_2$：空载测试后绕组的电阻值，0.016 Ω
……
$T_1$：空载测试的温升，15 K

$$\frac{\frac{R_h}{R_c}-1}{0.004\ 3},\ 单位\ ℃$$

表11-3 短路测试

| 时间 | 电压 | 频率 | 电流 | 转速 | 冷却空气出口温度 | 冷却空气入口温度 | 温度差 |
|---|---|---|---|---|---|---|---|
| | V | Hz | A | r/min | ℃ | ℃ | ℃ |
| 12:00 | 450 | 60 | 500 | 1 800 | 28 | 21 | 7 |
| 12:30 | 450 | 60 | 500 | 1 800 | 30 | 21 | 9 |
| 13:00 | 450 | 60 | 500 | 1 800 | 32 | 21 | 11 |
| 13:30 | 450 | 60 | 500 | 1 800 | 36 | 21 | 15 |
| 14:00 | 450 | 60 | 500 | 1 800 | 38 | 21 | 17 |
| 14:30 | 450 | 60 | 500 | 1 800 | 40 | 21 | 19 |
| 15:00 | 450 | 60 | 500 | 1 800 | 41 | 21 | 20 |
| 15:30 | 450 | 60 | 500 | 1 800 | 42 | 21 | 20 |

空载运行测试

$R_3$：短路测试后的电阻，0.019 Ω
$T_2$：短路测试后的温升，62 K
总温升：$T_1+T_2=15+62=77$ K

表11-4 发电机测试表2

| 兆欧表测试1 000 V电阻大于200 MΩ | | | | | | |
|---|---|---|---|---|---|---|
| 1分钟内高压测试2 500V | | | | | | |
| 兆欧表测试1 000 V电阻大于200 MΩ | | | | | | |
| 负载测试 | 空载测试 | 25%负载 | 50%负载 | 75%负载 | 100%负载 | 110%负载 |
| 电压/V | 455 | 454 | 452 | 451 | 450 | 448 |
| 电流/A | 0 | 125 | 250 | 375 | 500 | 550 |
| 功率因数 $\cos\varphi$ | 0 | 0.8 | 0.8 | 0.8 | 0.8 | 0.8 |
| 功率/kW | 0 | 78 | 156 | 234 | 311 | 341 |
| 励磁电压/V | 10 | 18 | 25 | 32 | 40 | 45 |
| 励磁电流/A | 2 | 3 | 4 | 5 | 6 | 6 |
| 冷却空气入口温度/℃ | 21 | 21 | 21 | 21 | 21 | 22 |
| 冷却空气出口温度/℃ | 29 | 32 | 35 | 38 | 41 | 42 |
| 超速测试120%，在2 min内，2 160 r/min | | | | | | |

11 交流电源

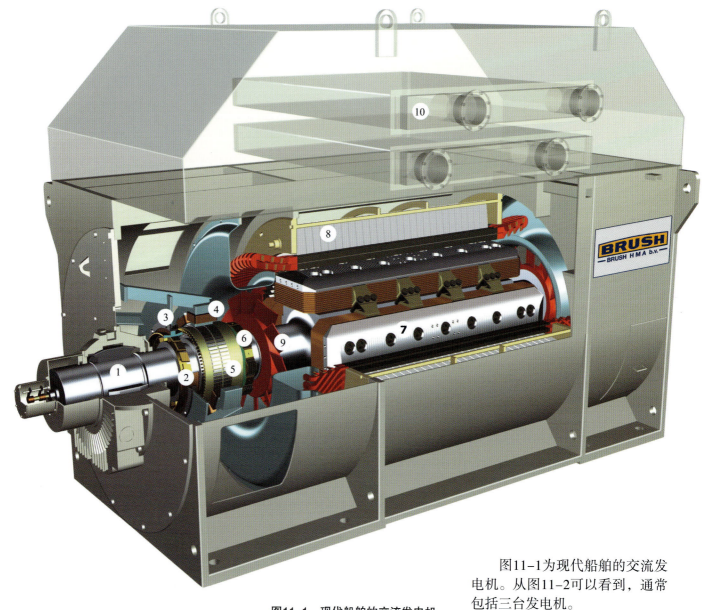

图11-1 现代船舶的交流发电机

图11-1为现代船舶的交流发电机。从图11-2可以看到,通常包括三台发电机。

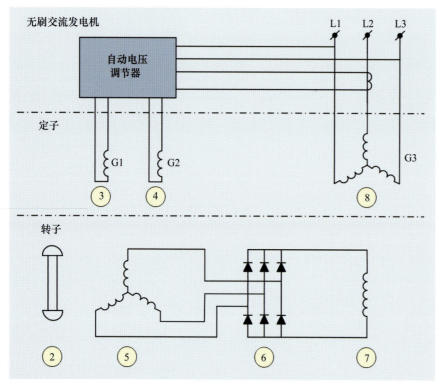

图11-2 无刷交流发电机

1—轴承;2—转子上的永久磁铁;
3—由永磁铁激活的定子线圈;
4—定子励磁绕组;5—转子励磁绕组;
6—旋转二极管;7—转子磁极;
8—定子绕组;9—风扇;
10—热交换器,水/空气;
11—滑环,在一个老式发电机上会替代了4,5,6项。

图11-3

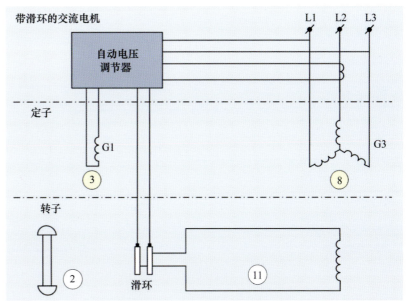

图11-4 带滑环的交流发电机

图11-5

如图11-3~11-6所示，永磁铁②在永磁线圈③中旋转，产生交流启动电压以到达电压调节器的电压，从而得到持续的短路电流。励磁④，定子上带有电磁铁的第二个发电机，由电压调节器给电。转子励磁绕组⑤上的交流电压由旋转二极管⑥整流，并且直流电流给磁极上的电磁铁⑦通电。最后的发电机主要是定子⑧，转子在其中旋转，这是三相旋转电流的产生位置。自动电压调节器控制发电机的输出电压作为转子转速和输出电流的函数。对于电动机和发电机，允许温升取决于机器的大小，以及绝缘材料和测量方法。

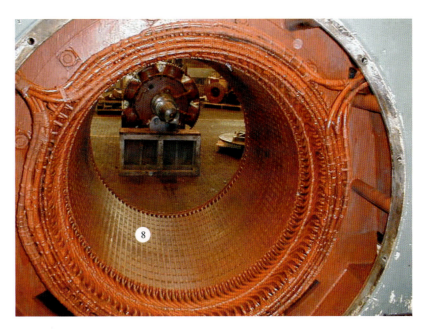

图11-6

11 交流电源

# Certificate for AC Generators or Motors

ROT0403864

Page 1 of 1

| Office |
|---|
| LR Rotterdam |

| Client | Date |
|---|---|
| Naniwa Pump MFG. Co. Ltd<br>Nishi-Ku Osaka, Japan | 23 August 2004 |
| | Order number on Manufacturer |
| | DSME5262 |
| | Work's order number |
| | 4.51631 |
| Manufacturer | Intended for |
| Rotor bv at Eibergen | Hull 5262 Daewo SME |
| First date of inspection | Final date of inspection |
| 23 August 2004 | 23 August 2004 |

This certificate is issued to the above Client to certify that the ac generator/motor, particulars of which are given below, has been inspected at the manufacturer's works. The construction, workmanship and materials are good, and the machine complies with the relevant requirements of the LR's Rules and Regulations.
On completion the generator/motor was tested with satisfactory results.

## Particulars

### Type

| Auxiliary AC Generator | ☐ | Auxiliary AC Motor | ☒ | Propulsion AC Generator | ☐ | Propulsion AC Motor | ☐ |
|---|---|---|---|---|---|---|---|

| kVA (generator only) | Volts | Number of phases | kW |
|---|---|---|---|
| | 440 | 3 delta | 110 |
| Amperes | Hertz | Power factor | Rev/min |
| 182 | 60 | 0,82 | 1785 |
| Type of enclosure | | Class of insulation | |
| IP55 tropicalized | | F | |
| Type number | Serial number | Date of temperature test | Machine acting as |
| 5RN280M04A8 | 0408-133/134 | 10 August 2004 | motor |

## Results Of Tests

| Duration | Rev/min | Volts | Amperes |
|---|---|---|---|
| 185 min | 1781 | 440 | 183 |
| Hertz | Power factor | Field-volts | Field-amperes |
| 60 | 0,83 | | |

| DEGREES C (State whether resistance ("r") or thermometer ("t")) | | | Generator Voltage Regulation | | |
|---|---|---|---|---|---|
| Test | Actual | Rise | If Regulation not inherent state serial number of A.V.R | | |
| Cooling Air | 25,2 | 2,5 | | | |
| | | | Test | Full load | No load |
| Stator Winding | 84,4 | 56,7 | Rev/Min | | |
| Rotor Winding | | | Volts | | |
| Slip Rings | | | Amperes | | |
| Hot insulation resistance (megaohms) | High voltage test volts ac for 1 minutes | | Overload test | | |
| > 200 | 2000 | | 160% 15sec 285A 440V 60Hz 944Nm | | |

### Identification Marks  Mark "n/a" if not applicable

Identification number (including office contraction code)

| Surveyor's initials | Date of inspection |
|---|---|
| RBO | 23 August 2004 |

Remarks:
temptest on 0408-133

R. Borstlap
Surveyor to Lloyd's Register EMEA

A member of the Lloyd's Register Group

Form 1059 (2003.07)

THIS DOCUMENT IS SUBJECT TO THE TERMS AND CONDITIONS OVERLEAF

# DET NORSKE VERITAS

## CERTIFICATE FOR ELECTRIC GENERATOR

Certificate No.: **PRG 07-0945/4**

| | |
|---|---|
| Manufacturer<br>**SIEMENS ELECTRIC MACHINES, s.r.o.**<br>**CZ - 664 24 DRÁSOV 126** | Works order No.<br>**1198966/420000** |
| | Generator type<br>**1FJ4 804-10SD22** |
| | Serial No.<br>**178019** |
| Ordered by<br>**SIEMENS A/S OSLO, Norway** | Order No.<br>**4501054348** |
| Intended for<br>**Aker Promar S.A., Id. No.. D27459** | Yard No. |

THIS IS TO CERTIFY that the electrical Generator described below, has been built and tested in accordance with Det Norske Veritas' current Rules for Classification of "Ships / High Speed, Light Craft and Naval Surface Craft" and Det Norske Veritas' "Offshore Standard"

The test results can be seen from enclosed test report.

| Generator specification | | | | | | |
|---|---|---|---|---|---|---|
| Voltage (V) | 6600 | Power (kVA) | 3220 | Insulation class | H/F |
| Frequency (Hz) | 60 | Power factor | 0.90 | Degree of protection (IP) | 44 |
| Current (Amps) | 282 | Speed (r.p.m.) | 720 | Ambient temperature (°C) | 45 |
| Type of cooling | IC 81W | Excitation Voltage | 60.0 V | Excitation current | 6.1 A |

This column is only to be filled in when the Manufacturer or his representative is authorized by Det Norske Veritas to stamp the generator.

The undersigned authorized person declares that the generator is manufactured and tested in accordance with the conditions given in Manufacturing Survey Arrangement.

No.: _____
Quality System Certificate

Marking: _____
For the identification the generator was stamped:
_____
by authorised person

Place: _____
Date: _____
Name: _____
(Name)

Marking:
For identification the generator was stamped
(Fill inn as applicable):

PRG 07 - 0945/4 on the shaft face
By DNV surveyor

This product certificate is only valid when signed by a DNV surveyor:

Place: **OSTRAVA**
Date: **2008.03.31**
Surveyor: **TOMAS PJONTEK**

**Remarks:**
The inspection of the generator was carried out in accordance with the DNV Rules Pt. 4, Ch. 8 Sec. 5, Jan. 2005.

If any person suffers loss or damage which is proved to have been caused by any negligent act or omission of Det Norske Veritas, then Det Norske Veritas shall pay compensation to such person for his proved direct loss or damage. However, the compensation shall not exceed an amount equal to ten times the fee charged for the service in question, provided that the maximum compensation shall never exceed USD 2 million. In this provision "Det Norske Veritas" shall mean the Foundation Det Norske Veritas as well as all its subsidiaries, directors, officers, employees, agents and any other acting on behalf of Det Norske Veritas.

DET NORSKE VERITAS, VERITASVEIEN 1, NO-1322 HØVIK, NORWAY, TEL INT: +47 67 57 99 00, TELEFAX: +47 67 57 99 11
Form No.: 79.40a     Issue: June 2004

## 4　岸电连接

> 岸电连接是一个带有保护装置、接线箱和使船舶从岸上获得电源的柔性电缆的电路。

对于大多数船舶来说，只有在辅助发电机无法使用的情况下，如船舶在维修、拆卸或船上没有工作人员可以控制辅助发电机时，才会使用岸电连接。大多数货船都配备300~500 kW的岸电连接设施。该电源通常应用在更大的船厂。大部分货船上的电气系统是400 V/50 Hz或450 V/60 Hz，无中性点。大多数的较大型船厂有变频器，给船舶提供恰当的频率。当需要更多的岸电，或在船厂岸边附近没有合适的电源电压、频率时，应使用临时柴油发电机组。

船岸之间的连接是由足够规模和数量的重型柔性电缆完成。大部分时间船舶用电缆从岸上接电源到岸电箱供电。岸电箱通过固定电缆与主配电板相连。

对于较小的岸电电源，岸电电缆与岸电箱的连接采用插头和插座组合。对于大型岸电电源，岸电电缆固定在岸电箱中的母线上。

当岸电电缆固定在母线上时，岸电箱还配有相序指示器、相序继电器和相变设备。这是为了在连接到船舶系统之前检查进线岸电电源的相序。

在欧洲，小型游艇可以使用230 V单相岸电源供电，电流高达16 A。这些都通过标准的CEE-form的插头和插座的组合来提供。

在欧洲，较大的内河航道船，如油轮，使用230/400 V-63 A的岸上电源连接，也由标准的CEE-form的插头和插座的组合来提供。

越来越多的港口，特别是邮轮经常停泊的港口，由于易受到环境的影响（噪声、烟雾），是不允许在船上发电的，邮轮必须使用岸上电源。这也被称为"船舶接用岸电"。"船舶接用岸电"一词起源于燃煤铁复合蒸汽机时代。当装有这种发动机的船舶，在港口处停靠时无须供火，并且引擎会冷却下来，因此称为"船舶接用岸电"。

目前没有大型的岸上供电系统的国际标准，但正在发展中。

第一个大型大功率高电压岸电设施出现在阿拉斯加的朱诺港口。2001年，该码头为邮轮配备了高压岸电系统和岸上蒸汽连接。此后，美国的许多港口也有相似的安排。

在欧洲一些港口针对大功率高电压的岸电连接，已经启动一些小规模项目，例如，瑞典的哥德堡港口。

欧盟委员会针对在主要港口引进大规模的大功率高电压的连接开始了可行性研究。

一些船舶岸电连接要求见表11-5。

岸电连接插头和插座，125 A

高压岸电电缆

表11-5 岸电连接

| 船型 | 船舶系统 | 岸上供电 | | 停泊处 | 标准插头 |
|---|---|---|---|---|---|
| 小游艇 | 12 V DC | 230 V 16 A | 50 Hz | 游艇码头 | CEE，蓝，230 V 16 A |
| 内陆水道船 | 230/400 V | 2 × 230/400 V 63 A | 50 Hz | 大型游艇港口 | CEE，红，63 A |
| 大型游艇 | 230/400 V | 2 × 230/400 V 63 A | 50 Hz | 码头 | CEE，红，125 A |
| | 230/400 V | 300 kW | 50 Hz | 码头 | MARECHALL 630 A |
| 普通货船 | 3 × 400 V 50 Hz | 3 × 400 V | 50 Hz | | 无定义 |
| 普通货船 | 3 × 450 V 60 Hz | 3 × 450 V | 60 Hz | | 无定义 |
| 化学品运输船 | 3 × 450 V 60 Hz | 3 × 450 V | 60 Hz | | 无定义 |
| 油轮 | 3 × 450 V 60 Hz | 3 × 450 V | 60 Hz | | 无定义 |
| 滚装客船 | 3 × 450 V 60 Hz | 3 × 450 V | 60 Hz | | 无定义 |
| 游轮 | 3 × 6.6k V 60 Hz | 4MVA | 60 Hz | | 无定义 |
| 豪华游轮 | 3 × 6.6k V 60 Hz | 4-16MVA | 60 Hz | | 无定义 |
| 集装箱运货船 | 3 × 6.6k V 60 Hz | 4MVA | 60 Hz | | 无定义 |
| 液化天然气运输船 | 3 × 6.6k V 60 Hz | 10MVA | 60 Hz | | 无定义 |

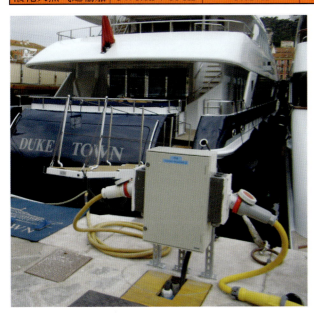

一个大型游艇和小游艇岸电连接，大型游艇的电缆以卷型存放

300 kW岸上电缆卷筒和一个大型游艇岸电箱

在码头处的小型船的岸电连接

岸电连接位于一个装有相序指示灯、电压指示和相序转换开关的箱子

11 交流电源

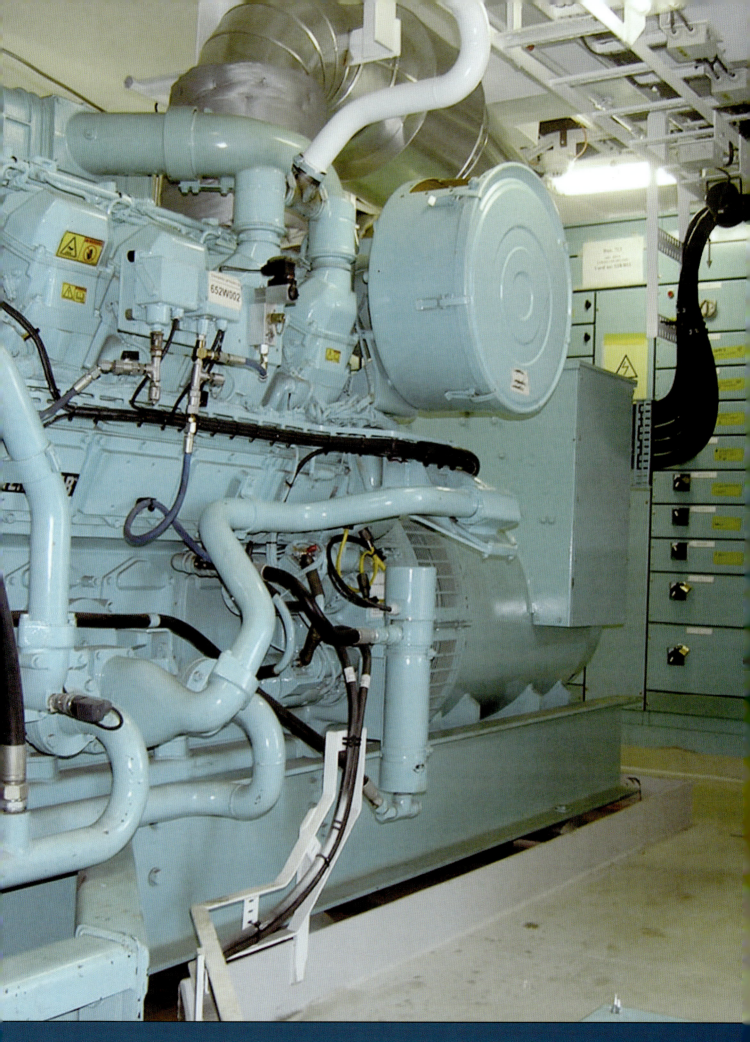

## 12　应急电源

一般情况下，用蓄电池作为应急电源，当负载较大时，用应急柴油发电机作为应急电源。对于非常大的高峰负荷，使用燃气涡轮机。正常电源供电出现故障时，应急电源需要给紧急用电设备提供电源。紧急用电设备包括那些需要提醒乘客和机组人员的设备、安全逃出船的应急照明，以及降低风险的服务，如关闭防火门和水密门，提供应急消防泵的电源。

## 1 紧急用电设备

以下用电设备由应急配电板供电：
——导航设备；
——导航照明；
——通信设备；
——转向装置；
——电动水密门的电源可控系统，以及它们在舰桥上的指示灯；
——电动防火门的电源可控系统，以及它们在舰桥上的指示灯；
——应急照明系统；
——火灾探测系统；
——火灾报警器；
——消防系统、消防泵和二氧化碳系统的报警；
——一般报警和火灾报警器；
——针对客船和货船的公共广播系统；
——应急消防泵；
——应急舱底泵；
——内部通信系统；
——上电后，初始化启动设备。

此外，对于客船还有：
——自动喷水灭火系统；
——低水平照明；
——外部通信设备；
——来自UPS系统的过渡照明。

1—视听门操作报警；2—带有内部电池的出口标志；3—手动液压操作手柄；4—紧急逃生呼叫设备；5—手动紧急打开/关闭手柄。

**自动和手动水密门23号**

**外部通信设备的备用电源**

**自动防火门**

**低水平照明**

12 应急电源

> 在蓄电池中，可以通过化学过程存储电能。通过逆转这一过程，能量可以恢复并作为直流电源。应急电池可以在正常电源（发电机）发生故障时，在规定的时间内按规定的需求提供电能。当总需求过高时，必须安装应急发电机。

## 2　应急电池

电池有两个基本类型，铅酸电池和碱性电池。碱性电池比传统的铅酸电池更贵，但使用寿命长，充电电流更大，充电频率也更高。电池容量以安培小时（Ah）定义，并且用放电电流与最大放电时间的乘积来表示。启动电池，能够在很短的时间提供大电流。而应急照明电池需要提供长时间的低电流，具体时间取决于服务的类型（18~36 h）。所需的容量是由负载均衡决定。

## 3　应急发电机

自带油箱的自启动应急发电机，双启动系统和应急配电板是必需的，并且在主电源出现故障的情况下，为重要的服务（应急）提供电源。油箱必须能够为应急发电机提供燃料，使其在满载时运行固定的小时数。货船18 h，客船36 h，特殊服务船12 h。特殊服务船例如工作船，通常在船上有许多人。紧急服务包括过渡照明、应急照明灯、导航灯、内部与外部通信、消防检测（包括报警、应急消防泵、应急舱底泵、喷淋泵、超雾泵），如果可能，还有舵机、水紧门。

客船的过渡电池

带有准备灯、泛光灯的人在船上的位置

有两个手轮双舵的应急操作舵的位置，舵上边是远距离电话和对讲系统

> 应急发电机需要运行在一个包含所有必要设备的空间中。空间还包含应急配电板、应急照明变压器和应急照明配电板。
>
> 发电设备必须包括：
> （1）双启动方式：两套电池带有各自的充电器，一组电池用弹簧启动或液压启动；
> （2）前面提到的有一定容量的专用油箱；
> （3）一个独立的冷却系统；
> （4）送风风扇；
> （5）排气减震器。
>
> 所有这一切都集中在主甲板上方的绝缘空间内，主甲板是带有入口门的露天甲板。

应急发电机通常用于"第一启动装置",即在所有发电机(当然还有主发动机)停止,空气瓶和电池耗尽的情况下,再次使船舶机舱重新启动。这种第一启动装置也可以是一种小型手持式空气压缩机,能够填充空气瓶以启动辅助柴油机。

一些应急发电机有可能用作一个海港发电机。如果在海港作业,应使用高的冷却水跳闸和润滑油跳闸的发动机保护系统。

在这些应急作业中,不应该是能动的,超速跳闸应是唯一的保障。从主配电板遥控应急配电板,必须有些控件,才能使主配电板的故障或应急配电板和主配电板之间的电缆故障不会影响紧急发电机的运作。这意味着在紧急情况下,应急发电机室外的应急配电板上的所有电气连接必需隔离。

应急发电机应定期测试。应急发电机能在所有门封闭的情况下,在指定的时间内以100%的发电机额定值运行以及110%的发电机额定值运行15 min。

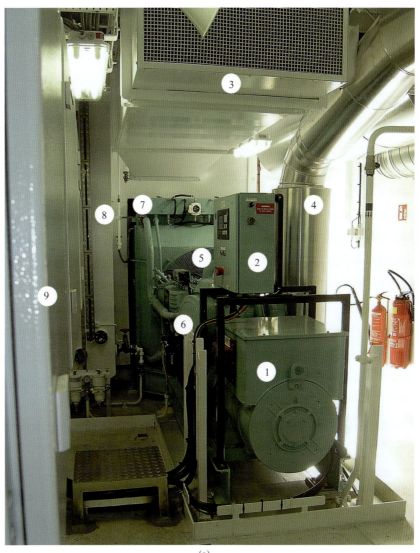

(a)

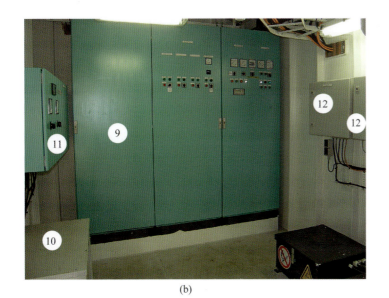

(b)

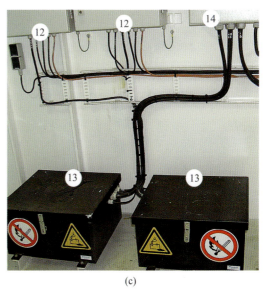

(c)

1—风冷式发电机;2—引擎控制面板;3—送风系统;4—排气系统;5—发动机驱动风扇;6—应急柴油机;7—散热器;8—带有水平指示器和报警的油箱;9—应急配电板;10—应急照明变压器;11—应急照明配电板;12—电池充电器;13—启动电池;14—启动电池切换箱。

图12-8 带有应急照明变压器和应急照明配电板的应急配电板

12 应急电源

13　配电板

> 大多数国家的立法（劳动法）对安全关闭装置的一部分、进行维修以及之后安全通电给出了严格的规定，还定义了操作员和维修人员的技能和责任。

配电板和其他开关柜组件的基本功能是连接或断开发电机组和用电设备与主电源系统的连接，另一个重要功能是保护发电机和电缆，抵抗超载和短路电流。

## 1 配电板及其他开关组件

低压开关设备、控制设备组件（型式测试组件（TTA）和部分型式测试组件（PTTA）），按照工业标准IEC 60439-1，其额定电压不超过1 000 V AC或1 500 V DC，频率不超过1 000 Hz。为了在船上应用，开关设备和装置组件必须适用于海洋环境，详细要求，如IEC 60092-302（船上低压开关设备和控制装置组件），型式认可设备的要求见第9章。一些额外的海洋要求：较高的温度、湿度、振动和船的运动。

大型配电板需要计数基础，以避免来自船舶运动的压力。门的开关关闭时防护等级为IP23，打开时等级为IP20。

相与相之间和相与地之间的最小距离：

（1）500 V接地系统，14 mm；
（2）500 V非接地系统，19 mm。

配电板的正面和背面装备扶手。开门者可以在门打开的位置抓到门。应当指出，规章制度规定的是设备的最低要求，船主可能有额外的要求列在合同中。使用短路计算的结果（见第7章）可以完成配电板的母线设计。尤其是大型配电板，它是带有大短路电流值的大型发电厂的一部分，该设计必须仔细完成，因为短路的机械应力值会是巨大的。当主母线的主要结构完成时，大型配电板有时会在实际的短路中进行测试，该测试要在一个专门的能够产生所需的电流条件的实验室进行。

1—主母线；2—输出环；3—发电机板；4—母线部分板。

**建设中的配电板**

13 配电板

只有通过按下断路器前端的机械操纵装置来关闭最后的紧急模式才允许不受保护。断路器的机械控制应该配有一个锁定盖，以避免意外操作。此外，为了显示母线和输入机器的电压和频率，同步设备必须包括一个双电压表和一个双频率表。仪器也可以被每个发电机的多功能仪表代替，它能够读出两相之间的电压和相与中性点之间的电压，如果需要的话，相电流、功率、无功功率、频率等也可以读出。有了正确的电压和频率，仍不代表母线和输入机器同步。这只表示它们有相同的电压、相位和角度。一个简单组件的功能测试可以用一张纸描述出来。对于涉及的更复杂的组件或一个可编程逻辑控制器，必须输入信息给程序员，如：程序功能说明用于测试其功能。

同样需要确定程序的故障模式，看门狗故障必须纳入每个基本系统里。

图13-1为一个柴电工作船的高压配电板。配电板以零件的形式被运送到船上，重组的配电板需要在船上进行高压测试。配电板和重要控制装置配件必须由生产厂商测试，并且至少包括：

（1）在所有相之间通常是进行1 min 2 500 V的高压测试；

（2）在所有的相与地之间，中性点与地之间，采用星形连接。

## 2 配电板的布局

配电板的布局应尽可能合理配置，以帮助船员的工作操作。信号灯、按钮和控制开关的位置也应该便于操作，且操作时不会出现闭塞点。

内部布局应该是同样的逻辑并且允许维修和服务。

仪表的刻度盘最好使用防眩光玻璃，并且在刻度盘上带有红色或绿色标记，以指示限定值和正常值。

铭牌和上面的字的大小应观看距离相适应。配电板上指示其功能的大铭牌，大小可为30 cm×10 cm，字体高为6 cm。按钮上的铭牌，它的观看距离很短，大小可为5 cm×2 cm，字间距为3 mm或4 mm。使用彩色铭牌有助于识别重要的信息，如红底白字。

在一些复杂的配电板上，在正面提供简单的黑线和符号帮助理解。

## 3 高压配电板

对于一个高于1 000 V电压的系统安装，IEC-62271标准要求必须使用高压配电板和控制装置。

> 配电板的底座必须对齐且平直，避免板上的压力或错位。为了易于撤下，将断路器安装在导轨上，如果没有准确地对齐，撤下时会很困难。

目视检查，以验证是否符合商定的图纸和标准，包括绝缘距离、元件标记、铭牌等，以及最后但同样重要的功能测试。用1 000 V兆欧表进行绝缘电阻测试，对于新设备，其值应为100 MΩ。

1—红色：相与相之间的连接；
2—黑色：相与地之间的连接。

图13-1 柴电工作船的高压配电板

根据设计师的要求、喜好和经验，配电板有各种形状和尺寸。图13-2和图13-3为两个配电板设计的例子。图13-2是重型母线布置的内部视图。图13-3是安装在滚装车辆渡轮上的直通式主配电板的正面。

在图13-3中，从左往右可以看出该配电板的特点：
——两个用电设备面板；
——针对非必要用电设备的第一块面板上带有指示部分的船首推进器面板；
——轴带发电机面板；
——辅助发电机1面板；
——带有公共同步环节的汇流排面板；
——辅助发电机2面板。
配电板的右侧与左侧相同。

图13-2　重型母线布置的内部视图

图13-3　安装在滚装车辆渡轮上的直通式主配电板的正面

13　配电板

## 4 低压配电板检测清单举例（表13-1）

表13-1 低压配电板检测清单（<1 000 V）

| 项目 | | | | | |
|---|---|---|---|---|---|
| 项目编号 | | | | | |
| 用户 | | | | | |
| 用户的订单编号 | | | | | |
| 第一个访问者 | | | 数据 | | |
| 最后的访问者 | | | 数据 | | |
| 涉及评价文件（DAD） | | 参考值 | 数据 | | |
| 优点 | 是 | 否 | | | |
| 测试名单 | | | | | |
| 测试名单 | 是 | 否 | 不确定 | 注意 | |
| 依据每张海图纸的布局设计 | | | | | |
| 每张图纸的尺寸 | | | | | |
| 防护等级IP23 | | | | 1 | |
| 带有敞开的门的安全性IP20 | | | | 2 | |
| 其他的锁着的门 | | | | 3 | |
| **兆欧表测试和高压测试** | | | | | |
| 兆欧表测试 | | | | 4 | |
| 高压测试 | | | | 5 | |
| 再一次兆欧表测试 | | | | | |
| **重新连接电子元件** | | | | | |
| 型号认可的组件 | | | | | |
| 型号认可的电缆 | | | | | |
| 面板之间的分离处 | | | | 6 | |
| 接线截面 | | | | 7 | |
| **型式认可的母线系统** | | | | | |
| 母线分离 | | | | 8 | |
| 母线尺寸 | | | | 9 | |
| 母线支架 | | | | 10 | |
| 锁定连接 | | | | 11 | |
| 组件阻燃性/低烟 | | | | | |
| 爬电距离和电气间隙距离 | | | | | |
| 终端代码 | | | | 12 | |
| 接线代码 | | | | | |
| 母线代码 | | | | 13 | |
| 设备代码 | | | | 14 | |
| 铭牌 | | | | | |
| 门闩 | | | | | |
| 连接到门的电缆 | | | | | |
| 接地门 | | | | | |
| 扶手 | | | | | |
| 分离接线 | | | | 15 | |
| 仪器仪表 | | | | 16 | |
| 仪器仪表表盘 | | | | | |
| 额定商标 | | | | | |
| 彩色编码指示灯 | | | | | |
| 标签 | | | | | |
| 断路器测试证书 | | | | 17 | |
| 断路器标签设置 | | | | 18 | |
| **功能测试** | | | | | |
| 岸电连锁 | | | | | |
| 并行连锁 | | | | | |
| 自动同步 | | | | | |
| 负载共享 | | | | | |
| 急停 | | | | 19 | |
| 电压和频率报警 | | | | 20 | |
| 接地故障报警 | | | | 21 | |
| 反向功率跳闸 | | | | | |
| 功率管理系统操作 | | | | | |
| 不必要的跳闸 | | | | 30 | |
| 熄灭/启动 | | | | | |
| **机械测试** | | | | | |
| 门/锁 | | | | 22 | |
| 可拆卸的断路器 | | | | 23 | |
| 可拆卸的启动器 | | | | 23 | |
| 可拆卸的供电电路 | | | | 23 | |
| **船上测试** | | | | | |
| 机械调整 | | | | 24 | |
| 母线应力 | | | | 25 | |
| 底座 | | | | 26 | |
| 固定 | | | | 27 | |

**注意事项：**

1. 在机舱内的配电板至少应为IP 23。
2. 不用工具就可以打开的面板，至少为IP 20。
3. 门锁应是一个合适的类型。
4. 最好用1 000 V兆欧表。
5. S相对R和T接地，R和T相对S接地，S和N相对R和T接地，R和T相对S和N接地，400 V 50 Hz的测试电压为200 V，450 V 60 Hz的测试电压为2 500 V。
6. 发电机面板通过适当的分区，与其他的面板和输出组的面板分开。
7. 横截面布线应按照与温度等级的单芯电缆的规则。布线管道中应避免过多满负荷的电源线芯。
8. 高压系统和高功率低压系统的母线应被分离开。
9. 母线负荷在45 ℃时约为2 A /mm$^2$。
10. 匹配峰值故障的母线支架应根据每个制造商的产品决定。
11. 在主母线中的弹簧垫圈、螺母，需要考虑温升。
12. 接线端子应清楚地标明。
13. 母线应该系统地安装和标记。
14. 设备必须清楚地编码。
15. 安全接线要分开。
16. 按照IEC要求的仪器仪表，必须清楚地标注额定值。
17. 断路器由制造商测试和认证。
18. 断路器设置必须使用永久性标签标明，保险丝额定值应在永久性标签上标明。
19. 电压和频率报警执行IEC标准。
20. 使用绝缘系统时，接地故障报警。
21. 机器的逆功率跳闸能够以并行方式运行。机器的差动保护大于1 500 kW，初始化断路器跳闸。
22. 非安全间隔的门应配有钥匙或需要工具。
23. 测试的互换性，当配电板被固定在船上后重新测试。
24. 测量校准，检查是否有任何变形。
25. 母线不得承受机械应力。
26. 检查底座是否对齐。
27. 在没有机械负载给配电板时，检查固定情况。
28. 在自动熄火后，一台发电机应该自动启动并恢复给主配电板供电。基本推进辅助设备也应该按顺序自动重启。

# DET NORSKE VERITAS

Certificate No.: ROT-08-5234-1

## CERTIFICATE FOR SWITCHGEAR ASSEMBLY

| Type of assembly (Main/Emergency Switchboard, Motor Control Centre, etc.) | Id.No |
|---|---|
| **Main Switchboard MSB-1** | **D27932** |

| Manufacturer |
|---|
| **GTI SUEZ** |

| Certification ordered by | Purchase order No. |
|---|---|
| **IHC Krimpen Shipyard B.V** | **90193.1** |
| Intended for | Yard |
| **IHC Krimpen Shipyard B.V.** | **IHC Krimpen Shipyard B.V.** |

THIS IS TO CERTIFY that the switchgear assembly described below, has been built and tested in accordance with Det Norske Veritas' current Rules for Classification of "Ships", "Mobile Offshore Units" and "High Speed, Light Craft and Naval Surface Craft".

| Switchgear specification | Voltage (V) **440** | Power (kW) **1280** | Frequency (Hz) **60** |
|---|---|---|---|
| | Current (A) **2099** | Short circ. Level. (kA) **35** | Degree of protection (IP) **42** |
| | Distribution system **3** Phase **4** Wire ☒ Insulated ☒ Earthed | | Ambient temperature (°C) **50** |

High voltage test: **2.5** kVolts for **1** minutes   Remarks
High voltage test: **2.5** kVolts for **1** minutes

Insulation test: **<200** MOhm ("Megger test")

Function test: (specify)
**According FAT procedure 95.022.3#26**

Marking
For identification the assembly was stamped: **NV ROT 085234-1**
This product certificate is only valid when signed and stamped by DNV surveyor

Place: **Rotterdam/Barendrecht**   Date: **2008-05-02**

Paul de Niet
Surveyor

If any person suffers loss or damage which is proved to have been caused by any negligent act or omission of Det Norske Veritas, then Det Norske Veritas shall pay compensation to such person for his proved direct loss or damage. However, the compensation shall not exceed an amount equal to ten times the fee charged for the service in question, provided that the maximum compensation shall never exceed USD 2 million. In this provision "Det Norske Veritas" shall mean the Foundation Det Norske Veritas as well as all its subsidiaries, directors, officers, employees, agents and any other acting on behalf of Det Norske Veritas.

DET NORSKE VERITAS, VERITASVEIEN 1, NO-1322 HØVIK, NORWAY, TEL INT: +47 67 57 99 00, TELEFAX: +47 67 57 99 11
Form No.: 70.40a   Issue: November 2006

14 并联运行

本章介绍了相同机器的同步、并联运行和负载分配的过程，以及不同等级的机器在下垂和同步模式的过程。将被同步和耦合到主母线上的机器称为进线机。

## 1　并联运行

当多台柴油发电机组并联运行时，系统的总负荷一般依据各台发电机的容量按比例来进行分配，其中柴油发电机功率单位为千瓦（kW），电流单位为安培（A）。若发电机不进行负载分配，想要增加总负载时，负载可以一直增加到一台发动机以最大功率运行，而其他发动机还没有达到这个功率值。尚未运行在最大负载的发动机的功率不能使用。同样，对于发电机，当增加总负载，并且一台发电机已经达到最大电流而另外一些还没有时，不能使用未到达最大负载的发电机的电流容量。

## 2　调速器

原动机的负载控制由调节器完成。它是一个控制装置，用于控制供给柴油发电机的燃料量，以使柴油机的速度保持在期望的额定转速，或符合所期望的速度曲线变化。调速器还可以控制输入涡轮机的蒸汽，以保持该涡轮机的速度为常数，或者符合所期望的曲线变化。分担负载的原动机，如柴油发动机或蒸汽涡轮机，必须具有相同的曲线。与负载增加相关的速度减小（下垂）必须在两台机器的总负载范围内有相同的百分比。只要百分比相同，机器的大小并不重要。

图14-1为发动机调速器WOODWARD UG8，控制燃料齿条的位置，以控制汽缸内的燃料量。这是一个针对带有燃料喷射系统的常规发动机的调速器。图14-1中的小盒子是针对共轨喷射柴油发动机的电子调速器。

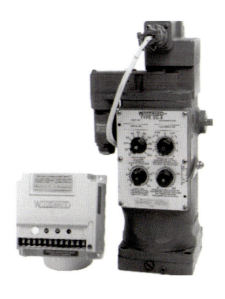

图14-1　发动机调速器 WOODWARD UG8

调速器是柴油发电机上的控制单元，用于调整燃料量，从而调整速度，或在并联运行时，调整发动机上的负载。它是基于"下垂（droop）"工作的。速度跌落与电压跌落类似。使用相同的名称用于两种现象。

下垂控制是一个发动机调速器的速度调节系统的名称，控制供给发动机的燃油量，以这种方式，发动机从空载到满载，其转速下降2%～4%，下垂控制是频率变化和额定频率的商与功率变化和额定功率的商的比值。

## 3　自动电压调节器

自动电压调节器（图14-2）是一个控制单元，用于控制发电机电压。下垂控制是一个控制发电机电压的电压调节系统的名称，以这种方式，从空载到满载，会降低2%~4%的电压。通过根据电流的下垂曲线调整激励电压来保持电压稳定。

自动电压调节器可以连接无刷发电机的励磁机，或一个老式发电机的滑环。

对于相同的机器的并行操作，从空载到满载电流的变化，跌落必须是相同的。对于不同等级的机器的并行操作，频差必须有相同的百分比。

在这种方式下，不同的机器通过每台机器的额定电流的比例来分配电流。

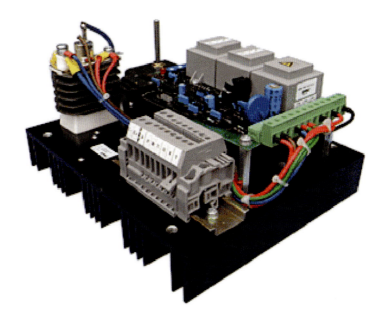

图14-2　自动电压调节器

## 4 相同的机器的电压和电流下垂控制举例

一种常规的柴油发动机的燃料系统包含低压燃料泵，馈送给由凸轮轴的凸轮激活和定时的高压（活塞）燃料泵。燃料从高压泵，途经高压燃料线，通过喷射器进入汽缸。燃料的量受高压燃料泵活塞的径向位置控制。在早期的共轨式柴油发动机中，燃料在恒定的高压下，被带入累加器中。燃料通过喷射器被释放到汽缸内，途经一个电子控制单元操控的电磁阀。电子单元控制打开的时刻即为每个阀的打开时间。这提高了发动机的效率，并减少了废气的排放。共轨发动机利用高压泵和电子压电阀。在主喷射之前，电子控制单元也可以注入少量的燃料来减少爆发力和振动，如仅由一个试点喷射。速度设定值通过来自配电板的电压信号或通过来自同步器负载分配单元的电压信号送到电子控制单元。

如果在机器中的速度降不同，它们将不会在整个负载范围内分担负载，只是在一定的总负载内分担负载。

## 5 相同的机器的测试表举例

见表14-1~表14-3。

每个发电机组的性能必须测试，即：必须测试柴油发动机针对负荷变化的反应以及负载变化导致的电压变化。

每个发电机组应单独进行测试，如果各自的数字都是一样的，也可以设置成并行的。当从空载到满载，发电机的电压跌落被调整到相同时，柴油发动机的速度降需验证，并根据需要进行调整。此后，两组可以同步，并在并行模式下运行。

需调整负载分配，使得两个发电机在一个负载（通常是最大负载）下各分担50%的负载。设备应该在无任何进一步的调整情况下，从0到100%分担负载。

表14-1 柴油发电机测试表1

| 满载测试 | | | | | |
|---|---|---|---|---|---|
| 水阻$\cos\varphi=1$ | | | | | |
| 时间 | 10:00 | 10:15 | 10:30 | 10:45 | 11:00 |
| 电压 / V | 450 | 450 | 450 | 450 | 450 |
| 频率 / Hz | 60 | 60 | 60 | 60 | 60 |
| 电流 / A | 400 | 400 | 400 | 400 | 400 |
| 功率 / kW | 250 | 250 | 250 | 250 | 250 |
| 润滑油压杆 | 3 | 3 | 3 | 3 | 3 |
| 润滑油温度 / ℃ | 50 | 60 | 70 | 80 | 80 |
| 低温冷却水温度 / ℃ | 20 | 25 | 30 | 35 | 35 |
| 高温冷却水温度 / ℃ | 50 | 60 | 70 | 80 | 80 |
| 排出气体温度 / ℃ | 50 | 350 | 375 | 400 | 400 |
| 对于大型电机 >1 500 kW 的也适用 | | | | | |
| 气缸1排除气体温度 / ℃ | 50 | 350 | 375 | 410 | 415 |
| 气缸2排除气体温度 / ℃ | 51 | 351 | 380 | 400 | 405 |
| 气缸3排除气体温度 / ℃ | 50 | 350 | 360 | 410 | 415 |
| 气缸4排除气体温度 / ℃ | 49 | 349 | 365 | 420 | 480* |
| 气缸5排除气体温度 / ℃ | 50 | 350 | 360 | 410 | 415 |
| 气缸6排除气体温度 / ℃ | 51 | 351 | 380 | 430 | 435 |
| 偏差报警 | | | | | |
| 对于非常大型电机 >2 250 kW | | | | | |
| 轴承1的轴承温度 / ℃ | 50 | 60 | 70 | 80 | 80 |
| 轴承2的轴承温度 / ℃ | 50 | 65 | 70 | 80 | 80 |
| 轴承3的轴承温度 / ℃ | 50 | 54 | 70 | 80 | 80 |
| 轴承4的轴承温度 / ℃ | 50 | 57 | 70 | 80 | 80 |
| 轴承5的轴承温度 / ℃ | 52 | 58 | 70 | 80 | 80 |
| 轴承6的轴承温度 / ℃ | 49 | 59 | 70 | 80 | 80 |
| 轴承7的轴承温度 / ℃ | 51 | 65 | 70 | 80 | 80 |

表14-2 柴油发电机测试表2（独立的柴油发电机组）

| 功率/% | 功率/kW | 电压/V | 电流/A | 频率/Hz | 速度/(r/min) |
|---|---|---|---|---|---|
| 0 | 0 | 455 | 0 | 60.00 | |
| 50 | 60 | 454 | 125 | 59.80 | 1 800 |
| 70 | 125 | 452 | 250 | 59.50 | |
| 100 | 185 | 452 | 375 | 59.30 | 1 785 |
| 75 | 250 | 450 | 500 | 59.00 | |
| 50 | 185 | 451 | 275 | 59.30 | 1 770 |
| 20 | 125 | 452 | 250 | 59.50 | |
| 0 | 60 | 454 | 125 | 59.80 | |
| 0 | 0 | 455 | 0 | 60.00 | 1 800 |

表14-3 柴油发电机测试表2（并行的柴油发电机组）

| 总体评价/% | 发电机1 | | | 发电机2 | | |
|---|---|---|---|---|---|---|
| | 功率/kW | 电流/A | 频率/Hz | 功率/kW | 电流/A | 频率/Hz |
| 0 | 0 | 0 | 60.00 | 0 | 0 | 60.00 |
| 25 | 60 | 120 | 59.80 | 60 | 130 | 59.80 |
| 50 | 125 | 250 | 59.50 | 125 | 260 | 59.50 |
| 75 | 185 | 370 | 59.30 | 185 | 380 | 59.30 |
| 100 | 250 | 500 | 59.00 | 250 | 500 | 59.00 |
| 75 | 185 | 370 | 59.30 | 185 | 380 | 59.30 |
| 50 | 125 | 250 | 59.50 | 125 | 260 | 59.50 |
| 25 | 60 | 120 | 59.80 | 60 | 130 | 59.80 |
| 0 | 0 | 0 | 60.00 | 0 | 0 | 60.00 |

## 6 同步和发电机面板

图14-3和图14-4是一个主配电板的同步面板和发电机面板，用于将一个未连接的发电机与母线安全地连接。

1—电压表母线；2—电压表进线机；
3—带LED的同步示波器；
4—频率计母线；5—频率计进线机；
6—断路器断开按钮；
7—断路器合闸按钮；
8—选择进入机的开关。

图14-3 同步面板

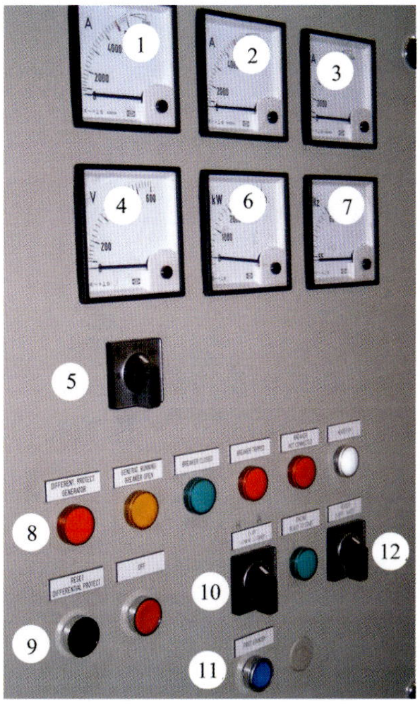

1—安培表R相；2—安培表S相；
3—安培表T相；4—电压表；
5—相选开关；6—千瓦表；
7—频率计；8—指示灯；
9—断路器的开/关；10—功能选择开关；
11—备用照明；12—停止加热开关。

图14-4 发电机面板（进线机）

准12点的位置。当指针缓慢地接近12点时，可以合闸。通常情况下，合闸命令在5到12之间的位置给出，允许一些开关延迟。

现代的同步仪是完全电子化的，使用红色和绿色LED指示。

图14-5为带手动和自动同步功能的发电机面板。

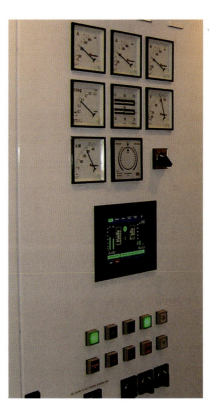

图14-5 带手动和自动同步功能的发电机面板

## 7 手动同步的原则

为了使两个发电机并联运行，必须调整进线的空载发动机的速度略微超过带载发电机，同步并切换到并行。并联连接两个不同步的电机，将会导致极端机械应力，特别是对于较大的发电机，可能损坏它们甚至无法修复。

在连接时，增加进线发动机的燃油量以分担负载，带载发动机的燃油量将随着负载的减少而降低。如果没有进一步的调整，发动机将共享从零到最大值的负载。

要确定进线发动机的相位与母线的相位相同，应使用同步示波器，同步仪有不同的类型。

指针式同步仪使用一个小型电动滑环电机，其定子连接到母线上，转子连接到进线发电机上。在转子侧安装一个指针使连接到母线的发电机和进线发电机之间的速度差可视化。当进线发电机的相位超前于母线相位时，发电机运行加快，反之亦然。

通过配电板上的调速器控制开关控制进线发电机速度的增加或减少。

当进线发电机的相位与母线相同时，同步仪上的指针会对

## 8 指针式同步仪的原理（图14-6）

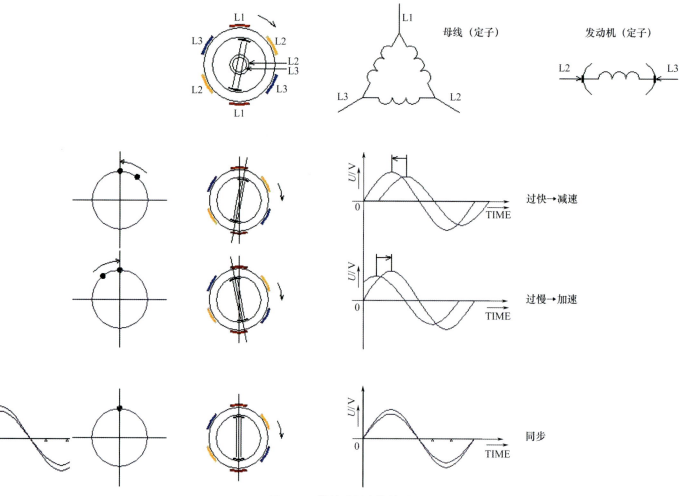

图14-6 指针式同步仪的原理图

## 9 转子位置与定子磁场

当柴油发电机组并联运行时，没有速度差。发电机充当柴油机之间的刚性变速箱。

定子内部的转子的动作与柔性联轴器相似，并且在定子磁场中，根据不同的负载，顺时针或逆时针移动几度（图14-7）。

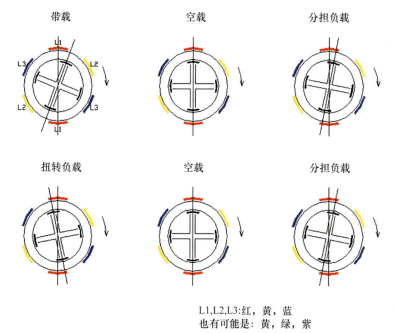

L1,L2,L3：红，黄，蓝
也有可能是：黄，绿，紫

图14-7 不同负载下的转子位置

负载分配是指，电流和功率被等分给相同的电机或按比例分给不同等级的机器。当给电机供电时，每台机器有相同的功率，即每台机器的燃料供应使每台机器的滑差相等。空载时的滑差是零，在定子中的转子是同步的。当发电机吸收负载时，转子的运行落后于定子磁场。当发电机供给负载，转子磁场正向运行超前于定子磁场。当机器分担负载时，转子运行超前于定子磁场，在相同的转速运行。

## 10 自动同步原理

如前面所述，手动同步大部分时间仅是作为一个全自动同步系统的备份。

全自动系统是基于与手动同步相同的原理。输入信号（如电压、频率和电流）被处理后，将结果送入发动机上的调速器，并最终控制断路器使其闭合或断开。

自动系统可以由单独的电子部件构成，如检查同步器、电压和电流单位和反向功率继电器，但这些功能更常结合在一个单元中，如图14-8所示。

更复杂的系统是计算机，基于可用动态参数图形显示操作状态的监视器。

这些系统经常被用来在复杂电气网络的电源管理系统中，如动力定位船。它们也将针对大用户的电力需求与功率分配，控制一个备用柴油机启动和停止。

## 11 同步并联运行的原理

见图14-9~图14-11。

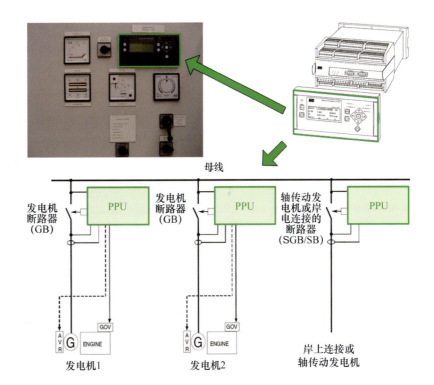

图14-8 集成发电机控制单元（DEIF）的应用举例

> 为了保持频率稳定，采用了另一种并联操作方法：同步，即在整个负载范围内保持恒定速度，测量每台机器的电压、电流和功率，并与机组的性能进行比较。对柴油发电机的燃油进行控制，从而实现所需的负载分配零下垂。

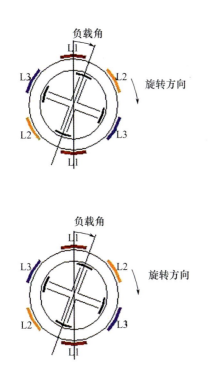

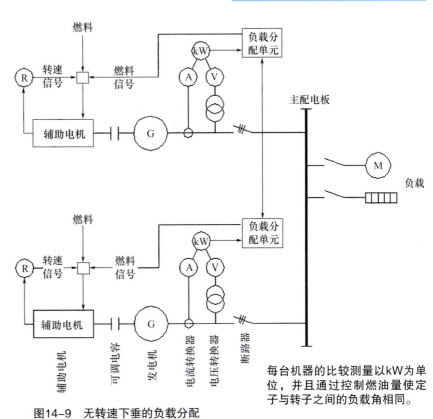

每台机器的比较测量以kW为单位，并且通过控制燃油量使定子与转子之间的负载角相同。

图14-9 无转速下垂的负载分配

14 并联运行

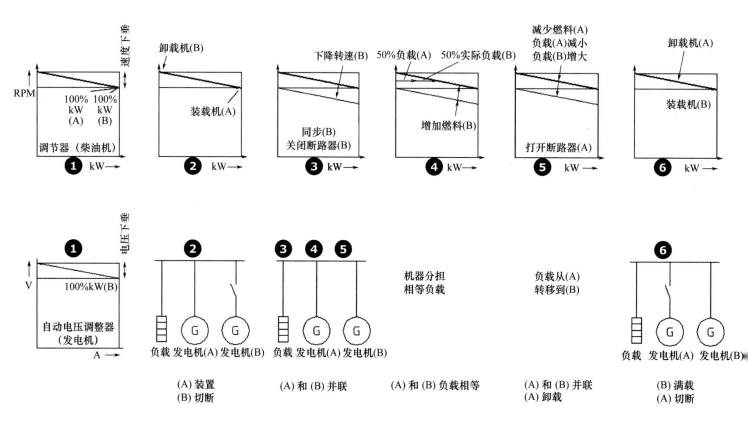

图14-10 同步和并行切换（同等级机器）

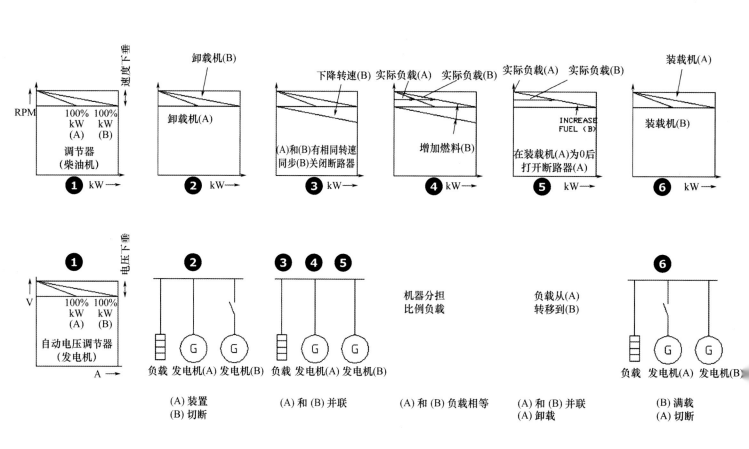

图14-11 同步和并行切换（不同等级机器）

**同等级机器**

1. 检查两个（或更多）机器的速度、电压和频率。这是在新造船的调试阶段和大的维修或更换任何部件如调速器或AVR后完成的。一旦设置了就不得随意变更。
2. 机器A在线工作，并携带所有的负载。机器B未在线，未加载，并以一个稍高的速度运行。
3. 机器B的减速通过调速器控制旋钮完成，直至与机器A的速度相同。由于机器不是并联运行，每台电动机的速度可以进行调整。一旦机器并联运行，就不可能再单独改变每台机器的速度。将速度B的速度与A的速度同步，则闭合B的断路器。
4. 机器A和B现在是并联运行。机器A加载，机器B空载。通过相同旋钮提高机器B的燃油量，使机器B带负载。增加的燃料供给直到负载均匀分布在两个机器之间。从这一刻起，任何负载将被两台机器从总容量的0至100%平均分担。这是两台并联运行的同等级机器的正常情况。
5. 当所需的总负载或航行情况允许时，它可以返回到一个发电机运行。降低给机器A的燃油供给，直到负载几乎是0，机器B带所有的负载。打开断路器A，将发电机A从网络中切除。
6. 机器B是在线并带负载的。机器A处于脱机状态，并保持在大致相同的速度运行。

**不同等级机器**

在该例中，机器A具有机器B的50%的容量。

1. 检查两个（或更多）机器的速度、电压频率。这是在新造船的调试阶段和丰富的维修或更换任何部件如调速器或AVR后完成的。一旦设置了就不得随意变更。
2. 机器A在线工作，并携带所有的负载。机器B未在线，未加载，并以一个稍高的速度运行。断路器B是断开的。
3. 机器B的减速通过调速器控制旋钮完成，直至与机器A的速度相同。由于机器不是并联运行，每个电机的速度可以进行调整。只要机器并联运行，不可能改变各自的速度。将B的情况与A同步，闭合B的断路器。机器A与B现在并联运行，机器A加载，机器B空载。
4. 通过相同旋转提高机器B的燃油量，使机器B带负载。增加燃油量直到负载按可用功率的比例分配到两台不同等级的机器上。从这一刻起，任何负载将被两台机器从总容量的0至100%按比例分担。这是两台并联运行的不同等级机器的正常情况。
5. 当所需的总负载或航行情况允许时，它可以返回到一个发电机运行。降低给机器A的燃油供给，直到其负载几乎是0，机器B带所有的负载。打开断路器A，将发电机A从网络中切除。
6. 机器B是在线并带负载的。机器A处于脱机状态，并以略高的速度运行。

## 12　下垂或同步的选择

如果在带有相似发电机的原动机的等级间存在大的差异，大型机器在满载时可能出现不可接受的性能。

例如渡轮的主发动机，除了驱动螺旋桨，还有一个轴发电机（PTO）。发电机大约为 4 MVA 并且由3.2 MVA的辅助柴油发电机驱动，也可以由10 MVA的主发动机驱动。对于辅助发动机驱动的发电机，在其整个范围内，2%的下垂会导致主发动机的约6%的下垂。在94%的速度时，螺旋桨不消耗最大可用功率，这是不可接受的。

为了克服这个问题，负荷分配不是通过下垂来实现的，而是通过一个测量发电机的负载的控制系统，并调整辅助发动机的燃油量以分担负载。主发动机在这种情况下是控制者，并给恒定速度的螺旋桨提供电源。

一个负载分配控制系统的并行操作被称为同步操作。为了获得不同的机器的并行操作，这些机器必须被同步，切换到并联负载必须共享。当机器有相同的特征，如被分别认证为4级和5级，在手动对某一负载进行分担负载和同步后，负载共享对于机器的总负载范围将会是正确的。

只要电压下降和速度下降有相同的百分比，不同等级的机器可以分担负载。

选择2%~4%的下垂也是取决于控制设备的精度。

15 发动机和启动装置

> 电动机将电能转换成机械（旋转）能，发电机完成相反方向的功能。

# 1 电动机

电动机有各种形状和尺寸，并且适用于各种各样的电源。和发电机一样，它的频率和定子极数决定了电动机的转速。根据交流或直流电源，电动机有多种分类，从应用在机器人上的很小的步进电机到以MW为单位的大型电机。现今使用最广泛的是带有鼠笼转子的三相交流异步电动机。这种电动机的功率范围为0.3~160 kW。

本章将集中在该类型的交流电机上。使用变速驱动器时，可以精确地控制交流电机的启动、速度和转矩。

它们还提供入口处针对固体颗粒和水的不同的防护等级（IP等级），和在爆炸性环境下使用的防护等级（Ex等级）。防爆电机有以下种类：增加安全型防爆Ex-E；隔爆型防爆Ex-D；加压防爆Ex-P。

电动机可以应用IEC标准的机器，适合45℃的空气冷却温度或32℃的冷却水温度。当冷却空气或冷却水的温度与标准值不同时，必须使用校正因子，校正因子由适当的规范查询得到。

当需要额外的冷却能力时，可以在主电动机上安装额外的散热风扇。当该电机也完全封闭时，这些电机也被称为全封闭风冷电机（TEFC）。

## 1.1 测试交流电机

所有交流电机必须进行测试，当额定功率大于100 kW时，它们必须由船级社认证。

交流电机的基本测试包括：绝缘测试、高电压测试、二次绝缘测试。二次绝缘测试的目的是确认在高电压测试后绝缘值是否完好无损。

以下测试和测量将在额定电压和额定频率下进行：启动电流、空载电流、满载电流、耗电量、电源、效率、功率因数、起动转矩、额定转矩、速度范围、外壳温度、绕组电阻、在满载测试后绕组电阻的温度、加热运行以确定在连续负载下允许的最大绕组温度。

允许的最大绕组温度取决于绕组的绝缘类型、冷却空气的温度或冷却水温度。最高温升在一个热运行中得到。热运行是在电机负载为额定负载，直至壳体温度稳定的一个测试。当壳体温度稳定后，绕组需要再次进行测量。根据得到的两个值（表15-1）可以计算温升。测试开始之前，电机的温度和在此温度下绕组的阻值需要测量。图15-1为一个位于电机制造商处的电机试验站，显示了被测电机和水刹车。

电动机的各种电压、频率和速度关系见表15-2。

表15-3给出了一个空冷旋转电机的温升极限。

电动机可以用不同的基础外壳或法兰式管接头外壳。详细信息见表15-4。

图15-1 被测电机和水刹车

热运行的必要设备称为测功机，是一种将电动机产生的功率转化为热能的制动器。这个制动器也可以自由移动，扭矩可以测量。带有机械负荷的大型电机的热运行，可以用两台变频器供电。其中一台变频器为电机提供额定电压和频率，另一台变频器提供低于额定电压和频率。随着电机机在第一变频器上以空载速度运行，可变电压增加，使两个电源的总电流等于电动机的额定电流。它的优点是功耗来源于产生的热量损失。本次测试的其余部分与上述的热运行相同。

表15-1 测试结果

| 时间 | 进口气温/℃ | 出口气温/℃ | 温度差/℃ |
|---|---|---|---|
| 8:00 | 18 | 18 | 0 |
| 8:30 | 18 | 20 | 2 |
| 9:00 | 19 | 22 | 3 |
| 9:30 | 20 | 25 | 5 |
| 10:00 | 21 | 30 | 9 |
| 10:30 | 21 | 36 | 15 |
| 11:00 | 22 | 43 | 21 |
| 11:30 | 23 | 44 | 21 |

表15-2　电机的频率、电压、速度的关系

| | 2极 | | | | 4极 | | | | 6极 | | | | 8极 | | | |
|---|---|---|---|---|---|---|---|---|---|---|---|---|---|---|---|---|
| | 3×380 V | | 3×440 V | | 3×380 V | | 3×440 V | | 3×380 V | | 3×440 V | | 3×380 V | | 3×440 V | |
| | 50 Hz | | 60 Hz | | 50 Hz | | 60 Hz | | 50 Hz | | 60 Hz | | 50 Hz | | 60 Hz | |
| 外框 | kW | r/min | kW | r/min | kW | r/min | kW | r/min | kW | r/min | kW | r/min | kW | r/min | kW | r/min |
| 63 K | 0.28 | 2 800 | 0.30 | 3 420 | 0.18 | 1 360 | 0.2 | 1 685 | — | | — | | — | | — | |
| 71 K | 0.37 | 2 780 | 0.44 | 3 400 | 0.25 | 1 385 | 0.3 | 1 690 | 0.18 | 920 | 0.21 | 1 125 | — | | — | |
| 71 G | 0.55 | 2 920 | 0.65 | 3 400 | 0.37 | 1 370 | 0.4 | 1 685 | 0.25 | 890 | 0.30 | 1 120 | — | | — | |
| 80 K | 0.75 | 2 285 | 0.90 | 3 340 | 0.55 | 1 400 | 0.7 | 1 710 | 0.37 | 915 | 0.44 | 1 125 | 0.18 | 690 | 0.21 | 845 |
| 80 G | 1.1 | 2 835 | 1.3 | 3 440 | 0.75 | 1 400 | 0.9 | 1 710 | 0.55 | 915 | 0.65 | 1 120 | 0.25 | 695 | 0.30 | 845 |
| 90 S | 1.5 | 2 850 | 1.8 | 3 470 | 1.1 | 1 410 | 1.3 | 1 720 | 0.75 | 935 | 0.90 | 1 140 | 0.37 | 700 | 0.44 | 850 |
| 90 L | 2.2 | 2 850 | 2.6 | 3 460 | 1.5 | 1 400 | 1.8 | 1 710 | 1.1 | 935 | 1.3 | 1 135 | 0.55 | 695 | 0.65 | 850 |
| 100 L | 3.0 | 2 850 | 3.6 | 3 470 | 2.2 | 1 420 | 2.6 | 1 720 | 1.5 | 945 | 1.8 | 1 145 | 0.75 | 705 | 0.90 | 855 |
| 112 M | 4.0 | 2 900 | 4.8 | 3 500 | 4.0 | 1 435 | 4.8 | 1 735 | 2.2 | 950 | 2.6 | 1 150 | 1.5 | 705 | 1.8 | 850 |
| 132 S | 5.5 | 2 860 | 6.6 | 3 430 | 5.5 | 1 440 | 6.6 | 1 730 | 3.0 | 950 | 3.6 | 1 140 | 2.2 | 705 | 2.6 | 855 |
| 132 M | 7.5 | 2 880 | 9.0 | 3 460 | 7.5 | 1 440 | 9.0 | 1 730 | 4.0 | 950 | 4.8 | 1 150 | 3.0 | 700 | 3.6 | 840 |
| 160 M | 11.0 | 2 900 | 13.0 | 3 480 | 11.0 | 1 440 | 13.0 | 1 730 | 7.5 | 960 | 9.0 | 1 155 | 4.0 | 710 | 4.8 | 850 |
| 160 L | 18.5 | 2 920 | 22.0 | 3 510 | 15.0 | 1 455 | 18.0 | 1 750 | 11.0 | 965 | 13.0 | 1 160 | 7.5 | 720 | — | 865 |
| 180 M | 22.0 | 2 935 | 26.0 | 3 540 | 18.5 | 1 455 | 22.0 | 1 750 | — | | — | | — | | — | |
| 180 L | — | | — | | 22.0 | 1 470 | 26.0 | 1 765 | 15.0 | 965 | 18.0 | 1 160 | 11.0 | 720 | 13.0 | 865 |
| 200 L | 30.0 | 2 935 | 36.0 | 3 540 | 30.0 | 1 465 | 36.0 | 1 760 | 18.5 | 965 | 21.0 | 1 165 | 15.0 | 725 | 18.0 | 870 |
| 225 S | — | | — | | 37.0 | 1 470 | 44.0 | 1 765 | — | | — | | 18.5 | 725 | 18.0 | 870 |
| 225 M | 45.0 | 2 940 | 54.0 | 3 530 | 45.0 | 1 470 | 54.0 | 1 765 | 30.0 | 973 | 34.0 | 1 170 | 22.0 | 730 | 26.0 | 875 |
| 250 M | 55.0 | 2 955 | 66.0 | 3 545 | 55.0 | 1 475 | 66.0 | 1 770 | 37.0 | 973 | 42.0 | 1 170 | 30.0 | 730 | 36.0 | 875 |
| 280 S | 75.0 | 2 965 | 90.0 | 3 555 | 75.0 | 1 480 | 90.0 | 1 775 | 45.0 | 980 | 54.0 | 1 180 | 37.0 | 735 | 44.0 | 880 |
| 280 M | 90.0 | 2 970 | 105.0 | 3 565 | 90.0 | 1 480 | 105.0 | 1 775 | 55.0 | 980 | 660 | 1 180 | 45.0 | 735 | 54.0 | 885 |
| 315 S | 110.0 | 2 975 | 132.0 | 3 565 | 110.0 | 1 480 | 132.0 | 1 775 | 75.0 | 985 | 90.0 | 1 185 | 55.0 | 740 | 66.0 | 890 |
| 315 M | 132.0 | 2 975 | 158.0 | 3 570 | 132.0 | 1 480 | 158.0 | 1 775 | 90.0 | 995 | 108.0 | 1 185 | 75.0 | 740 | 90.0 | 890 |

1—传动轴承；2—鼠笼转子；3—定子绕组；
4—冷却风扇；5—接线盒；6—防护罩。

**鼠笼式电动机**

电机的绕组可以使用不同的绝缘材料。绝缘材料的性能决定了最大允许温度。绝缘材料有几个等级。当选择等级高的绝缘材料时，允许操作中有较高的温度。高温允许一个较高的电流，那也是热能的来源，并且电动机会有较高的额定功率。它也适用于其他的电力设备，如发电机和变压器。

表15-3　空气冷却旋转电机的温升限制　　　　　　　　　（℃）

| | 机器的零件 | | 温度测量方法 | 绝缘等级 | | | | |
|---|---|---|---|---|---|---|---|---|
| | | | | A | E | B | F | H |
| 1. | （a） | 电机的交流绕组有一个5 000 kVA或更高的输出 | ETD | 55 | — | 75 | 95 | 115 |
| 2. | （b）具有转向器的电驱绕组 | 电机的交流绕组有一个少于5 000 kVA的输出 | ETD | 55 | — | 80 | 100 | 115 |
| | | | R | 50 | 65 | 70 | 95 | 115 |
| 3. | | 直流电机和交流电机的磁场绕组有直流励磁，除了包含在第四项中的内容。 | R | 50 | 65 | 70 | 95 | 115 |
| 4. | | 同步电机的磁场绕组带有直流励磁的圆柱形转子 | R | — | — | 80 | 100 | 125 |
| | | 有一层以上的直流电机的固定磁场绕组、直流或交流电机的低阻磁场绕组和有一层以上的直流电机的补偿绕组 | R | 50 | 65 | 70 | 95 | 115 |
| | | | R, T | 50 | 65 | 70 | 90 | 115 |
| | | 直流电机和交流电机的单层绕组，无遮盖层或由金属表面涂层，或者是直流电机的单层补偿绕组 | R, T | 55 | 70 | 80 | 100 | 125 |
| 5. | 永久的短路绝缘绕组 | | T | 50 | 65 | 70 | 90 | 115 |
| 6. | 永久的短路非绝缘绕组 | | T | 在任何情况下，这些部件的温升不应达到对相邻部件或部件本身的任何绝缘或其他材料构成危险的值 | | | | | |
| 7. | 磁芯和其他不与绕组接触的零件 | | T | | | | | |
| 8. | 与绕组接触的磁芯和其他的部件 | | T | 50 | 65 | 70 | 90 | 110 |
| 9. | 换向器和滑环的断开和闭合 | | T | 50 | 60 | 70 | 80 | 90 |

| | 注释 |
|---|---|
| 1 | 当水冷热交换器用在机器冷却电路中，温升是根据进入热交换器的入口处的冷却水的温度，并且给出的温升可以增加10 ℃，前提是入口温度不超过32 ℃ |
| 2 | T：温度计方式 |
| 3 | R：电阻方式 |
| 4 | ETD：嵌入式温度监测器 |
| 5 | 温升测量在任何可行的情况下，应使用电阻的方式 |
| 6 | ETD方式可能只适用于ETD位于铁芯之间的沟槽内时 |

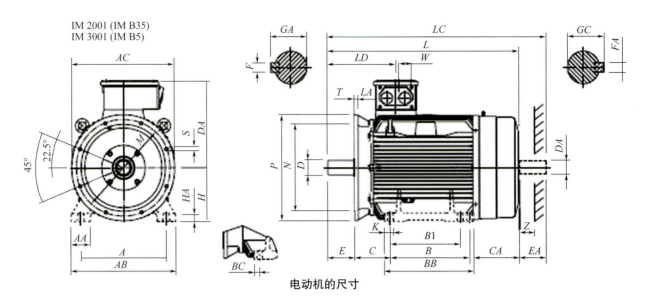

电动机的尺寸

表15-4 标准电动机的尺寸

| 外框 | 轴尺寸 | | 脚安装机 | | | | 法兰安装机 | | | | |
|---|---|---|---|---|---|---|---|---|---|---|---|
| | 轴高 mm | 轴直径 mm | 定位孔 | | | 固定孔 K/mm | M/mm | N/mm | 固定孔数量 | S/mm | 最大值 T/mm |
| | | | A/mm | B/mm | C/mm | | | | | | |
| 63 K | 63 | 12.5 | 100 | 100 | 40 | 5.8 | 115 | 95 | 4 | 10 | 3 |
| 71 K | 71 | 16 | 112 | 112 | 45 | 7 | 130 | 110 | 4 | 10 | 3.5 |
| 71 G | 71 | 16 | 112 | 160 | 45 | 71 | 130 | 110 | 4 | 10 | 3.5 |
| 80 K | 80 | 21.5 | 125 | 125 | 50 | 10 | 165 | 130 | 4 | 12 | 3.5 |
| 80 G | 80 | 21.5 | 125 | 180 | 50 | 10 | 165 | 130 | 4 | 12 | 3.5 |
| 90 S | 90 | 27 | 140 | 100 | 56 | 10 | 165 | 130 | 4 | 12 | 3.5 |
| 90 L | 90 | 27 | 140 | 125 | 56 | 10 | 165 | 130 | 4 | 12 | 3.5 |
| 100 L | 100 | 31 | 160 | 140 | 63 | 12 | 215 | 180 | 4 | 14.5 | 4 |
| 112 M | 112 | 31 | 190 | 140 | 70 | 12 | 215 | 180 | 4 | 14.5 | 4 |
| 132 S | 132 | 41 | 216 | 140 | 89 | 12 | 265 | 230 | 4 | 14.5 | 4 |
| 132 M | 132 | 41 | 216 | 178 | 89 | 12 | 265 | 230 | 4 | 14.5 | 4 |
| 160 M | 160 | 45 | 254 | 210 | 108 | 14.5 | 300 | 250 | 4 | 18.5 | 5 |
| 160 L | 160 | 45 | 254 | 254 | 108 | 14.5 | 300 | 250 | 4 | 18.5 | 5 |
| 180 M | 180 | 51.5 | 279 | 241 | 121 | 14.5 | 300 | 250 | 4 | 18.5 | 5 |
| 180 L | 180 | 51.5 | 279 | 279 | 121 | 14.5 | 300 | 250 | 4 | 18.5 | 5 |
| 200 L | 200 | 59 | 318 | 305 | 133 | 18.5 | 350 | 300 | 4 | 18.5 | 5 |
| 225 S | 225 | 64 | 356 | 286 | 149 | 18.5 | 400 | 350 | 4 | 18.5 | 5 |
| 225 M | 225 | 64 | 356 | 311 | 149 | 18.5 | 400 | 350 | 4 | 18.5 | 5 |
| 250 M | 250 | 69 | 406 | 349 | 168 | 24 | 500 | 450 | 8 | 18.5 | 5 |
| 280 S | 280 | 79.5 | 457 | 368 | 190 | 24 | 500 | 450 | 8 | 18.5 | 5 |
| 280 M | 280 | 79.5 | 457 | 419 | 190 | 24 | 500 | 450 | 8 | 18.5 | 5 |
| 315 S | 315 | 85 | 508 | 406 | 216 | 28 | 600 | 550 | 8 | 24 | 6 |
| 315 M | 315 | 85 | 508 | 457 | 216 | 28 | 600 | 550 | 8 | 24 | 6 |

(a)

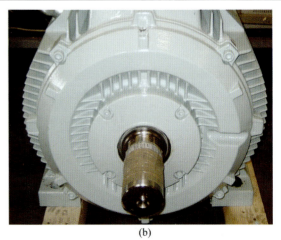
(b)

依照国际标准尺寸生产的电动机

## 2 启动装置

一个启动装置将一台设备与它的主电源相连，如电动机。启动装置是带有一个或多个接触器的设备，接触器允许用电设备与其主电源相连。

当一个用电设备与主电源相连时，启动装置可以用来将用电设备的浪涌电流限制在可接受的值。一个可接受的值是不干扰像发电机一样的主电源的值，否则会干扰其他设备的安装。

限制启动电流，也将限制电动机的启动转矩。这可能是必要的，例如保护精密的变速箱免受直接在线启动的危害。

启动装置的一些类型：
1. 直接启动器；
2. 星-三角启动器；
3. 自耦变压器启动器；
4. 变频器；
5. 高压电抗启动器。

这些类型都将在下面讨论。

### 2.1 直接启动器（图15-2）

启动交流电机的最简单的方法是直接启动。这种设备的启动时间最短，在全电压下启动转矩是最大的，但在其他用电设备处的电压降也是最大的。

当用电设备的启动数据和发电机的性能数据已知时，电压降水平值可以计算得到。

电压降是发电机的作用结果，因为柴油发电机启动时的负载由功率因数决定，通常情况下，启动时的功率因数小于0.4。柴油发电机应该能够处理20%或以上的负载阶跃，且频率下降不超过10%，应在15秒内恢复。柴油机发电机的阶跃负载的最低要求为33%。然而，现代共轨和恒压电子喷射柴油发电机，处理这些阶跃负载有一定的难度。图15-3为一个无本地启动箱的机舱，这些泵的启动器被安装在电动机控制中心。图15-4为电机控制中心，在这里安装有机舱内所有的启动器。最左边的面板用于连接输入的主电源。

一般来说，发电机能够承受超过它的额定功率等级的50%的突加负载，导致在发电机端低于15%的电压降。

配电网络允许有另外5%的压降，确保在一个大用电设备启动时，允许有20%的压降。

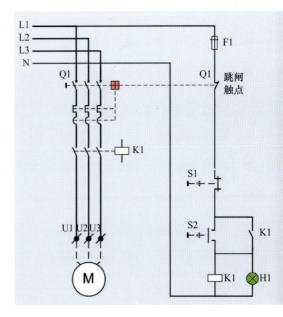

图15-2　直接启动器

图15-3　无本地启动箱的机舱

图15-4　电机控制中心（MCC）

## 2.2 星-三角启动器

星-三角启动是一个常用的方法，性价比高，技术成熟，应用广泛。对于大型电机，需要大型接触器（K1、K2和K3），接触器的电压可由初级电压提供，而不是从变压器侧得到。图15-5所示的主接触器将由辅助接触器替代。星-三角启动器减少初始值如下：电压变为1.7倍，启动电流为1.7倍，启动转矩变为1/3，发电机负载变为13。

## 2.3 自耦变压器启动器

图15-6给出一个自耦变压器启动器的电气原理图的例子。

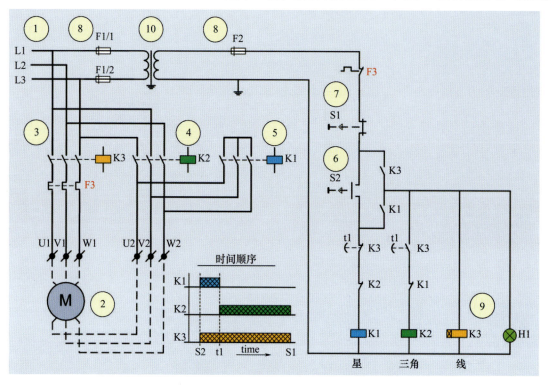

1—输入电压；2—电动机；3—接触器K3；4—接触器K2；5—接触器K1；
6—启动按钮；7—停止按钮；8—控制熔断器；9—时间继电器；10—变压器。

图15-5 星－三角启动器

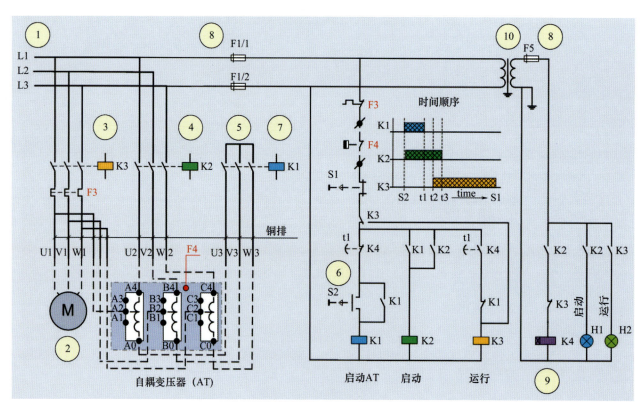

图15-6 自耦变压器启动

自耦变压器启动器基于降压启动的方式，启动电流的降低，与启动电压成正比。启动转矩的降低，与启动电压的平方成正比。这意味着这方法只能用于低转矩启动（无负载）。但是，一旦设计好后，连接到这种类型的启动器的电机功率可能相当大，有时在兆瓦范围。

一个低转矩、高功率启动例子是当螺旋桨在启动前在初始位置时，舶推进器的启动器。

自耦变压器启动器通常会提供一些二次电压抽头。在调试系统时，允许启动电压和启动转矩的变化。这些二次电压抽头的值通常在额定电压的55%~70%范围内变化。较低的值会增加启动时间，较高值将增加启动电流。这两种影响都是不可取的。

### 2.4 变频器

变频器和其他电子控制装置一样，可以控制电动机的电流、功率和转矩。它们限制发电机的启动条件，决定用电设备的最大性能。

### 2.5 高压电抗启动器（图15-7）

对高电压启动器而言，直接启动类型是性价比最高的。但是直接启动可能导致发电机或驱动设备的峰值负载过大。

电流可通过在连接电动机的电源线上插入电抗得到限制。如果设计合理，该电抗器可以降低启动电流。

由于转矩也按比例缩小，必须仔细估量插入一个电抗器的影响，以避免在启动期间电机失速。

图15-7 高压电抗启动器

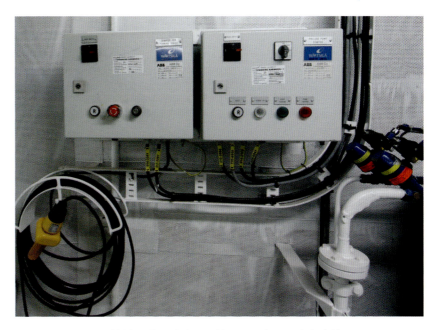

回转装置的启动箱、遥控器和预润滑泵的启动箱

15 发动机和启动装置

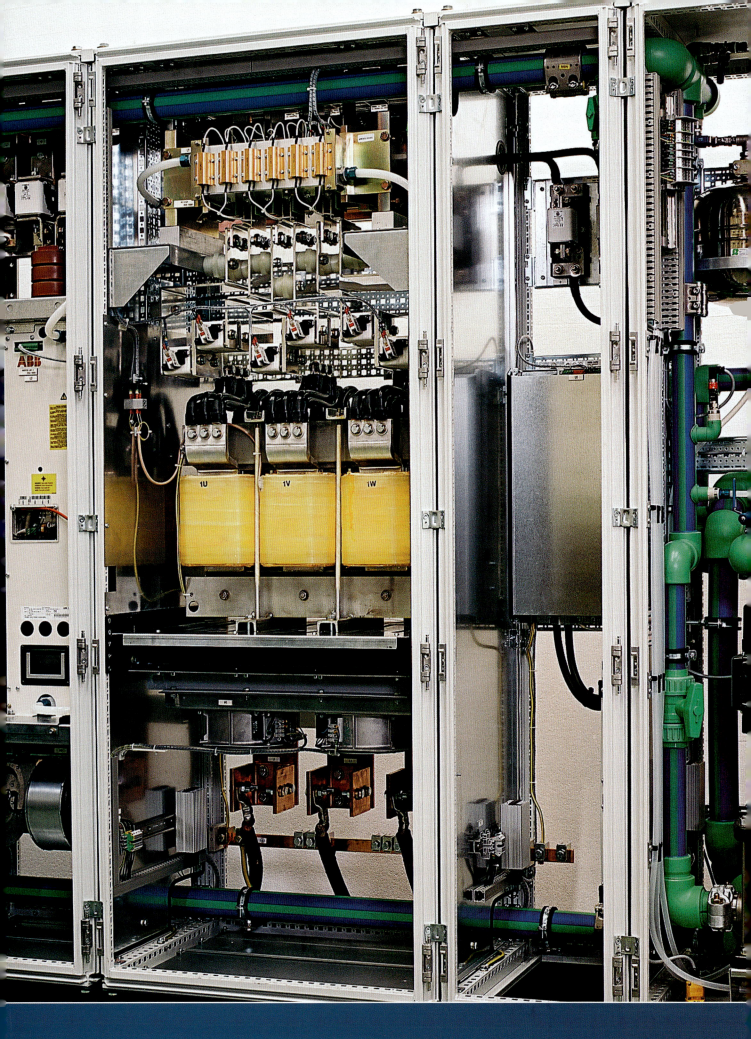

## 16 变压器和转换器

> 转换设备将输入电源电压由高向低转化，电流按照反比例变化。转换器不产生电能。

## 1 概述

最简单的转换器是变压器，将一个电压转换成另一个电压，比如将440 V转换成110 V。变压器有损耗，因为转换过程中产生热量。效率通常在90%~98%之间，视大小而定，这是避免配电系统中使用变压器的原因。欧洲的400 V/230 V三相四线制配电系统不需要变压器，该系统有一相与中性点之间的电压为260 V。这正与美国的450 V/60 Hz的系统相反，对于后者，系统中的设备是没有标准化的，原因是在美国（岸上），110 V/60 Hz或230 V/60 Hz都用于小用电设备，在照明和低功率电路中必须使用变压器。输入电压和电流的乘积约等于输出电压和电流的乘积。

更复杂的转换器可以将电压从交流变为直流，还可以改变频率。小转换器用于将电源电压转换后用于另一个系统中，如将一个400 V的信号转换为10 V或20 mA的信号。

## 2 变压器

一个变压器由两个独立的线圈组成，围绕着金属铁芯彼此隔离（电流隔离）。初级绕组磁化铁芯，铁芯磁化次级绕组产生电压和电流。电压比可以由初级和次级线圈的匝数比得到。由于初级和次级绕组是分开的，因此初级和次级电路之间的也存在电隔离。在这种情况下，接地故障检测系统必须安装在二次侧。每个隔离系统都需要按照船级社要求具备该功能。图16-1为一个供给变频器的大型双绕组变压器。一组次级绕组通过12脉冲变频器，

高压测试中供给变频器的双绕组1 600 kVA变压器

提供给AC/DC整流器星形电压690 V或三角形电压690 V。这种装置的目的是减少从变频器传递到初级侧的谐波失真。次级绕组产生星形和三角形配置的电压。红色电缆为初级绕组的连接。次级绕组仍必须被连接。

变压器的短路电流由变压器的短路电压决定，定义为：变压器一次侧电压和二次侧短路形成满载电流。二次侧的最大的短路电流由下式确定：

$$I_{k(sec)} = \frac{U_{nom}}{U_k \times I_{nom(sec)}}$$

三个单相变压器在一个壳体中便成了一个较高性价比的三相变压器。在同一个壳体内加入第四个单相变压器作为备用，产生冗余，这第四个变压器可用于迅速地取代有故障的变压器，重新连接线路。

自耦变压器，即单绕组变压器，仅仅应用在启动电路中，而不是配电系统中。这样做的原因是在低压电路中，星形连接故障会形成满额的初级电压。尤其是大型变压器可能在铁芯的磁场中产生高浪涌电流。可能使断路器跳闸。为了避免该浪涌电流，可以施加一个数秒钟的小的预励磁电流。

变压器背面

## 16 变压器和转换器

### 3 交-直转换器

在小型船上，如游艇，只从电池获得电源（直流系统），电气设备的选择会受到限制。找到适用于直流电源的电视机、音响设备、微波炉、冰箱、低温冷藏设备、荧光灯等，是很困难的。即使有可用的，也是很昂贵的。出于这个原因，使用了交-直转换器。

最常见的转换器：
(1) 输入电压：12 V, 24 V, 48 V；
(2) 输出电压：120 V, 230 V（50和60 Hz）；
(3) 容量：高达6 kW。

### 4 直-直转换器

使用直-直转换器和使用交-直转换器的原因相同。例如，在小型船上，只有12 V的直流电源，用电设备需要24 V的电源，可以用直-直转换器解决这个问题。

### 5 旋转转换器

旋转转换器包括一个由船舶动力驱动的电动机，与发电机机械连接。根据所需的电压和频率，进行发电机的设计和建造。

1—控制面板；2—主开关；
3—从交流到直流的有源前端逆变器，可逆；4—从直流到交流的逆变器，可逆。

风冷交-交转换器（关门）

旋转转换器

风冷交-交转换器（开门）

## 6 交-交转换器

图16-1为两个两用途转换器。一个转换器产生艉推进器所需的电流，当船行驶时，该艉推进器由船的配电板供电，另一个转换器给艏推进器供电。

当船停泊时，相同的转换器产生电流给船舶配电板供电，其电压由岸电提供。在该方案中，箭头显示了两个用途。选择这种双用途的原因是转换器成本高以及空间需要。

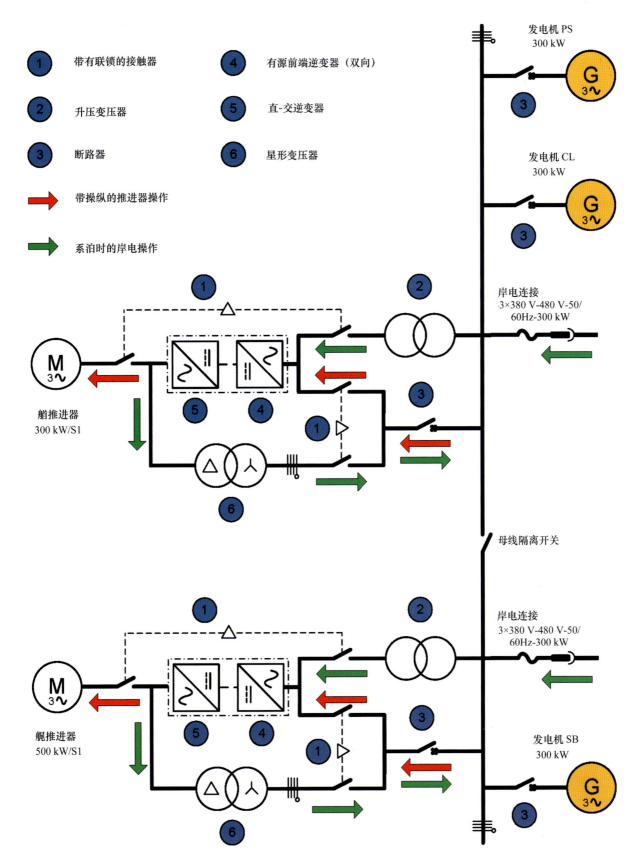

图16-1 两用途转换器

所有转换器中，将一个交流输入转换成一个受控交流输出的类型即交-交转换器，是最大的群体。这些转换器广泛用于交流电机的启动和控制系统。

交-交转换器控制网络的输入电流，并且能够给电机提供受控制的速度和转矩输出，还可以改变交流电机的旋转方向。

使用交-交转换器，可以使安装性价比更高，因为与其相连的泵或风机可以在过程中进行微调。例如，冷却水泵的流量可以根据系统的实际温度要求来设置，在该系统中，泵通常会全速运行，一个三路阀控制冷却水的温度。与此同时，空调系统中的通风设备的速度或制冷单元的电机可以由交-交转换器控制。结果是，最终将消耗更少的电能，并且用电设备的开关量更少。交-交转换器也广泛用于控制大型交流电机，如推进电机、推进器电机、挖泥泵电机等。

大型水冷式的交-交转换器

交-交转换器输出合适的额定电压和电流给大多数三相交流电机。

船上高达690 V的低压交-交变换器，可用于额定功率为0.2 kW到几兆瓦（MW）的电机。

中压交-交变换器，设计工作电压为3.3~10 kV，适合应用在额定功率为350 kW及以上的电机。

更高等级的交-交转换器应该按等级设计。

最简单的交-交转换器包括以下主要组件：

（1）一个电源变压器和整流器将交流电压转换成直流电压；

（2）一个带有无级控制电压和频率的直-交转换器。

整流器无法将功率反向转移给发电系统。因此，当电机由负载驱动时，在起重机上可能会发生例如绞车或负荷降低现象，产生的功率不能被消耗。为了克服这种现象，在直流电路中添加制动电阻，将反向功率转换成热量。

当交-交转换器控制整流器时，被称为有源前端驱动器（AFE）。AFE的优势是可在电源线上安装受控整流器和滤波电感，可以使交流电流接近正弦波，避免谐波失真。AFE驱动器的另一个好处是能够将能量从直流侧反馈到交流电网，从而消除前面提到的本应该必须添加的制动电阻。

为了获得更宽的输入范围，可安装升压变压器。

图16-2是一个升压变压器的例子。升压变压器将320 V（等于400×（1-20%））V转换成400 V，在从320 V到480 V（50~60 Hz）的输入电压范围内，产生400 V-50 Hz的输出。

交-交转换器主要由以下几部分组成：

（1）变压器，以适应输入或输出电压；

（2）整流器：将交流变为直流；

（3）逆变器，改变固有输入电压和频率到所需的电压和频率；

（4）有源逆变器，与上述相同，但按需要可双向工作；

（5）逆变器，将直流电压转换成在双向的固定的交流电压和频率。

大型交-交转换器通常为水冷式。

1—快速熔断器；2—直—交转换器；3—通风机；4—冷却水出口管道；5—水冷式整流器；6—光电隔离器；7—保险丝；8—变压器连接线；9—变压器；10—基座；11—输出连接线；12—输出相电缆；13—冷却水管道；14—熔断器；15—制动斩波器；16—膨胀水箱；17—执行机构；18—冷却水调节阀；19—压力指示器；20—冷却水管道；21—电动机；22—热交换器；23—冷却水泵；24—冷却水入口；25.冷却水出口。

图16-2 大型水冷式交-交转换（无门）

## 16 变压器和转换器

# 7 谐波失真

主电源的谐波失真是由开关引起的现象，尤其是高速的电源开关，这种开关在变频器中使用。通常这个高速开关的谐波电流是电源基本频率的倍数。该电流由非线性负载产生，如在变频驱动器中直流到交流的变换电路。例如，一个50 Hz的电源，5次谐波为250 Hz，7次谐波为350 Hz……。这些被称为"整数次谐波"，即电源频率的精确倍数。所有谐波的平均值称为总谐波失真（THD）。随着越来越多地使用大型变频驱动器，高总谐波失真水平影响的危险也增加了。船级社在船舶上使用的总谐波失真值为5%或更低。高总谐波失真水平的主要影响和危险是：

（1）发电机效率降低；
（2）过热导致设备的老化；
（3）电子设备的失效或故障；
（4）电动机过热和故障；
（5）由于带谐波的电容器的相互作用产生的共振；
（6）配电变压器和中性导体的过载和过热；
（7）测量设备的测量误差过大；
（8）熔断器、断路器和其他防护设备的操作失控；
（9）电视、广播、通信和电话系统的电磁干扰。

总谐波失真问题，通过良好的设计和安装实践是可以预防的。由于总谐波失真值的最大来源是大型变频驱动器，因此选择与网络相关的正确类型是一大优势。发电机供电系统的等级和它们的电抗 $X_d$ 是计算总谐波失真的一个因素。

以下变频驱动系统的基本类型适用于如图16-3所示。
（1）6脉冲单相整流器；
（2）两个双单相整流器，带有双绕组变压器的12脉冲；
（3）两个双单相整流器，带有双绕组变压器的12脉冲，有15°的相移形成半24脉冲系统；
（4）四个单相整流器，带有两个双绕组变压器的12脉冲，形成24脉冲系统；
（5）有源前端转换器。

该图显示了不同类型的变频

| $X''_d$ | $I''_k$ | 6脉冲 | 12脉冲 |
|---|---|---|---|
| 16% | 6 $I_n$ | 18.7 | 10.6 |
| 10% | 10 $I_n$ | 13.4 | 6.99 |
| 损失驱动 | | 2%~2.5% | 2.5%~3% |

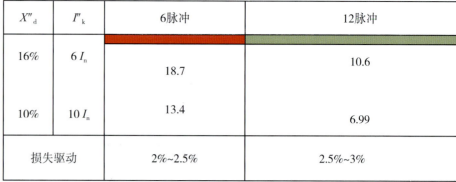

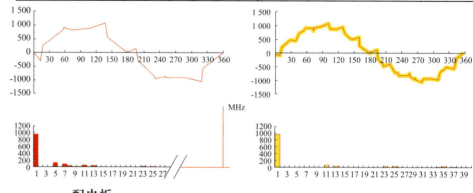

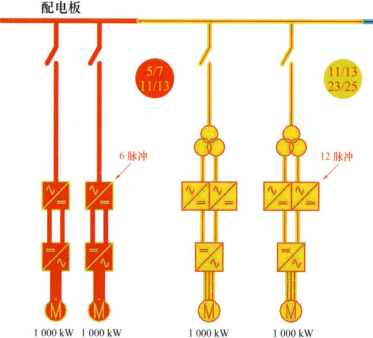

驱动器上的总谐波失真的影响。图中的数值用于计算。结果表明，AFE驱动器有最低的总谐波失真水平。

## 7.1 单相整流器（琥珀色）

来自配电板上主母线的三相交流电被6个二极管整流成6个直流电流，汇聚在一起形成一个脉动直流。该直流电是三相交流电的总和，这样每个波谷变成了波峰。这样形成的直流电，不能返回到配电板中。该直流电通过可调电压和频率的逆变器可变成三相交流电。

## 7.2 单相整流器（黄色）

在母线和整流器之间，在主开关之后，安装双绕组型变压器。一个双绕组型变压器有两个次级绕组，一个为星形，一个为三角形，所以会产生6个正弦曲线。一个变压器的输出的相位差为30°。电压没有改变。因此产生的12脉冲电流被整流成和上边类似的形式，并且被整合成一个12脉冲的直流电。该12脉冲的直流电通过逆变器变成希望的电

| 24脉冲 | 有源前端 |
|---|---|
| 5.33 | ≤3% |
| 3.77 | ≤2% |
| 2.5%~3% | 3.5%~4.5% |

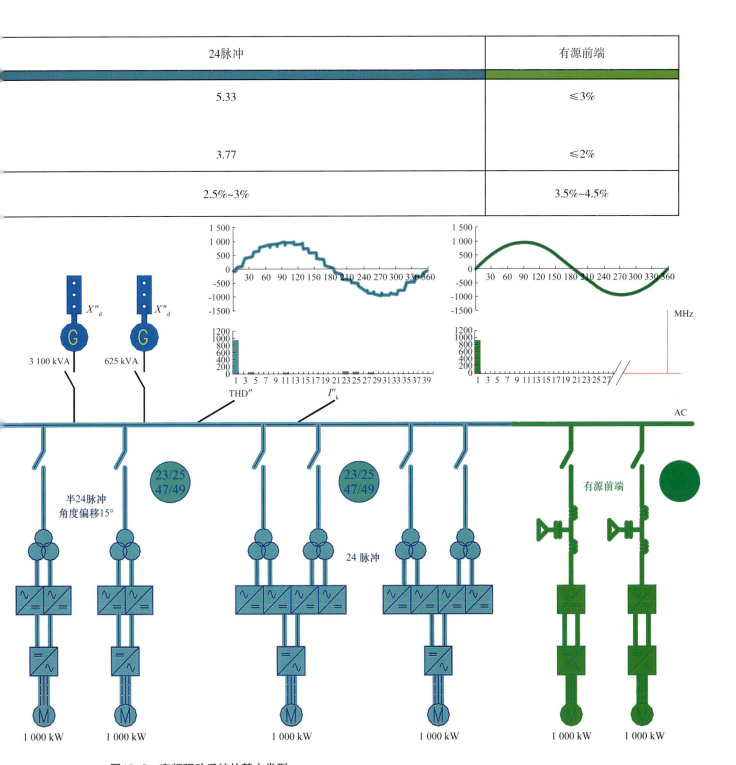

图16-3 变频驱动系统的基本类型

流、电压和频率。输出用于两个同相运行的用电设备。主母线上的失真大大减小。

### 7.3 单相整流器（蓝色）

与上述相同，但是第二个变压器的输出再偏移15°。同样的，每个用电设备使用12脉冲，但彼此相差15°。母线的失真现在是24脉冲，并且影响再次减小。

### 7.4 单相整流器（另一个蓝色）

每个逆变器由两个双绕组变压器供电，为每个用电设备产生24脉冲，进一步降低失真。

### 7.5 有源前端变压器（绿色）

这意味着输入不仅仅是一个受输入电压控制的整流器，还是一个可控装置。可控装置可以在不受整流器限制的情况下断开和接通电压与输入电压无关。这些装置，晶闸管、晶体管、IGBT管和其他任何可用的类型，都可以将电压从配电板引到用电设备以及反过来从用电设备到配电板。有源也意味着转换器从配电板获得电压是受控的方式，从而最大限度地减少谐波。只有电压相差很大时，才需要用转换器。谐波由转换器产生，供应给用电设备，由给配电板供电的发电机吸收。发电机的阻抗能够吸收谐波。低阻抗将会吸收更多的谐波，但会产生一个更大的短路电流，从而需要更昂贵的开关设备。

## 17　电磁兼容性（EMC）

> 电磁兼容性最简单的定义是，电力系统既不通过辐射或电缆传输干扰其他设备也不被其他设备干扰的能力。它还包括未连接到干扰装置的电缆中的信号的干扰，但信号穿过与干扰装置电缆平行的电缆。

## 1　EMC管理

确定安装是否符合EMC要求的工作是复杂和费时的。这个工作需先列出敏感设备并检验它们可接受的极限范围，接着列出干扰设备并测试它们的干扰水平。这项工作的大部分由供应商在型式认可试验中完成。国际标准IEC 60945定义了导航和航海设备的敏感性和干扰标准。该标准上列出了船舶的露天甲板上和驾驶室内部预期的正常环境。大多数的导航和航海设备已通过测试，能够适应这种环境。只要环境在我们的控制之下就很简单。然而，其他船只的无线电和雷达信号或岸上的基础交通导航系统会影响船舶的环境。

详细信息和程序，可参考IEC 60533（船上电气装置的电磁兼容性）。导航和航海设备已按照IEC 60945通过测试，因此适用于外部的海洋环境。

> IEC标准的维护和发展是工业、设备供应商、船东、船厂、船级社和政府的共同工作，并形成了所有船级社的基本规则和规范。由国际电工技术委员会、日内瓦、瑞士出版的IEC TC18标准，像IEC 60092标准一样，在国家标准机构是适用的。各段落中给出了单独的参考文献。

电缆和管道隧道，电力电缆和控制电缆位于隧道下边

## 2　EMC环境

电磁抗扰度是指设备能够在以下条件下正常运行：

（1）在交流电源电压、50~900 Hz、低频干扰的10%下进行操作；

（2）在900 Hz~10 kHz时，10%~1%；

（3）直流电源电压、50 Hz~10 kHz时，10%；

（4）电压为3 V有效值时、10 kHz~80 MHz、无线电频率干扰下操作；

（5）辐射干扰，10 V/m，80 MHz~1 GHz；

（6）快速瞬变（连发）2 kV，与交流电源接口不同，在信号和控制端口的共同模块，1 kV；

（7）慢瞬变、电源变化、电源故障和静电放电（该现象在冬天天气干燥的情况下发生），当然超过6 000 V的静电放电电压也要被考虑进去。

设备不应当发送干扰其他设备正确运行的传导或辐射信号。通常情况下，传导干扰不是问题，但是仅24 dBμV/m的156 MHz到165 MHz之间的辐射干扰就略高于当今的环境噪声水平。这是一个与甚高频应急通信相关的频带。船上使用的设备应该不会辐射这个频率的任何信号。此外，可编程逻辑计算机及其他电子控制系统的处理器的频率，需要针对环境再次进行检查，并测试是否存在一些干扰的可能性。

无线电频率干扰在3 V有效值、10 kHz~80 MHz下进行，辐射干扰在10 V/m、80 MHz~1GHz下有效。

这些数据是针对露天甲板区域和驾驶室内部的。

## 3　EMC措施

为了限制暴露系统，可以采取下列措施：

船舶的钢结构外的电缆必须被遮蔽，或安装在钢管内。最有效的手段是限制它们暴露于外部环境中的数量，将它们安装在桅杆内部或建筑物内部，仅当绝对必要时，将它们露出到外部。这也防止了传入干扰。

如果没有保护，位于外侧的电缆将作为船舶内的接收天线和发射天线。针对无线电及雷达接收的实际天线已被设计成适应环境的了。它们不应被过大的信号损坏，如闪电、定向雷达或跟踪天线的信号。

干扰信号的其余部分来自设备本身。干扰信号来自雷达、无线电、回声测深仪和声呐发射器。大多数供应商会建议如何安装他们的设备，应该使用什么类型的电缆，以及应该如何将它们与其他电缆和设备放一起布线。这些说明是根据他们的测试室内的设备得到的，因此，任何设备都不应该为了安装到控制台上而被拆卸。

电缆必须根据它们传输的信号的类型和强度进行选择和布线。因此，设备供应商必须说明他们的电缆适合传输什么信号。

一个电流超过200 A的单芯电缆，必须给每个芯布线成一个三相的三角形形式，以消除信号电缆周围的磁场。这些磁场对所有可视的显示装置产生干扰，引起涡流流入钢材等磁性材料，并可能会引起升温。因此，单芯电缆的压盖板必须是非磁性的材料，如不锈钢。

图17-1为一个集合了各种类型和品牌的设备的驾驶室控制台。其中大部分是经过EMC测试

图17-1　驾驶室控制台

的。设备应安装在原机壳内，对它进行测试，确保维持所需的兼容性。在测试期间应使用接地类型的电缆。

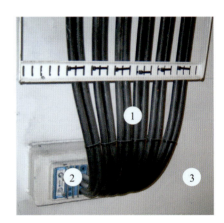

1—单芯电缆；
2—多管穿线板（MCT）；
3—舱壁；
4—甲板。

在此舱壁处，穿透磁性材料周围的电流总和约为零

## 4 EMC计划

下面介绍如何为海关巡逻船制定EMC计划，该计划包括一个完整的航海和导航包以及一个液压驱动的船首，这是如何制定EMC计划的一个很好的指导。

### 4.1 一般项目信息

该船是一个现代化的高速巡逻和救援船只，是一个为沿海和近海服务的一个半排量船体。巡逻艇由一个钢船体和一个铝的上层建筑构成。

推进系统包含两个电子控制共轨柴油发动机驱动的可控螺距的螺旋桨。400/230 V 50 Hz的三相四线制中性接地的电气安装由两个电子控制共轨柴油发电机组供电。艏推进器是液压驱动的。所有的发动机均由电池电启动。应急电源也来源于电池。

### 4.2 EMC的定义

电磁兼容性（EMC）是指设备和设备组合在一起以及在船舶环境内的正常工作能力。

电子和电气设备应经过型式试验，以确定它将在预期的船舶环境正常运行。

型式试验的要求可以在船级社的网站上和国际标准IEC-600533、IEC-600945中找到。这些测试的零件与EMC相关，也与低电平的紧急发送信号的干扰有关，如在156~165 MHz范围内的VHF信号。

更广泛的EMC定义，参见IEC-533（船上的电磁兼容性）。

双层的电力电缆和控制电缆

### 4.3 总体布置图

EMC应从总体布置图开始。它有助于为船舶和船舶设备实现电磁兼容性的技术措施制定指导方针和建议。这些预防措施涉及电气、电子设备以及在特殊情况下的非电气设备。

以下的一般措施适用于EMC：

a. 解耦；
b. 减少其源头的干扰水平；
c. 增加受影响的设备或系统的敏感度水平。

### 4.4 解耦

在船舶内空间是有限的，特别是在小型船舶内。

在其他空间内或保持与其他设备有充足距离安装设备以防止干扰是困难的。为了找到无线电和导航天线位置的最好的折中方案，将天线按重要性顺序进行排列，最终找到一个合适的位置。当天线被安装在彼此很近的地方，天线间会有干扰。为了确保适当的电视接收，最好是在日常工作VHF天线的上方安装全方位的电视天线。

### 4.5 减少在其电源处的干扰水平

在已经确定了不同天线的位置之后，对船上设备的影响也必须被确定。然后必须考虑与其他设备的距离，并确定措施。第一干扰源是外部环境，如其他船只或岸基船舶导航系统。位于甲板区域以上的所有设备必须适合于EMC环境，根据IEC 801-3，频率范围为27 MHz~500 MHz的磁场强度级别为10 V/m。

附近船上的天线，这些水平是远远超标的，例如：

（1）一个15 m长的传输导线天线连接到一个250 W 500 kHz的发射器，产生的磁场强度在3 m处高达12 000 V/m，在40 m处为10 V/m。

（2）一个1.8 m的拉杆天线连接到一个40 W 40 MHz的VHF发射器，产生的磁场强度在1 m处高达59 V/m，在3 m处为10 V/m。

（3）一个3 cm的X波段7英尺的导航雷达天线连接到一个25 kW 10 GHz的雷达收发器，产生一个57 V/m的磁场强度，在距离128 m处为10 V/m。

（4）海军通信和雷达系统产生的磁场强度是上述数字的倍数，在数海里外，达到10 V/m。

（5）因此，还必须审查天线对车载信号的环境影响。

## 4.6 第一干扰源

连同来自其他船舶和岸上系统的信号，环境是第一干扰源。该环境已在标准中定义。所有型式认可的设备符合标准并且适合用在船舶的环境中。船舶结构外部的信号干扰强于金属结构内部。环境可以分为：

（1）甲板区以上，10 V/m，80 MHz到1 GHz；

（2）甲板区以下。

由于窗户面积大，驾驶室被认为是"甲板区域以上"。在"甲板区域以上"电缆运行类似于天线，并且将信号传输到"甲板区以下"和其他电子设备。为了避免这种情况，所有外部电缆必须在镀锌钢管的遮蔽下进行布线。此屏蔽必须两端接地，优先选择尽可能接近电缆进入钢结构的位置。

## 4.7 第二干扰源

第二干扰源是在钢结构和铝结构内的电缆系统，在船舶上传送各种信号。通过电缆传输的信号的类型决定了必须使用的电缆类型以及电缆属于哪组（这是连接信号和测量的基本表，必须详细提供每个应用）。

### 第1组：不敏感

普通非屏蔽电缆。
（1）电源电路；
（2）照明电路；
（3）控制电路；
（4）模拟和数字数据信号；
（5）信号范围：10~1 000 V DC，50~60 Hz 400 Hz。

### 第2组：敏感

单屏蔽电缆，附加双绞线。
（1）计算机接口；
（2）可编程逻辑控制器（PLC）接口；
（3）参考电压信号；
（4）低级别的模拟和数字数据信号；
（5）信号范围：0.5~115 V DC，50~60 Hz，音频。

### 第3组：极度敏感

同轴电缆。
（1）接收器天线信号；
（2）麦克风信号；
（3）视频信号；
（4）信号范围：10 $\mu$V~100 mV，横跨50~2 000 Ω DC，从音频到高频。

### 第4组：极度易干扰

同轴电缆屏蔽电力电缆。
（1）发射机天线电缆；
（2）高功率脉冲信号电缆；
（3）高功率半导体转换器电缆；
（4）信号范围：10~1 000 V宽带信号。

为保持电缆之间的耦合小，电缆长度都必须尽可能短。

为了避免不同组电缆之间的干扰，这些电缆不得在较长的长度内紧密连接，必须分开一段距离。

另外，与钢甲板或铝甲板或舱壁之间的距离必须不超过表17-1中的数据。

几组电缆之间间隔距离以厘米为单位的例子也存在。

终止于一台设备中的电缆不需要彼此分离。

### 屏蔽电缆

（1）屏蔽电力电缆必须采用镀锌铜线编织而成，下面用镀锡铜线编织接地引线。

（2）屏蔽通信电缆必须采用铜线编织而成，下面用镀锡铜线编织接地引线。

### 接地

（1）所有屏蔽电缆的终止处，如控制台、接线盒和配电箱，应当有接地连接。这种连接应该是接近于气封或电缆传输，以确保电缆接地引线的连接尽可能短。

（2）接地连接到船舶的钢结构或铝结构，也必须尽可能的短。

（3）电力电缆的接地屏蔽必须两端接地。

（4）敏感电缆的接地屏蔽，只需使用信号的端接地。

（5）铝的上部结构连接到钢船体的接地，必须在接头处完成。

表17-1 不同组电缆的距离要求

| 组 | 电缆间的最大距离/mm | | | | 到金属表面的最大距离/mm |
|---|---|---|---|---|---|
|   | 1 | 2 | 3 | 4 | |
| 1 | 0 | 5 | 10 | 10 | |
| 2 | 5 | 0 | 5 | 15 | |
| 3 | 10 | 5 | 0 | 20 | |
| 4 | 10 | 15 | 20 | 20 | |

带有耐火电缆的多管穿线板（MCT）

### 4.8 第三干扰源

第三干扰源是电源系统。同样,以下是基本标准,针对指定项目必须详细说明。

该项目电力系统为一个三相四线制中性点接地系统供应两个柴油发电机。在发电机中,中性点接地。发电机断路器有四个极。

所有设备还要适用于船舶环境的机械方面,包括温度、船舶的运动和振动。

这种供电系统与陆上工业设施非常相似。标准工业频率转换器与标准滤波器将谐波失真限制到表17-2所示的可接受水平。

当由一个具有表17-2特点的交流电源系统供电时,所有设备必须正常运行。

### 4.9 敏感度水平的增加

远程控制和自动化系统通常是分布式系统,具有智能的本地单元,有合适的滤波器和限制电路,允许非屏蔽电缆用于数字输入和输出。

本地单元和工作站之间的数据通信,必须使用屏蔽电缆并且与电力电缆分开布线。数据通信要使用同轴电缆安装或将信号放大到敏感度水平超过电力电缆的干扰水平。在这种情况下,不需要分离。在港口验收测试(HAT)和海上验收试验(SAT)期间,意想不到的干扰出现时,也可以使用该解决方案。

电缆直接引入结构内减少干扰

表17-2 谐波失真限值

| 交流电源容差 | 最大偏差 | |
|---|---|---|
| 线电压(连续) | 6% | −10% |
| 线电压容差包括线电压不平衡度(连续) | 7% | −12% |
| 线电压的不平衡度(偏差) | 3% | |
| 电压周期性变化(连续) | 2% | |
| 瞬变(秒,例如,由于负载变化容差) | 20% | −20% |
| 峰值脉冲电压(例如,有开关引起) | 5.5×额定电压 | |
| 上升时间/延迟时间 | 1.2μs/50μs | |
| 总谐波失真 | <5% | |
| 单次谐波失真 | <3% | |
| 频率容差(连续) | 5% | −5% |
| 频率周期性变化偏差 | 5% | |
| 直流电源容差 | 最大偏差 | |
| 电压容差(连续) | 10% | −10% |
| 电压周期性变化(连续) | 5% | |
| 电压纹波 | 10% | |
| 峰值脉冲电压(例如,由开关引起) | 1.2μs/50μs | |
| 24 V 直流系统 | 500 V | |
| 110 V 直流系统 | 1 500 V | |
| 220 V 直流系统 | 2 500 V | |

## 4.10 通信和导航设备

（1）VHF 1和2：带有DSC的电池波无线电话：VHF天线与DSC天线分开，收发器电缆同轴，并且与接收器电缆分开布线。

（2）VHF NAVTEX接收器：接收器电缆同轴。

（3）HF 2182 kHz归航装置：接收器电缆同轴。

（4）MF/HF接收单元的接收天线被发射天线屏蔽，接收器电缆同轴，并且与发射器电缆分开布线。

（5）MF/HF发射单元与天线调谐器150W发射器电缆同轴，并且分开布线。MF/HF天线必须进行屏蔽以防止意外触摸。必须使用警告标志。

（6）DGPS 1和2。天线必须定位在避免类似于盲区GSM 1和2的位置。天线必须定位在避免类似于盲区AIS的位置。收发器电缆同轴。

（7）卫星通信C1和C2。天线的定位必须在避免类似区域的位置。收发器电缆同轴，并且和接收器电缆分开布线。

（8）卫星通信的迷你-M收发器电缆同轴，并且和接收器电缆分开布线。

（9）TV/FM/AM天线自由定位。电缆同轴。

（10）X-波段雷达（3厘米波长）。天线应位于S-波段雷达的上方。收发器是集成的。连接到操作员工作站的复合电缆使用第3组敏感电缆。复合电缆不得中断。

（11）S-波段雷达（10厘米波长）。天线应远离X波段天线，收发器是集成的。连接到操作员工作站的复合电缆使用第3组，按照供应商的建议，信号电缆也用第3组。敏感的通信电缆组是第2组，复合电缆没有耦合到桅杆接线盒，而是直接布线。这两种雷达天线都以这样一种方式定位，以避免由于钢结构引起的类似的盲区。

（12）磁罗盘在远离磁（铁）结构的位置自由安装。

（13）风速和风向变送器必须无障碍地安装。

其他设备：

①罗经：信号输出被屏蔽。

②电磁计程仪和回声测深仪。

③回声测深仪。通常，电缆通常是同轴的，并与其他电缆分开。

④转向系统：不能将非屏蔽电缆布线在驾驶室内。

⑤给以上设备供电的电力电缆：如果在驾驶室区域内而不是在金属包层的隔间内布线，还必须进行屏蔽。

⑥在驾驶室内，所有外露的电缆必须进行屏蔽。

⑦自动电话系统：屏蔽的双绞线电缆，没有分离，在驾驶室内，电话被安装在金属包层的控制台内。

⑧放大无电池系统：屏蔽双绞线电缆，没有分离，在驾驶室内，电话被安装在金属包层的控制台内。

⑨公共广播系统：非屏蔽电缆，没有分离，在驾驶室内，麦克风安装在金属包层的控制台内。

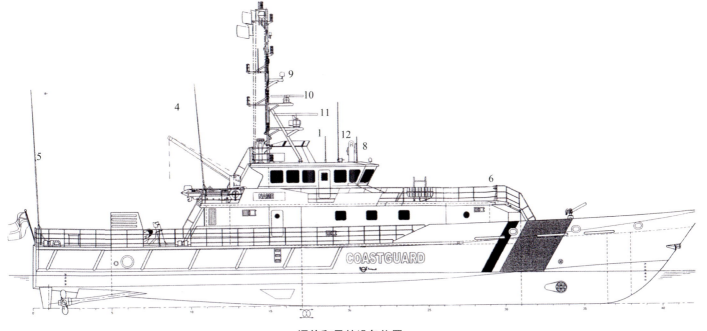

通信和导航设备位置

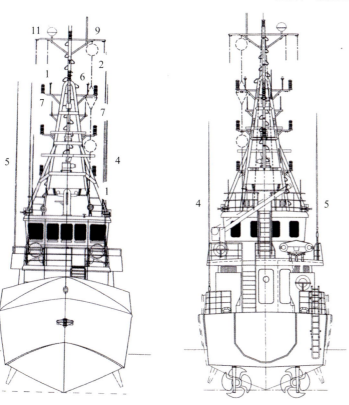

前视图和后视图

指挥位置

通信位置（GMDSS）

航海位置

17　电磁兼容性（EMC）

**用于能量产生和能量转换的电缆：**

（1）航行灯：外部电缆必须进行屏蔽，并在具有开放式弯管的管道中运行，外露长度限制在每根弯管20 cm。

（2）汽笛：外部电缆运行在具有开放式弯管的管道中。

（3）通用报警系统：非屏蔽电缆，没有分离。

（4）主发电机组：非屏蔽电缆，没有分离。

（5）24 V直流系统：如果没有安装在钢制的控制台内，除了进入驾驶室区域的供电电路外，没有屏蔽电缆和隔离。这些电缆必须进行屏蔽，但没必要分离。

（6）启动器：电源和控制电路采用非屏蔽电缆且没有分离。

（7）照明：外部照明电缆必须使用有开放式弯管的镀锌钢管。露出的电缆长度每个弯曲处应限在20 cm，非屏蔽电缆，没必要分离。对于驾驶室区，屏蔽电缆，不需要分离。

（8）变频器和电机之间的电缆必须屏蔽，两端接地，与其他电缆分离，这将被视为极大的干扰（第4组）。

**开关设备和控制系统**

（1）配电板/发动机控制中心：电源和控制电路采用非屏蔽电缆，没有分离。

（2）主照明配电板：非屏蔽电缆，没有分离，进入驾驶室区域的电源电路，如果没有安装在一个钢包的控制台内，则除外。这些电缆必须进行屏蔽，但无须分离。

（3）紧急照明配电板：如果没有安装在钢制的控制台内，除了进入驾驶室区域的供电电路外，没有屏蔽电缆和隔离。这些电缆必须进行屏蔽，但没有分离。

（4）照明配电盘：如果没有安装在钢制的控制台内，除了进入驾驶室区域的供电电路外，没有屏蔽电缆和隔离。这些电缆必须进行屏蔽，但没有分离。

1—S-波段（10厘米）雷达；2—DGPS天线；3—TV/FM/AM天线；4—X-波段（3厘米）雷达。

**通信和导航设备**

**信号处理设备**

（1）火灾探测系统，屏蔽电缆，没有分离。

（2）远程控制和自动化系统是智能的本地单元的分布式系统，该单元带有合适的滤波器和限制电路。用于数字输入和输出，非屏蔽电缆是足够的，但可以使用不经分离的屏蔽电缆。模拟信号输入，必须使用不分离的屏蔽电缆。本地单元和工作站之间的数据通信，必须使用屏蔽电缆、和电力电缆或同轴电缆分开布线。

**非电力装备**

传动装置应接地。

**集成设备**

（1）航次管理系统：视频信号同轴电缆，网络同轴电缆。

（2）设备的外壳，例如驾驶室控制台未经制造商许可不得取下或修改。

**位于危险区域的设备**

（1）本质安全电路的电缆必须进行屏蔽和清楚地标记（如颜色），并且和其他电缆分离。

（2）危险区域的电力线路电缆必须经过屏蔽，以便进行接地故障检测。

## 4.11 桅杆结构和电缆布线

有些船的桅杆是可拆卸的。因此,为桅杆中设备的电缆安装接线盒。接线盒必须是水密的,并覆有金属箔盖,优先选择螺栓连接和单独接地。安装板应该是金属的并且单独接地。电缆的屏蔽必须通过孤立终端进行耦合。

所有电缆必须安装在桅杆内或在带有开放弯曲的钢或铝管道内,以避免雷达和MF/HF天线的干扰。第4组电缆,收发器电缆必须与其它电缆分开布线,并且彼此也要分开。这可以通过在桅杆的两个支腿或管道中引入安装舱口和紧固条来实现。

1,2,3组电缆共用一根管道,并且第3组电缆布线时应该尽可能与1组和2组分开。

另一个管道必须用于第4组的收发器电缆,因为它们不能被中断,就没有必要用接线盒。

然而,第4组的电缆也必须彼此分开。当然,在桅杆内部有限的空间内,这是不可能的,这些电缆必须提供额外的屏蔽。然后,允许这些电缆放在一起进行布线。然而,这种屏蔽不适合用于该设备的插头处。因此,一种折中的方式是,只有在电缆并行运行在长距离的桅杆和驾驶室内时,安装额外的屏蔽。然后,在末端连接处附近的屏蔽可以被取下,原来的连接器可以继续使用。

## 4.12 一般的电缆布线

在一般情况下,电缆布线、电缆槽、甲板和舱壁的贯穿必须符合前面的分离要求。当间隔距离不能满足的情况下,如果是单管桅杆,必须采用替代措施,如在电缆周围安装一个额外的屏蔽。这增加了电缆的屏蔽能力,并限制了对环境的辐射。这适用于该项目中的所有4组电缆。必须为较长长度的电缆提供额外的屏蔽,必须为较短长度的电缆提供最小的屏蔽。

1—本质安全型电缆;2—控制电;3—电缆桥架缆。

**导航设备化学品运输船的甲板上的电缆**

18 电 缆

电缆形成电气设备不同部分之间的连接。电缆现在有多种品种和质量等级。被大众接受的主要类型是：

（1）低烟；
（2）低毒；
（3）耐火。

与具有商业吸引力的PVC绝缘类型相反，使用更复杂的电缆（例如耐火电缆）可以减少火灾的后果和破坏。这些PVC电缆在火灾中会产生的有毒和腐蚀性气体，在安装上，会导致比火灾直接损坏的部分更大的破坏。然而，低烟类型电缆的缺点是，当应对拉拽的机械应力时，其机械性能较差，并可能有安装损坏的可能性。

## 1 电缆

图18-1为一些船的电缆样品，从上到下依次为：

（a）普通的三芯电力电缆；
（b）耐火屏蔽电力电缆；
（c）耐火电力电缆；
（d）耐火控制电缆；
（e）双重屏蔽（EMC）电力电缆；
（f）整体屏蔽信号电缆。

船用电缆在导体的构成方式上不同于岸上设施用电缆。不同于大部分岸上或工业电缆中的实心导体，船用电缆由7根或更多的导线构成的绞合导体构成，以应对振动环境。这并不意味着，船用电缆对于非固定或移动安装是足够灵活的。与岸上设施的进一步区别是，在海洋环境中的电缆必须固定在电缆支架上。用于移动设备（如起重机或支持伸缩的驾驶室）的柔性电缆被固定到可移动的电缆桥架上。

柔性电缆应由柔性导线组成，即19根或更多的导线和特殊的柔性绝缘材料绞合而成，这些导线在较低的温度下（零度以下）仍有那些能力。

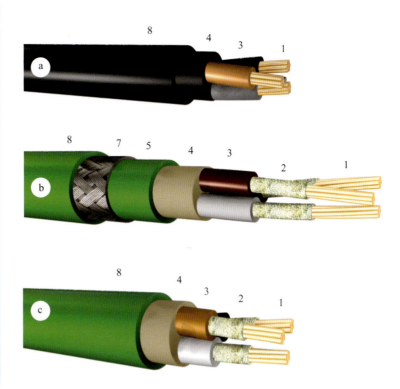
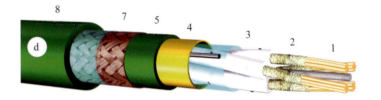

1—绞合铜导线线芯；2—云母膜；3—绝缘芯；4—填料；5—内护套；6—铜包裹；7—编织铜或镀锌钢；8—外护套。

图18-1 电缆样品

横截面积达到2.5 mm²的实心电缆,可用于船舶的居住处所中。

船用电缆的详细资料请参阅相关的IEC标准。

**屏蔽电力电缆**除了上述电缆外,还包括4根铜护套,5或6根镀锌钢丝编织。

**屏蔽单芯交流电源电缆**应具有屏蔽非磁性的能力,由于电缆电流产生的磁场,钢编织会发热。当单芯交流电源线通过钢舱壁贯穿时也同样适用。通过这种贯穿的电流的总和应为零。单芯电缆的压盖板也应为非磁性材料。

**屏蔽多芯控制电缆**由铺设的双绞线组成。

### 耐火电缆

在火灾情况下仍保持运行的电缆有与其他电缆类似的结构,但在导体周围提供一个额外的矿物绝缘层,称为云母带。令人吃惊的是这样简单的措施,不仅在直线长度上,而且在电缆运行的弯曲部分可以使电缆耐火。电缆制造商的产品必须进行一些测试,电缆直的和弯曲的部分必须接受一个标准火灾测试,维持1 h的高达1 000 ℃的测试。这些电缆仍在使用中,导体之间、导体和地之间的兆欧表读数可接受。如果线芯仍然能够输送电力,这意味着没有电线中断。当耐火电缆用于系统的其他部分如所涉及的接线盒时,也需要进行耐火测试。

## 2　应用耐火电缆

耐火电缆适用于在有火灾的条件下,电路仍保持操作的情况。这主要限于安全和消防电路,如应急照明、火灾探测、报警电路、通信电路和消防安全停机电路等。

使用耐火电缆是为了确保空间内服务的连续性,其相邻的空间可能被火灾烧毁。例如,应急照明电路经由机舱给一个转向装置室供电。该方法同样适用于穿过火区为下一个火区的扬声器提供服务的公共广播电路。另一个例子是一个需要电力才能关闭的防火门,必须通过耐火电缆从安全区得到电源。当电源中断时,门将会自己关闭,那么一个正常的电缆也是可接受的。这同样适用于任何类型的安全设备或重要的推进设备。冗余的重要推进设备不得由同一电源供电或由沿着一个公共电缆线路布线的电缆供电,除非有单独保护免受机械和火灾的损坏。

## 3　电缆选型表

当电缆安装在不同的环境温度的区域,必须使用表18-1内的修正因数。

表18-2显示了在45 ℃的环境温度时的各类电缆的电缆等级。

例如:

一个3×4交联的聚乙烯电缆,额定电流为27 A。当这条电缆安装在一个60 ℃的环境温度内,必须使用修正因数0.79。额定电流将为0.79×27 = 21.33 A。

注:电缆束的修正因数也可以使用,相应值需查询等级规则。

为了指示电缆的质量,根据生产标准,代码印在外面

表18-1　电缆修正因数

| 绝缘材料 | 环境空气温度的修正因数/℃ | | | | | | | | | | |
|---|---|---|---|---|---|---|---|---|---|---|---|
| | 35 | 40 | 45 | 50 | 55 | 60 | 65 | 70 | 75 | 80 | 85 |
| 聚氯乙烯、聚乙烯、 | 1.29 | 1.15 | 1.00 | 0.82 | – | – | – | – | – | – | – |
| 乙丙橡胶、交联聚乙 | 1.12 | 1.06 | 1.00 | 0.94 | 0.87 | 0.79 | 0.71 | 0.61 | 0.50 | – | – |
| 烯、矿物、硅橡胶 | 1.10 | 1.05 | 1.00 | 0.95 | 0.89 | 0.84 | 0.77 | 0.71 | 0.63 | 0.55 | 0.45 |

表18-2　45 ℃环境温度下的电缆等级

| 环境温度为45 ℃的电缆等级 | | | | | | | | | |
|---|---|---|---|---|---|---|---|---|---|
| 标称横截面积 $Q$ mm² (#AWG) | 连续的额定电流/A | | | | | | | | |
| | 热塑性塑料、聚氯乙烯、聚乙烯 | | | 乙丙橡胶和交联聚乙烯 | | | 硅橡胶或矿物 | | |
| | 单芯 | 2芯 | 3芯或4芯 | 单芯 | 2芯 | 3芯或4芯 | 单芯 | 2芯 | 3芯或4芯 |
| 0.75 | 6 | 5 | 4 | 13 | 11 | 9 | 17 | 14 | 12 |
| 1（#18） | 8 | 7 | 6 | 16 | 14 | 11 | 20 | 17 | 14 |
| 1.25(#16) | 10 | 8 | 7 | 18 | 15 | 13 | 23 | 19 | 16 |
| 1.5 | 12 | 10 | 8 | 20 | 17 | 14 | 24 | 20 | 17 |
| 2（14） | 13 | 11 | 9 | 25 | 21 | 17 | 31 | 26 | 21 |
| 2.5 | 17 | 14 | 12 | 28 | 24 | 20 | 32 | 27 | 22 |
| 3.5（#12） | 21 | 18 | 14 | 35 | 30 | 24 | 39 | 33 | 27 |
| 4 | 22 | 19 | 15 | 38 | 32 | 27 | 42 | 36 | 29 |
| 5.5（#10） | 27 | 23 | 19 | 46 | 39 | 32 | 52 | 44 | 36 |
| 6 | 29 | 26 | 20 | 48 | 41 | 34 | 55 | 47 | 39 |
| 8（#8） | 35 | 30 | 24 | 59 | 50 | 41 | 66 | 56 | 46 |
| 10 | 40 | 34 | 28 | 67 | 57 | 47 | 75 | 64 | 53 |
| 14（#6） | 49 | 42 | 34 | 83 | 71 | 58 | 94 | 80 | 66 |
| 16 | 54 | 46 | 38 | 90 | 77 | 63 | 100 | 85 | 70 |
| 22（#4） | 66 | 56 | 46 | 110 | 93 | 77 | 124 | 105 | 87 |
| 25 | 71 | 60 | 50 | 120 | 102 | 84 | 135 | 115 | 95 |
| 30（#2） | 80 | 68 | 56 | 135 | 115 | 94 | 151 | 128 | 106 |
| 35 | 87 | 74 | 61 | 145 | 123 | 102 | 165 | 140 | 116 |
| 38 | 92 | 78 | 64 | 155 | 132 | 108 | 175 | 149 | 122 |
| 50 | 105 | 89 | 74 | 185 | 153 | 126 | 200 | 175 | 140 |
| 60 | 123 | 104 | 86 | 205 | 174 | 143 | 233 | 198 | 163 |
| 70 | 135 | 115 | 95 | 225 | 191 | 158 | 255 | 217 | 179 |
| 80 | 147 | 125 | 103 | 245 | 208 | 171 | 278 | 236 | 195 |
| 95 | 165 | 140 | 116 | 275 | 234 | 193 | 310 | 264 | 217 |
| 100 | 169 | 144 | 118 | 285 | 242 | 199 | 320 | 272 | 224 |
| 120 | 190 | 162 | 133 | 320 | 272 | 224 | 360 | 306 | 252 |
| 125 | 194 | 165 | 134 | 325 | 280 | 230 | 368 | 313 | 258 |
| 150 | 220 | 187 | 154 | 365 | 310 | 256 | 410 | 349 | 287 |

注：AWG指的是美国线规，即美国标准的横截面积。

为了确定耐火电缆和电缆布线的必要性，显示水密舱壁、耐火舱壁和甲板、A-60级绝缘和火灾区的经批准的安全计划是必需的。

由于尺寸和相关的弯曲半径，认为具有较大截面的电缆不适合在船上使用。并联电缆必须以有足够的空气循环冷却的方式进行布线。如果不是这种情况，则必须应用降额系数。

当电缆因过高的环境温度而受损时，必须进行更换，选择适当质量的电缆。使用相同质量的电缆进行改装，将会导致相同的损害，或允许电流必须低于表中给出的电流。

## 4 电缆的制作

### 4.1 概述

根据不同用途，电缆有各种尺寸、材料和类型。电缆由三个主要组件构成：

（1）一种或多种导体；
（2）一层或多层绝缘层；
（3）一个或多个防护外套。

电缆的结构和使用材料由以下因素决定：

（1）工作电压，确定绝缘的厚度；
（2）载流量，确定导体的横断面尺寸；
（3）环境条件，如温度、水、化学品或阳光照射；
（4）机械撞击，确定电缆外套的形式和组成。

在其他环境中的应用，决定了所需电缆的灵活性。

为了适应各种应用，电缆有各种形状和尺寸。从网络电缆、光缆、低压电缆到高压电缆，以及介于两者之间的电缆。较大型的电力电缆使用所谓的扇形导体，这样它们比使用圆形导体时更细。可能会添加不导电的填料股到电缆组件中以保持其形状。对于船舶上的安装，大多数电缆被指定为低烟、无卤类型。这是因为电缆如果在火灾中被点燃，卤化材料将会释放腐蚀性和有毒性气体。无论烟扩散到什么地方，这些气体的腐蚀性元素可能损坏电子设备，并且有毒的元素可能对人有潜在的危险。这种考虑在周围有许多人的地方特别重要，像船上的居住处所。现在，大多数电力电缆使用聚合物或聚乙烯，包括（交联聚乙烯）用于铜芯的绝缘，这样允许电缆用于比聚氯乙烯绝缘电缆有更高的铁芯温度的地方。特殊电缆通常是定制的，像用于水下机器人连接的电缆。那些电缆更多的是混合电缆包括用于电源的导体、控制信号以及用于数据传输和CCTV信号的光纤。

#### 4.1.1 中压和高压电缆

用于中压和高压设备的电缆，高于1 000 V，在导体之间有额外的导体屏蔽并且导体屏蔽可能包围每个绝缘导体。这可以平衡电缆绝缘层上的电应力。这些电缆的单独导体屏蔽在电缆的末端接地。为了加强中压和高压电缆的安全性，在单独的电缆支架上使用一个与其他电缆不同的颜色，大多数使用亮红色。

### 4.2 电缆的制造

电缆的制造涉及许多阶段，从原材料开始，如大量的厚铜导线。例如，下面是一个较大型带有一个钢编织用于机械保护的电力电缆的生产过程的不同阶段的简要描述。

图18-2显示了电力电缆不同的层，由以下部分组成：

（1）铜芯绞线；
（2）单独的铜芯绝缘；
（3）铜芯之间的复合填充料；
（4）铁芯外的绝缘材料；
（5）钢编织；
（6）钢编织外的绝缘材料。

制造过程如下（括号内的数字参考图18-2列出的电缆的各个部分）：

为了获取一种类型电缆的铜线的特定尺寸，原始铜导线通过冲模被拉伸，通过摩擦轮调整得到正确的尺寸（图18-3（1））。

①单独的铜芯被绞合成成股的导体（1）图18-3（2））。

②单独的铜芯被一种绝缘材料覆盖，如交联聚乙烯（XLPE），带有特定的颜色来识别导体的使用。当包括（2）时，对电力电缆这将是相线、中性线或接地线。

③单独的孤立导体被绞合在一起（图18-3（3））并在线之间添加复合填料（3）。

④一种内绝缘层（4）应用在绞合铜芯和复合填料外边。

⑤一层钢丝围绕在内隔离层周围，形成钢编织（5）（图18-3（4））。

⑥在钢编织外使用一层绝缘层（6）（图18-3（5））。

一个电力电缆的截面展示了结构的例子（图18-3（6））。该截面来自一个没有内隔离层但带有复合填料的电缆。每一相都是由39根子铜芯和约40根导线构成，所以在本例中每相将有近1 600根较小的单独的铜线。

当制造过程完成后，电缆准备进行制造商的测试，之后准备

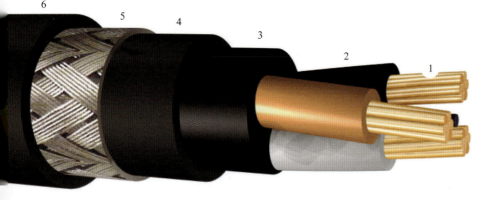

图18-2 电力电缆的不同的层

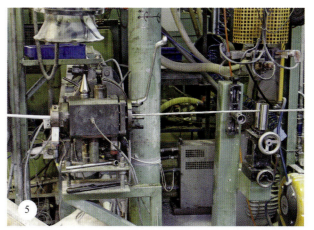
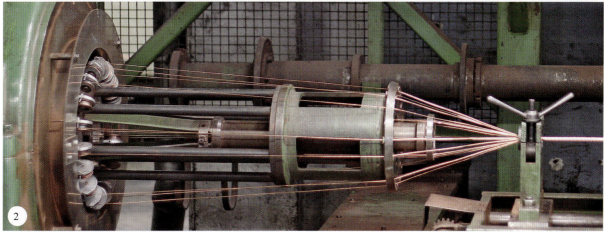

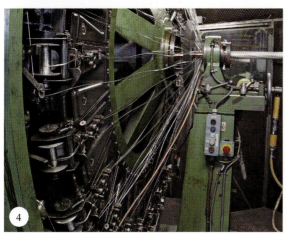

图18-3 电缆各部分的制造

18 电　缆

交付（图18-3（7））。

## 5 电缆桥架和电缆固定

低压电缆的最小弯曲内半径，平均数字为总体直径的6倍是一个合理的经验法则。1 000 V以上的电缆，即高压电缆，其最小弯曲内半径数值介于多芯电缆总直径的15倍和单芯电缆总直径的20倍之间。此外，必须考虑安装过程中的环境温度，在低于5℃的温度时，必须停止拉伸电缆，因为外部屏蔽和铜芯绝缘可能被损坏。

高压电缆必须与低压电缆分开。电缆必须进行型式认可，或者在没有合适的认证的型号时，由生产商进行测试并由船级社进行认证。这些测试必须包括：

（1）导体的电阻测量；
（2）高电压测试；
（3）绝缘电阻测量；
（4）高电压电缆，局部放电测试。

所有的测试必须按照有关标准，在发货前由制造商完成。

单根电缆或少量电缆的固定电缆支架是使用简单的钢条焊接在船舶结构上。对于较大数量的电缆，使用阶梯式桥架。电缆槽有不同的尺寸，由不同材料制成。最简单的是由普通钢制成的电缆桥架，在拉动电缆之前对其进行涂漆。外部电缆桥架是热浸镀锌钢的或由不锈钢制成。当使用不锈钢时，必须谨慎将电缆桥架与那些普通钢支架进行隔离，以避免电偶腐蚀。当重量太大时，可以使用铝的电缆桥架。在这种情况下，必须选择耐海水型电缆桥架，以避免过度腐蚀。

在任何情况下，所有电缆桥架，除了普通的钢桥架，在材料和安装成本方面会更加昂贵。当重量太大时，可以使用由玻璃纤维增强复合材料制成的轻质电缆桥架。这些电缆桥架的类型由FRP和GRP确定。

通常情况下，电缆使用塑性带固定，即所谓的Ty-raps，在室外使用时应使用UV阻性材料。当电缆固定在垂直的电缆桥架上或者在水平电缆桥架的底部时，使用钢制电缆带。

当涉及单芯电缆或高压电缆时，应特别考虑材料的选择。（非磁性，不锈钢）

电缆支架的最大距离见表18-3。固定电缆的最小弯曲半径见表18-4。

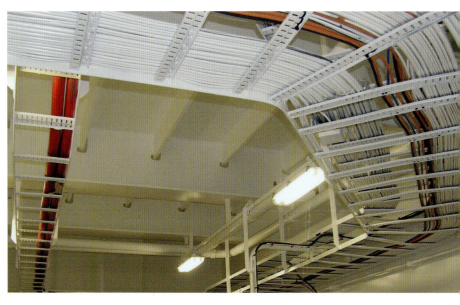

固定式和柔性电缆桥架举例

柔性电缆桥架举例

表18-3　电缆支架的最大距离

| 电缆的外部直径 | | 非铠装电缆/mm | 铠装电缆/mm |
| --- | --- | --- | --- |
| 超过/mm | 不超过/mm | | |
| — | 8 | 200 | 250 |
| 8 | 13 | 250 | 300 |
| 13 | 20 | 300 | 350 |
| 20 | 30 | 350 | 400 |
| 30 | — | 400 | 450 |

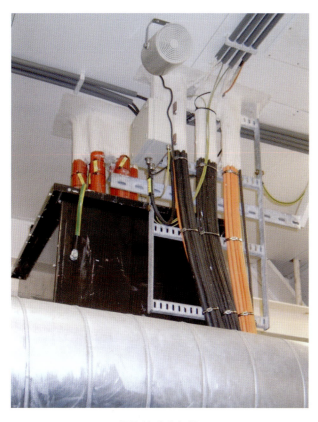

额外的防火保护

重型货船的管道和电缆隧道

防水电缆贯穿（MCT，多电缆传输）

高压电缆

表18-4 固定电缆的最小弯曲半径

| 安装 | | 电缆总直径 | 最小弯曲内半径（电缆总直径的倍数） |
|---|---|---|---|
| 绝缘 | 外壳 | | |
| 热塑性的和弹性的 600/1 000 V 及以下 | 金属护套，铠装或编织 | 任意 | 6 $D$ |
| | 其他饰面 | ≤25 mm | 4 $D$ |
| | | >25 mm | 6 $D$ |
| 矿物 | 硬质合金护套 | 任意 | 6 $D$ |
| 热塑性的和弹性的 高于600/1 000 V －单芯 | 任意 | 任意 | 20 $D$ |
| －多芯 | 任意 | 任意 | 15 $D$ |

## 6 高压电缆

从施工的角度来看，高压电缆略有不同。3 kV以上的高压电缆具有径向磁场结构，芯线和外部绝缘层之间有接地屏蔽。磁场强度的径向分布通过半导体层和特殊的安装部件，使磁场强度从导体径向转移到绝缘层以及从绝缘层径向转移到屏蔽层。径向指均匀磁场强度产生最小的电应力。高压电缆必须在安装后和终端完成后进行测试。

特殊安装部件包括一个收缩式三极套管，将芯线上的电缆接线片连接到芯线半导电层，并将芯线屏蔽连接到芯线绝缘层周围的半导电层。

图8-4中各部件如下：
① 圆铜线；
② 带有半导体胶带的半导体交联聚乙烯；
③ 交联聚乙烯芯线绝缘；
④ 带有半导体胶带的半导体交联聚乙烯；
⑤ 带有铜带和铜圆编织的芯线屏蔽；
⑥ 交联聚乙烯内护套；
⑦ 镀锌钢丝编织；
⑧ 外部屏蔽的MBZH，红色。

## 7 柔性电缆

海洋标准电缆适用于船舶和海上设施的固定安装。虽然是多股绞线，这些电缆也仅适用于有限的运动和温度适宜的位置安装。在内河船舶上使用的垂直移动的甲板室需要特殊的柔性导线，该甲板室能够通过桥下或在有高货物的情况下进行适当的瞭望。绝缘材料和护套材料需要一个更加柔韧的类型，与预期的环境条件有关，如霜冻。需要额外注意特殊的电缆以达到所需的使用寿命，例如同轴电缆。

支持伸缩的驾驶室

## 8 电缆贯穿

多股和单股电缆的穿透方式类似。水密舱壁与防火的舱壁或甲板相比，需要不同类型的贯穿。标准的电缆贯穿是A-60阻燃并且防水性最高可达50 m水柱的压力。它有几种类型，例如铸造型，完工后用合适的化合物密封。多电缆传输（MCT）使用焊接或栓接在甲板或舱壁上的钢框架，电缆穿过钢架，电缆之间的空间填充有精确的橡胶块。当安装所有阀块时，插入一个较大的压力阀块，压力阀块膨胀以密封MCT。该系统允许在以后打开电缆传输并添加更多的电缆。

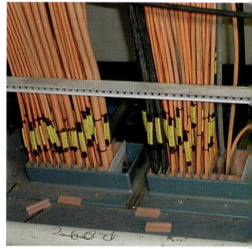

带有橡胶密封块的多密封压盖

径向磁场电缆

设计评估文件（或证书，取决于船级社）是一个声明，评级局已检查设备的图纸或说明书（或变更），并且设备已被批准用于预期的用途。在这种情况下，它处理拟用于在船上的电缆。它声明电缆的制造符合《钢船规则》和《移动式海上钻井装置规范》以及《移动式海上钻井装置规则》。

此外，当必须转换到一个现有的、已评级的船舶或近海装置时，必须经船级社批准，在审查和批准图纸后要发布一个声明，在这种情况下，必须提交批准。

根据船级社制定的规则和条例或《国际海上人命安全公约》的描述，对船舶结构或作为发电、推进、水密完整性部分的所有设备的更改须经批准。

《国际海上人命安全公约》原则上是船旗国的事务，但有许多国家委托给评级局。通常情况下，相关图纸附有注释，当地测量师在转换位置批准时必须检查这些注释。这些注释在这种情况下被写入DAD中。当地测量员在他完成工作的报告中会提到特定的DAD。

| CERTIFICATE NUMBER | DATE |
|---|---|
| 07-PR286193-PDA | 02 November 2007 |

ABS TECHNICAL OFFICE

Piraeus Engineering Services

# CERTIFICATE OF
# Design Assessment

This is to Certify that a representative of this Bureau did, at the request of

**UNIKA UNIVERSAL KABLO SAN. VE TIC A.S.**

assess design plans and data for the below listed product. This assessment is a representation by the Bureau as to the degree of compliance the design exhibits with applicable sections of the Rules. This assessment does not waive unit certification or classification procedures required by ABS Rules for products to be installed in ABS classed vessels or facilities. This certificate, by itself, does not reflect that the product is Type Approved. The scope and limitations of this assessment are detailed on the pages attached to this certificate. It will remain valid as noted below or until the Rules or specifications used in the assessment are revised (whichever occurs first).

| | |
|---|---|
| PRODUCT: | Electric Cables |
| MODEL: | U-HF m, U-HFA m, U-HFA m EMC, U-HFFR m, U-HFFRA m, U-HFAT m, U-HFAT m (I), U-HFAT m (C), U-HFAT m (I+C), U-HFFRAT m, U-HFFRAT m (I), U-HFFRAT m (C), U-HFFRAT m (I+C). |
| ABS RULE: | 2007 Steel Vessels Rules 1-1-4/7.7, 4-8-3/9.1, 9.3, 9.5, 9.9.<br>2006 MODU Rules 4-3-4/13.1. |
| OTHER STANDARD: | IEC 60092-353 (1995-01 as amended by Amendment 1 of 2001-04), 60092-375 (1977-01), 60092-376 (2003-05), 60228 (2004-11), 60092-350 (2001-06), 60092-351 (2004-04), 60092-359 (1999-08), 60331-21, 60331-31, 60332-3, 60811.; |

AMERICAN BUREAU OF SHIPPING

Ion G. Koumbarelis
Engineering Type Approval Co-ordinator

NOTE: This certificate evidences compliance with one or more of the Rules, Guides, standards or other criteria of American Bureau of Shipping or a statutory, industrial or manufacturer's standard and is issued solely for the use of the Bureau, its committees, its clients or other authorized entities. Any significant changes to the aforementioned product without ABS approval will result in this certificate becoming null and void. This certificate is governed by the terms and conditions on the reverse side hereof.

设计评审证书

## 9 电缆连接（图18-5）

电气安装的一个重要组成部分是电缆连接，因为它们完成系统各个部分的实际连接。

电缆连接有各种形状和大小，以适应每一种可能的连接类型，例如：高压电力电缆、低压电力电缆、多芯电缆、同轴电缆、光纤电缆、网络电缆。

每一种类型的连接都有其特定的要求，有大量的专业公司，已研制和生产了一系列电缆连接。一个发展是针对控制电缆的嵌入式终端（PIT），它摒弃了螺丝并且节省连接时间。

电源连接，无论是高电压还是低电压，都是最关键的尤其是在大电流的情况下。

当没有为电缆的横截面制作正确的电缆接线头并且没有使用合适的工具压接时，连接可能会松动。松动的连接具有更高的电阻，电阻会产生热量，最终可导致火灾。

这也适用于在配电板的母线中。必须使用扭矩扳手将固定母线的螺母和螺栓拧紧至正确的临界值。

(a)

(b)

图18-5 电缆连接

19　自动控制系统

> 自动化有助于船员更轻松、更安全地操作系统。自动化系统可以在给定时间内完成船员无法完成的过于复杂的操作。
>
> 自动化允许自动地监测系统、故障登记、登记服务时间和计划维修。船上的自动控制系统的详细规定见出版物IEC 60092-504（控制和测量仪表）。

## 1 自动化

自动化水平取决于许多因素：（1）船东的要求；（2）船舶的功能；（3）成本；（4）安装的复杂性；（5）船级社和船旗国的规则和规范（注册表）。

首先，成本/可用性分析必须在规划自动化之前完成。

集成系统和分布式控制系统的引进是一个持续的过程。它可以减少布线和人工成本。唯一的问题是，船级社和国家机关的规则和规范无法跟上这样多变的过程。该控制系统可以包含带有远程输入和输出模块的可编程逻辑控制器，控制器通过两线式总线系统连接，并通过操作友好的SCADA（监测控制和数据采集）软件包从PC型工作站进行操作/监督。硬件和软件的冗余，是自动化系统的逻辑要求。

软件必须在每一级标准中很好地构建和测试。对于航行和船员舒适所需的基本系统，必须有足够的备用或应急控制。

### 1.1 更先进的系统

操作员工作站可以完成复杂的系统，包括带有复杂图形的机舱系统的控制和显示。它可以预估一段时间内的趋势，可以计算出数字之间关系的分析，可存储运行时间和所需的所有数据的自动记录，连同许多其他统计资料。

以系统可以成为自动控制系统的一部分：

（1）储罐计量系统

从简单的系统，诸如提供液体高度的系统，到更先进的系统，给出储罐容量以$m^3$为单位，甚至以吨为单位。

（2）冷藏监控系统

整个航程中，该系统记录从故障报警到冷藏温度和二氧化碳含量的完整数据，可以确保货物在运输中没有损坏。

（3）发电机控制和电源管理系统

从发电机出现故障时备用发电机的最小自动启动和所有必要设备的顺序重新启动，到一个完全依赖负载的发电站的启停。在这种情况下，发电机发生故障时功率会自动降低，直到备用发电机启动，同步，上线，并承载负荷。

（4）推进远程控制系统

从直接远程控制系统，每个手柄控制单个发动机或螺旋桨，到国家最先进的系统，可以使船舶向港口移动25米，以船尾为旋转点向港口旋转90°以上，跟踪轨迹或位置链接，按照可用水深进行速度调整。

在自动控制中没有技术的限制，必须找到预期结果和成本之间的平衡。基本自动化系统必须由型号许可设备组成，并在尽可能真实的条件下在制造商处接受验收测试。

分布式自动控制系统的现场I/O面板

两个自动锅炉

调速器控制辅机转速

自动电压调节器盖打开的发电机接线盒

自动污水处理厂

19 自动控制系统

## 2 本地控制系统

一些设备有与中央自动控制系统分开的专门的本地控制系统。大多数时间，这些本地控制系统与中央自动控制系统交换一些参数。例如：

（1）基本的机舱报警和监视系统，由简单的显示组成，给出根据等级要求的基本参数的状态和模拟值。

（2）本地独立的小型自动系统，控制润滑油温度，以及控制推进器和辅助柴油发动机的水温高低。

（3）发电机的本地自动电压调节器，控制电压。

（4）发动机的本地监测器，控制发动机转速。

（5）重复的重要辅助设备的本地备用启动器。

（6）本地自动锅炉。

（7）本地自动污水处理厂。

## 3 基本服务

基本服务是指航行和保持船在一个可居住状态的服务。

推进所需的电力可以由一个单独的发电机组或多组并行的发电机组供电。当由一台单独的发电机供电时，该发电机出现故障时必须启动第二台发电机。该发电机应该自动连接到配电板上，然后自动重启所有重要辅助设备。可能需要顺序启动系统来限制柴油发动机的阶跃负载。

基本服务包括：

（1）主照明和应急照明；

（2）推进发动机润滑油泵(不是发动机驱动的)；

（3）推进发动机淡水泵(不是发动机驱动的)；

（4）推进发动机海水泵(不是发动机驱动的)；

（5）燃油升压泵；

（6）变速箱润滑油泵；

（7）可控螺距螺旋桨液压泵；

（8）舵机液压泵；

（9）启动空气压缩机；

（10）机舱通风机。

在使用重质燃料油航行的船上，燃油循环泵、热油循环泵和热油锅炉非常重要，必须自动重启。

当推进器所需的电源由多台发电机并联运行供电时，必须安装一个自动卸载系统。当有一台发电机发生故障之后，该系统会立即减小负载至剩余发电机的容量。

当安装了带有变频器的大型电机，在发电机接近过载时，控制系统可以进行编程来降低电机的速度。然后，这些电机就不必完全关闭，当再次有足够的电源时，电机可以设置回原来的速度。

顺序重启的时间优先级：

（1）立即重新启动主照明和应急照明；

（2）5 s后，启动润滑油泵、发动机、变速箱、燃油泵、热油系统和热油泵；

（3）舵机泵和可控螺距螺旋桨泵；

（4）淡水泵和空气压缩机；

（5）海水泵；

（6）在大约30 s内，所有辅助设备重新运行，并且推进发动机可以重启。

当辅助设备由发动机驱动并且发动机能够在没有润滑油压力时启动，这个过程更简单。

## 4 故障模式及影响分析

故障模式及影响分析（FMEA）是对船舶运行中设备故障的结果评价(或任何其他类型的设备)。这项研究对于那些必须满足MODU规范要求的单元是强制性的。MODU规范是国际海事组织（IMO）规范之一，特别为离岸设备制定。MODU代表海上移动式钻井平台。最初只针对钻井设备，后来成为了海上一般设备的要求。FMEA不局限于电气系统自动化，而是涵盖船舶推进所需的所有系统和所有部件。

下面FMEA的例子涵盖了大型管道铺设船的布局、辅助系统和电气安装，有以下主要特点：

（1）6个主发电机，每个3 360 kW；

（2）艏推进器是两个可伸缩的全回转推进器，每个2 400 kW，一个导管推进器2 200 kW；

（3）三个全回转推进器，每个2 900 kW在船尾；

（4）劳氏船级社的等级符号，+100A1，+LMC，UMS，DP(AA)（等价于2级）。

等级符号DP(AA)或2级要求单一故障不会导致船的位置偏差。空间内的洪水或火灾不在这个符号内考虑。该船是专为双燃料设计的，在DP操作期间应用船用轻柴油，在长期运行或工作期间使用重质燃料。

一个FMEA包括以下项目：

（1）船的布局、主要部件的位置，如柴油发电机、配电板、变压器、转换器和推进器；

（2）压缩空气系统；

（3）冷却水系统；

（4）燃油系统；

（5）淡水系统；

（6）海水系统；

（7）推进器控制系统；

（8）电气主配电系统。

在接下来的几页是对总体布局和各种不同系统的描述。

### 甲板3（上部甲板间）
8600 A.B.

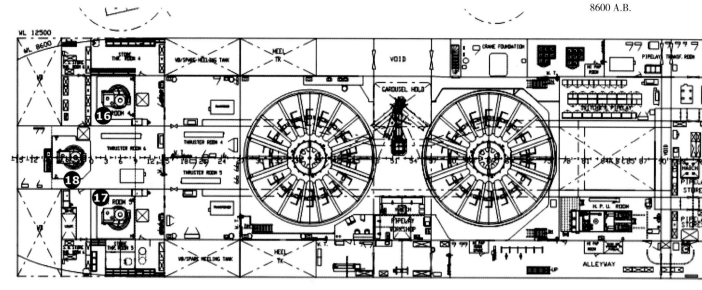

### 甲板2（下部甲板间）
5300 A.B.

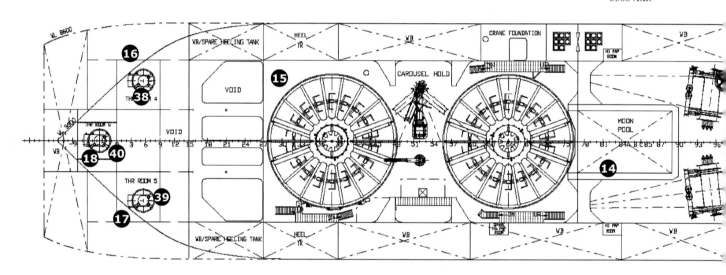

### 甲板1（油罐顶盖）
1250/1475 A.B.

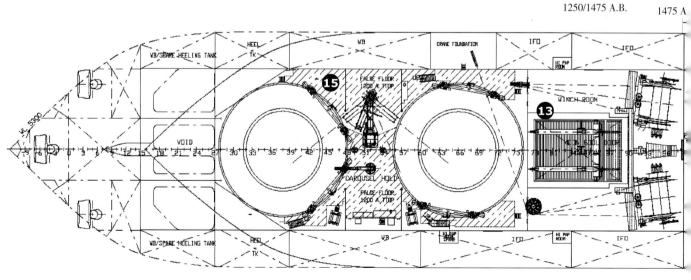

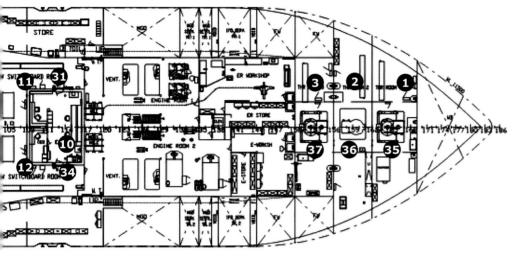
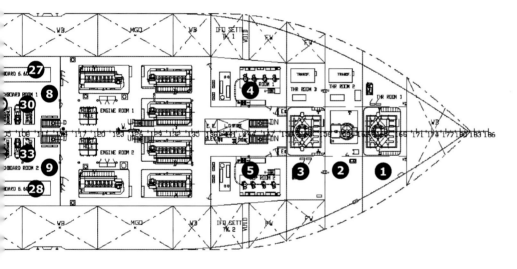
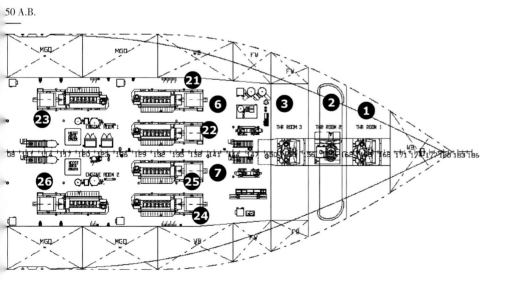

图19-6 船舶布局及主要部件位置

空间/设备：

1—可伸缩的全回转推进器室1；
2—导管推进器室2；
3—可伸缩的全回转推进器室3；
4—分离器室1；
5—分离器室2；
6—机舱PS1；
7—机舱SB2；
8—高压配电室1（PS）；
9—高压配电室2（SB）；
10—发动机控制室；
11—低压配电室1（PS）；
12—低压配电室2（SB）；
13—绞车室；
14—船井；
15—旋转货舱；
16—全回转推进器室4（PS）；
17—全回转推进器室5（SB）；
18—全回转推进器室6（CL）；
19—未使用；
20—未使用；
21—柴油发电机1；
22—柴油发电机2；
23—柴油发电机3；
24—柴油发电机4；
25—柴油发电机5；
26—柴油发电机6；
27—高压配电室1（PS）；
28—低压配电室2（SB）；
29—高压-低压变压器1（PS）；
30—高压-低压变压器2（PS）；
31—低压配电室1（PS）；
32—高压-低压变压器3（SB）；
33—高压-低压变压器4（SB）；
34—低压配电室2（SB）；
35—全回转推进器1；
36—导管推进器2；
37—全回转推进器3；
38—全回转推进器4（PS）；
39—全回转推进器5（SB）；
40—全回转推进器6（CL）。

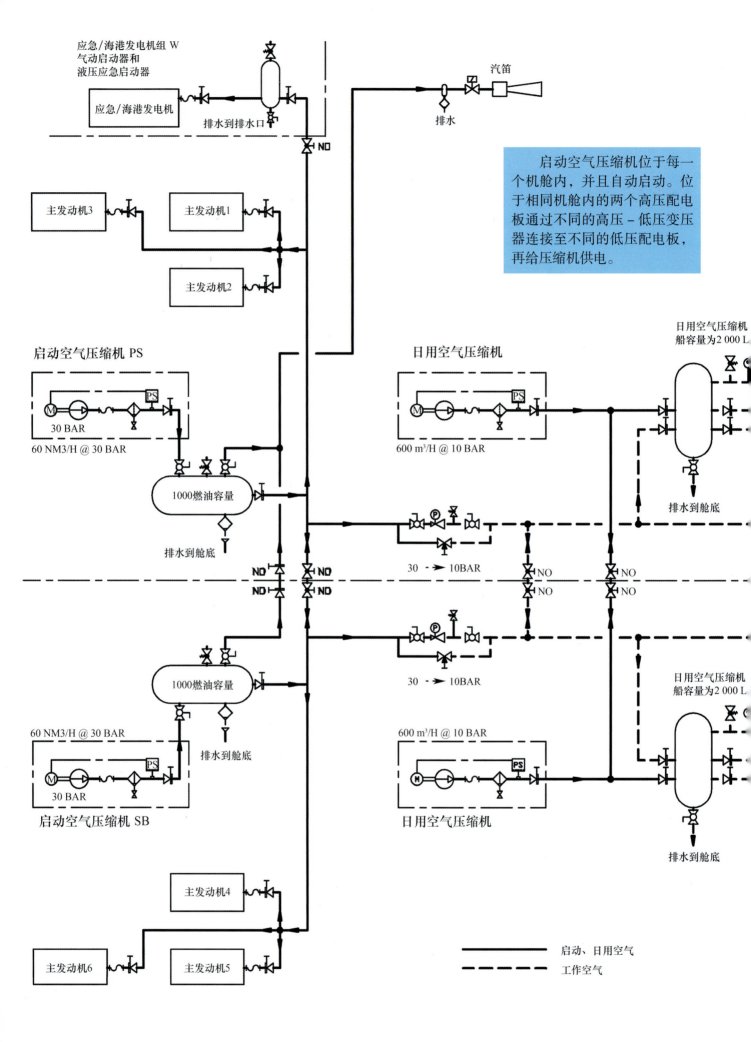

工作空气压缩机

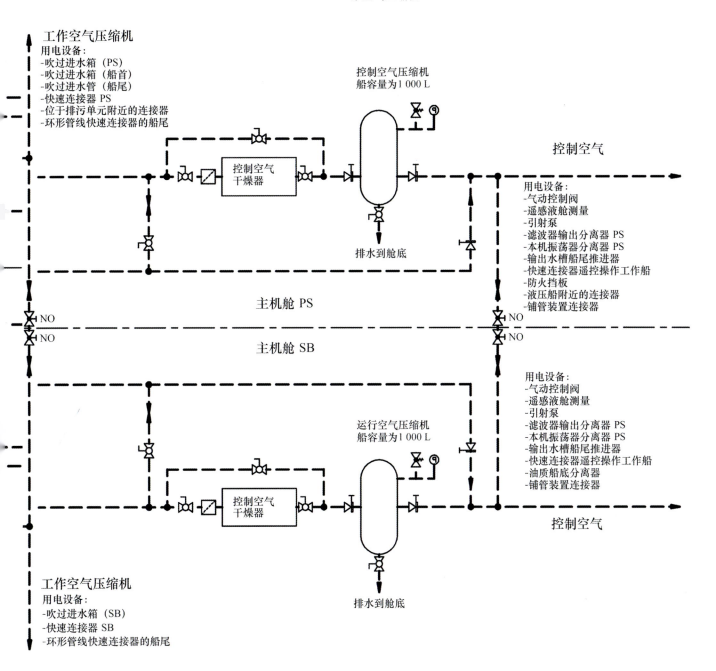

压缩空气系统

19　自动控制系统

两个海水冷却泵

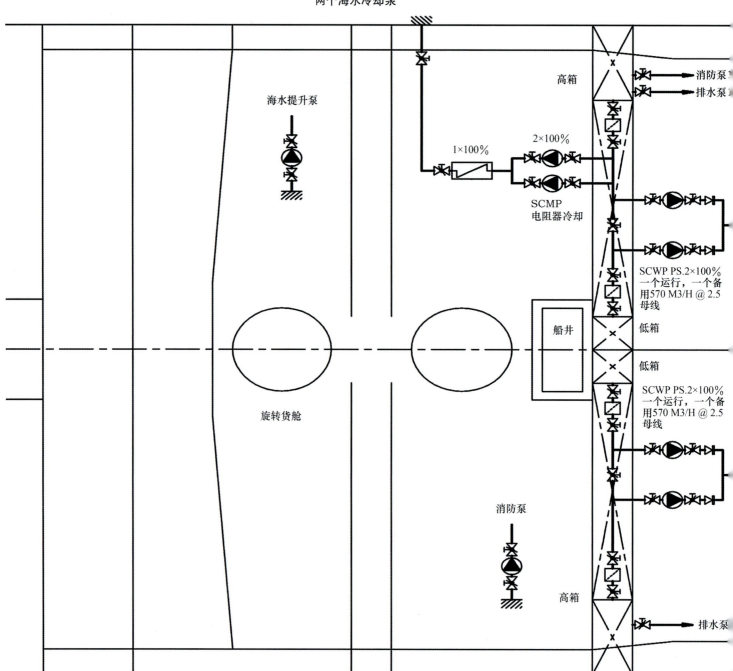

海水系统包括两个泵和一个自动备用启动系统，一个正在运行的泵故障将会使备用泵自动启动，每个海水系统将冷却水供应给各自的主发电机的热交换器，在该机舱内，也有冷却水供应给淡水系统的两个热交换器。

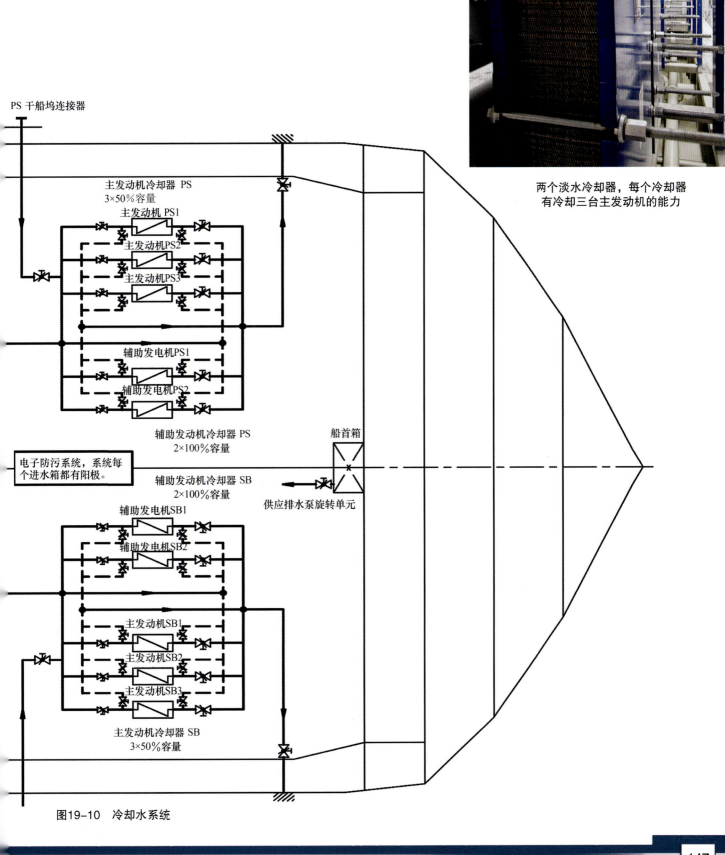

图19-10 冷却水系统

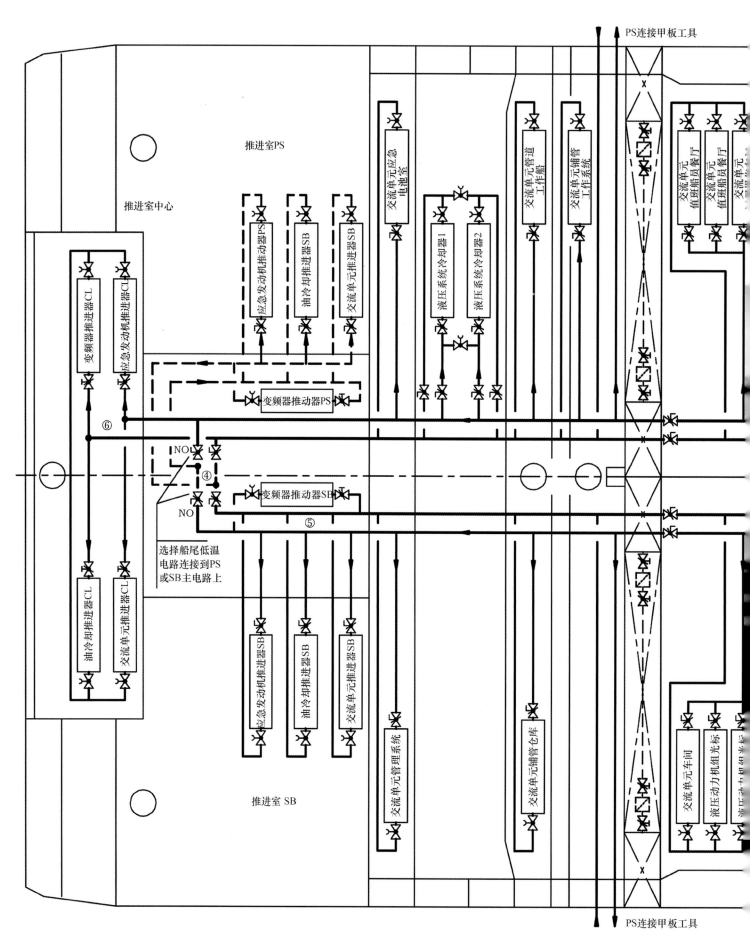

推进器控制系统

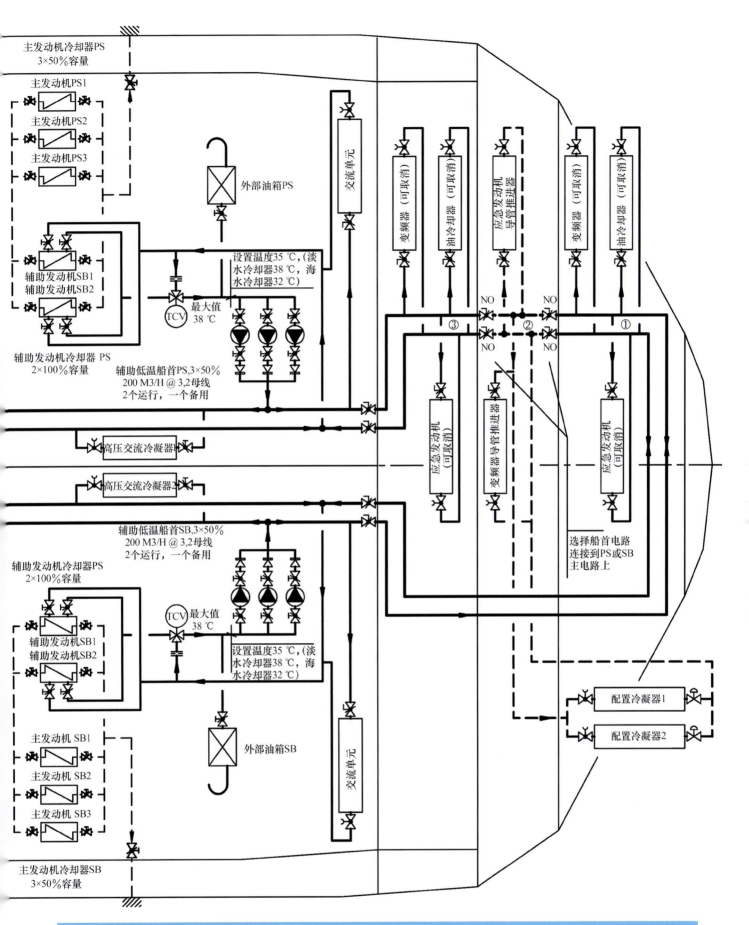

淡水服务系统由每个机舱机行，每个机舱有3个50%的泵，由配电板供电。泵配备有自动备用启动系统，当前两个正在运行的泵中的一个出现故障时，启动第三个泵。淡水服务系统也用于推进器冷却系统。推进器冷却系统与推进器发动机的电源电路有相同的安装方式。因此，由SB配电板供电的推进器4有来自SB机舱的淡水冷却系统。推进器5也来自SB，推进器6来自PS。因此，一个机舱内的淡水冷却系统的故障仅能导致由该机舱供给的推进器冷却故障。

19　自动控制系统

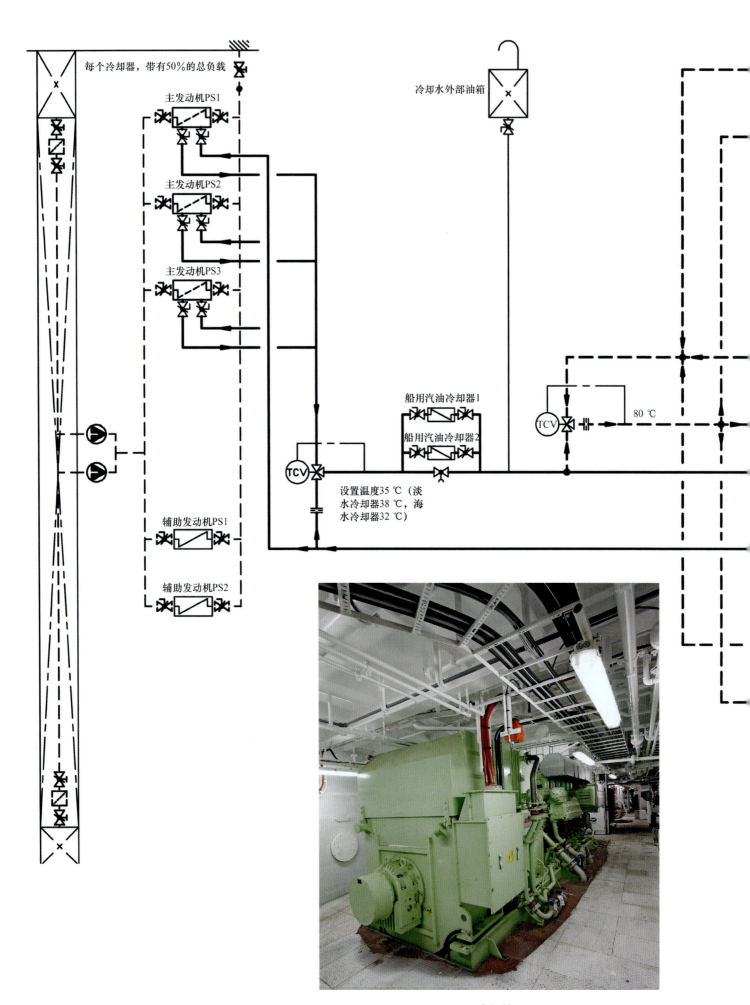

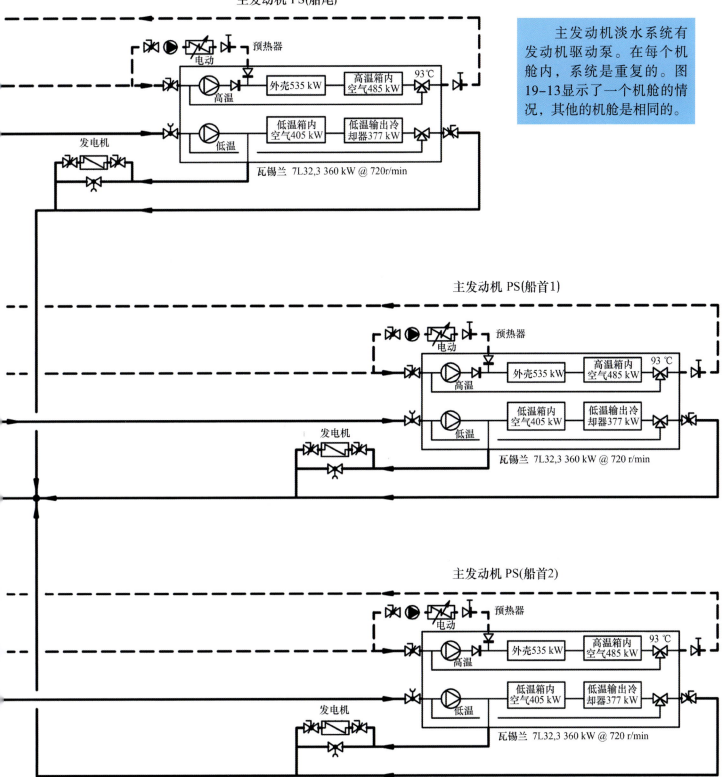

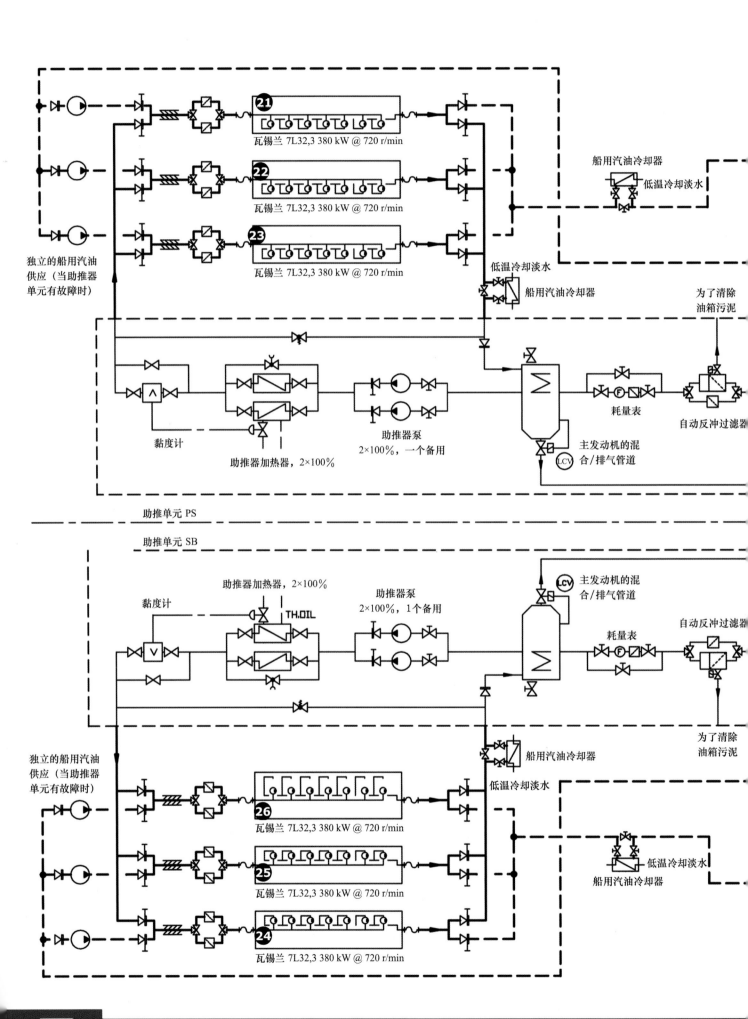

燃油从机舱的油罐中供应给柴油发电机组，通过燃油服务单元（加热、黏度控制），它的电源来自低压配电板。然而，当船在动力定位下运行时，柴油发电机组使用汽油运行，而不是重质燃料。故障模式和影响分析就是针对动力定位模式而设计的。因此，带有加热系统的燃油服务单元不是故障模式和影响分析的部分。

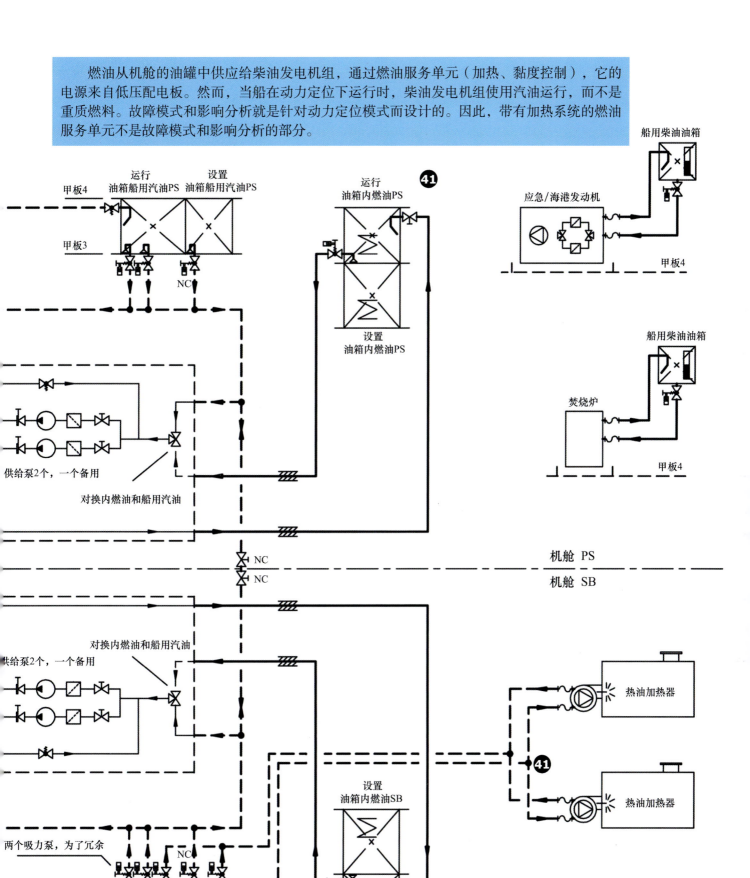

燃油系统

有关设备的位置,请参阅前几页的布局。图19-1的单线图显示了船的主电源布置。在主配电板(8)和(9)上的总线配合断路器可以被断开/闭合,将发电机两两连接到三个机舱内不同的配电板上。单一故障将导致33%的容量损失,船舶能够继续运作。

变频器　　　　L型驱动的艉推进器

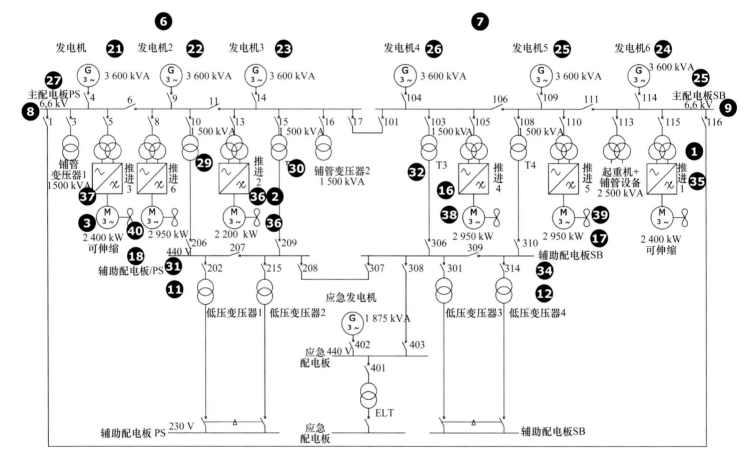

1—可伸缩的全回转推进器室1;2—导管推进器室2;3—可伸缩的全回转推进器室3;4—未使用;5—未使用;
6—机舱PS1;7—机舱SB2;8—高压配电室1(PS);9—高压配电室2(SB);10—未使用;
11—低压配电室1(PS);12—低压配电室2(SB);13—未使用;14—未使用;15—未使用;
16—全回转推进器室4(PS);17—全回转推进器室5(SB);18—全回转推进器室6(CL);19—未使用;
20—未使用;21—柴油发电机1;22—柴油发电机2;23—柴油发电机3;24—柴油发电机4;
25—柴油发电机5;26—柴油发电机6;27—高压配电室1(PS);28—高压配电室2(SB);
29—高压-低压变压器1(PS);30—高压-低压变压器2(PS);31—低压配电室1(PS);
32—高压-低压变压器3(SB);33—高压-低压变压器4(SB);34—低压配电室2(SB);
35—全回转推进器1;36—导管推进器2;37—全回转推进器3;38—全回转推进器4(PS);
39—全回转推进器5(SB);40—全回转推进器6(CL)。

图19-1　单线图

应该仔细评估柴油发动机和推进器的所有支持系统，确保它们可提供主电源。两个 24 V 直流电源必须来自不同的电源，一个故障不能导致多于一个发动机发生故障。

大多数高压开关设备需要外部电源来关闭和打开断路器。本质上不同于低压开关设备，在低压开关设备中，断路器中的无电压线圈是为了在欠压时延时跳闸。这些电路必须包括在故障模式和影响分析中。这有助于预先确定辅助设备的位置，润滑动力、螺距和方向液压装置，以及所有的控制电压。

为由单电源控制电路操控的推进器设计一个完全冗余的电源系统是完全没有必要的。不允许从一个机舱获得主电源和从其他机舱获得控制电源，因为任何机舱的故障都会导致它停止运行。在该布局中，两个机舱有单独的空气、燃油、淡水与海水系统，低压开关设备部分少于高压系统。

单一故障最严重的结果是整个高压配电板和相关低压配电板发生故障，导致推进能力降低50%。当保持船舶位置至关重要时，例如在海上平台附近作业期间，操作员不得使用超过50%的可用功率。如果环境条件要求更高，则必须停止并放弃该位置。

管道铺设装置的下放和回收电线

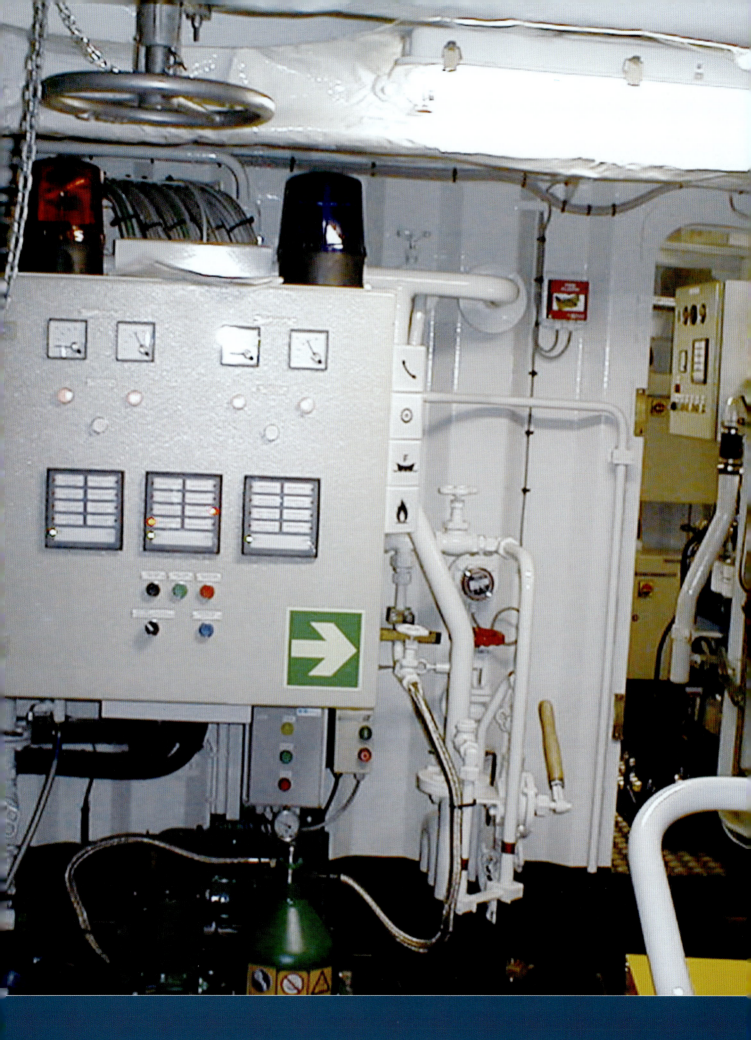

## 20　报警和监控系统

报警和监控系统旨在自动地监测和记录设备的所有重要参数，显示发生的任何异常情况。可以节省耗时的值班巡视轮次，准确地记录更多信息，但肯定不能替代工程师，比如工程师在机舱内检查一圈，可能发现法兰上的小裂缝，该裂缝可能变成一个更大的问题。

## 1 内河船舶

对报警和监控系统的要求，随船只的服务类型和相关符号的使用而异，从带有人工操作机舱标志的内河服务或沿海服务，到带有更大的发动机等级和无人操作（UMS）符号的无限制服务。内河油轮的报警见表20-1。内河油轮的监督控制台如图20-1所示。

1—报警和监控显示；
2—甚高频；
3—推进控制手柄；
4—闭路电视；
5—货舱油位显示；
6—方向舵控制；
7—艏推进器控制；
8—雷达显示器（2个）；
9—各种导航仪器，如：陀螺罗经、转向指示灯等；
10—用于雷达和电子海图的鼠标；
11—发动机监控显示。

表20-1 内河油轮的报警列表

| 主发动机 | 系统 | 状态 | 结果 |
|---|---|---|---|
|  | 润滑油压机 | 低 | 报警 |
|  | 润滑油压机 | 低/低 | 停止 |
|  | 冷却系统出口温度 | 高 | 报警 |
|  | 冷却系统出口温度 | 高/高 | 停止 |
|  | 燃油线路泄漏 | 泄露 | 报警 |
|  | 启动气压机 | 低 | 报警 |
| 变速器 | 润滑油压机 | 低 | 报警 |
|  | 液压油压机 | 低 | 报警 |
| 螺旋桨控制 | 液压油压机 | 低 | 报警 |
|  | 控制空压机 | 低 |  |
|  | 电子 | 故障 | 报警 |
| 辅助电机 | 润滑油压机 | 低 | 报警 |
|  | 冷却系统出口温度 | 高 | 报警 |
|  | 燃油线路泄漏 | 泄露 | 报警 |
| 锅炉 | 水位 | 低 | 报警 |
|  | 水位 | 低/低 | 停止 |
|  | 水温 | 高/高 | 停止 |
| 舵机 | 电力 | 故障 | 报警 |
|  | 控制电源故障 | 故障 | 报警 |
| 液压系统 | 液压油箱 | 低 | 报警 |

图20-1 内河油轮的监督控制台

## 2 海船

报警和监控系统有各种类型和尺寸，从一个小型的独立单元开始，有10个数字警报，一个通用输出用于组警报，一个具有接收和重置功能的声音警报。

根据不同的尺寸以及是"有人"还是"无人"，较大型系统通常由通过冗余网络连接在一起的分布式输入单元组成。它们也可以发送一组报警到舰桥上，指示驾驶台机组降低功率，或警告他们推进系统会自动关机。通常，更复杂的系统带有各种软件来分析检索到的数据，并用一个图形显示，轮机员日志可以自动生成，随时可以签字。

机舱报警和监控系统包括值班轮机员选择系统、机舱内的装置系统和轮机安全巡逻系统。这是一种煮蛋计时器，轮机员进入机舱或触动任何按钮大约27分钟后，会在机舱和发动机控制室启动报警，该报警必须在3分钟内由轮机员取消。否则，系统会认为轮机员遇到问题，开始呼叫总轮机长。

如表20-2和图20-3至图20-6所示。最少报警列表见表20-2。推进系统见图20-2。

表20-2 最少报警列表举例

| 推进系统 | | | | 测试情况 | | | | |
|---|---|---|---|---|---|---|---|---|
| 主发动机>1 500 kW | | | | 船厂 | 数据 | 船主 | 数据 | 等级 |
| | 系统 | 状态 | 结果 | | | | | |
| | 润滑油底壳液位 | 低 | 报警 | | | | | |
| | 润滑油压力 | 低 | 报警 | | | | | |
| | 润滑油压力 | 低/低 | 停止 | | | | | |
| | 润滑油温度 | 高 | 报警 | | | | | |
| | 润滑油过滤器差分 | 高 | 报警 | | | | | |
| | 油雾浓缩器 | 高 | 停止 | | | | | |
| 主轴1 | 温度 | 高 | 停止 | | | | | |
| 主轴2 | 温度 | 高 | 停止 | | | | | |
| 主轴3 | 温度 | 高 | 停止 | | | | | |
| 主轴4 | 温度 | 高 | 停止 | | | | | |
| 主轴5 | 温度 | 高 | 停止 | | | | | |
| 推进轴承 | 温度 | 高 | 停止 | | | | | |
| 高温水冷 | 高温水冷出口温度 | 高 | 报警 | | | | | |
| | 高温水冷出口温度 | 高/高 | 停止 | | | | | |
| | 高温水冷入口压力 | 低 | 减速 | | | | | |
| | 高温水冷外部油箱液位 | 低 | 报警 | | | | | |
| 低温水冷 | 低温水冷出口温度 | 高 | 报警 | | | | | |
| | 低温水冷出口温度 | 高/高 | 减速 | | | | | |
| | 低温水冷入口压力 | 低 | 报警 | | | | | |
| 燃料油 | 燃油压力 | 低 | 报警 | | | | | |
| | 燃油温度 | 高+低 | 报警 | | | | | |
| | 燃油管道泄露 | 泄露 | 报警 | | | | | |
| 启动空气 | 启动气压 | 低 | 报警 | | | | | |
| 控制空气 | 压力 | 低 | 报警 | | | | | |
| 发动机速度 | 超速 | 高 | 停止 | | | | | |
| 气缸1 | 排放气体温度 | 高 | 报警 | | | | | |
| 气缸1 | 排放气体温度 | 偏差 | 报警 | | | | | |
| 气缸2 | 排放气体温度 | 高 | 报警 | | | | | |
| 气缸2 | 排放气体温度 | 偏差 | 报警 | | | | | |
| 气缸3 | 排放气体温度 | 高 | 报警 | | | | | |
| 气缸3 | 排放气体温度 | 偏差 | 报警 | | | | | |
| 气缸4 | 排放气体温度 | 高 | 报警 | | | | | |
| 气缸4 | 排放气体温度 | 偏差 | 报警 | | | | | |
| 气缸5 | 排放气体温度 | 高 | 报警 | | | | | |
| 气缸5 | 排放气体温度 | 偏差 | 报警 | | | | | |
| 气缸6 | 排放气体温度 | 高 | 报警 | | | | | |
| 气缸6 | 排放气体温度 | 偏差 | 报警 | | | | | |
| 涡轮鼓风机 | 涡轮前边的排放气体 | 高 | 报警 | | | | | |
| 涡轮鼓风机 | 涡轮后边的排放气体 | 高 | 报警 | | | | | |
| 涡轮鼓风机 | 润滑油入口压力 | 低 | 报警 | | | | | |
| 涡轮鼓风机 | 润滑油出口压力 | 高 | 报警 | | | | | |
| 发动机输出 | 过载 | 高 | 报警 | | | | | |
| 变速箱 | 润滑油压力 | 低 | 报警 | | | | | |
| | 润滑油压力 | 低/低 | 停止 | | | | | |
| | 润滑油温度 | 高 | 报警 | | | | | |
| | 润滑油底壳液位 | 低 | 报警 | | | | | |
| | 液压油压 | 低 | 报警 | | | | | |
| 螺旋桨控制器 | 液压油压 | 低 | 报警 | | | | | |
| | 控制空气压力 | 低 | 报警 | | | | | |
| | 电子 | 故障 | 报警 | | | | | |
| 辅助电机 | 润滑油压力 | 低 | 报警 | | | | | |
| | 润滑油压力 | 低/低 | 停止 | | | | | |
| | 润滑油温度 | 高 | 报警 | | | | | |
| | 冷却水出口温度 | 高 | 报警 | | | | | |
| | 冷却水出口温度 | 高/高 | 停止 | | | | | |
| | 冷却水入口压力 | 低 | 报警 | | | | | |
| | 燃油管道泄露 | 泄露 | 报警 | | | | | |
| | 超速 | 高 | 停止 | | | | | |
| | 涡轮前边的排放气体 | 高 | 报警 | | | | | |
| | 涡轮后边的排放气体 | 高 | 报警 | | | | | |
| 锅炉 | 水位 | 低 | 报警 | | | | | |
| | 水位 | 低/低 | 停止 | | | | | |
| | 水温 | 高/高 | 报警 | | | | | |
| 舵机 | 电力 | 故障 | 报警 | | | | | |
| | 控制电源故障 | 故障 | 报警 | | | | | |
| | 液压油箱 | 低水位 | 报警 | | | | | |
| | 过载电动机 | | 报警 | | | | | |
| | 相故障 | | 报警 | | | | | |
| | 液压锁 | | 报警 | | | | | |
| 电力系统 | | | | | | | | |
| 母线电压 | 电压 | 高+低 | 报警 | | | | | |
| 母线频率 | 频率 | 高+低 | 报警 | | | | | |
| 过载 | 非必要 | 跳闸 | 报警 | | | | | |
| 母线绝缘 | 兆欧 | 低 | 报警 | | | | | |

1—主发动机；
2—变速箱；
3—动力输出发电机；
4—配油箱；
5—可控螺距螺旋桨；
6—主发动机润滑泵；
7—变速箱润滑泵；
8—螺旋桨液压泵；
9—涡轮鼓风机；
10—燃料系统的外罩（防火）。

（a）

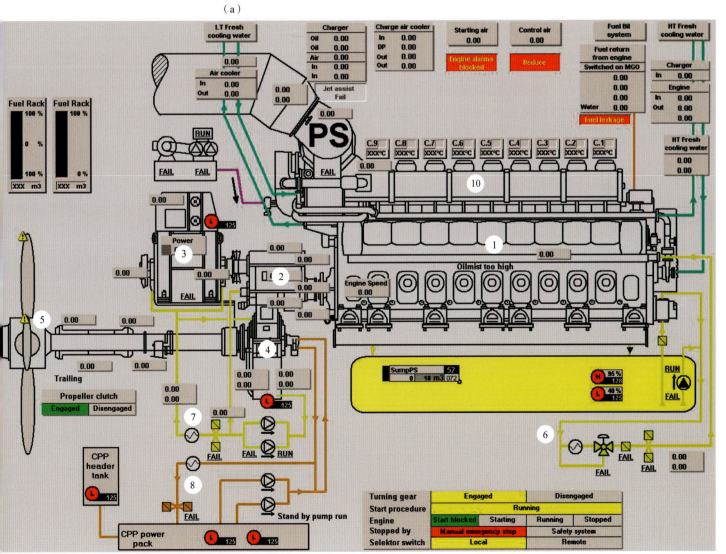

图20-2 模拟推进系统

20 报警和监控系统

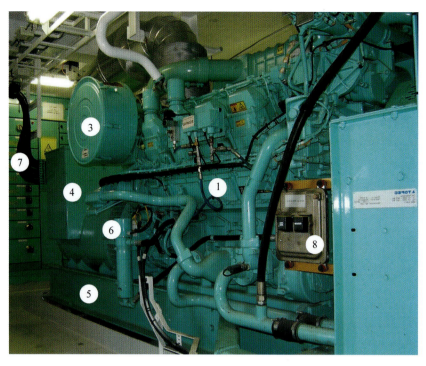

1—柴油发动机；
2—调速器；
3—涡轮增压器；
4—发电机；
5—集水箱；
6—发电机冷却通风机；
7—输出电力电缆；
8—控制面板。

辅助发动机（发电机组）及其监控和数据采集（SCADA）显示

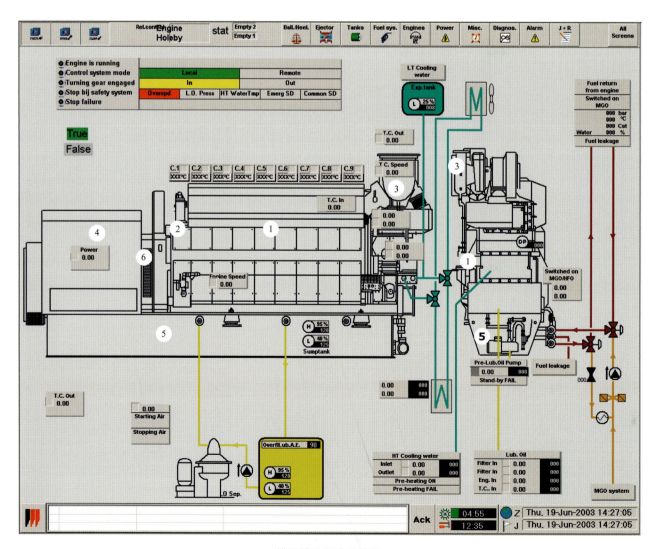

模拟辅助发动机装置

## 3 管道系统的颜色代码

机舱内的管道系统通常用颜色编码以识别管道的内容物，见表20-3。为了便于参考，这些代码也可用于一些报警和测量点的列表中。

表20-3 颜色代码

| 航海船舶 | 颜色 | 样品 |
|---|---|---|
| 海水 | 绿 | |
| 淡水 | 蓝 | |
| 燃料油 | 棕 | |
| 非燃料的油 | 橙 | |
| 润滑油 | 浅棕 | |
| 蒸汽 | 银 | |
| 消防 | 红 | |
| 排出的空气 | 白 | |
| 易燃气体 | 黄 | |
| 非易燃气体 | 灰 | |
| 废物 | 黑 | |

管道举例

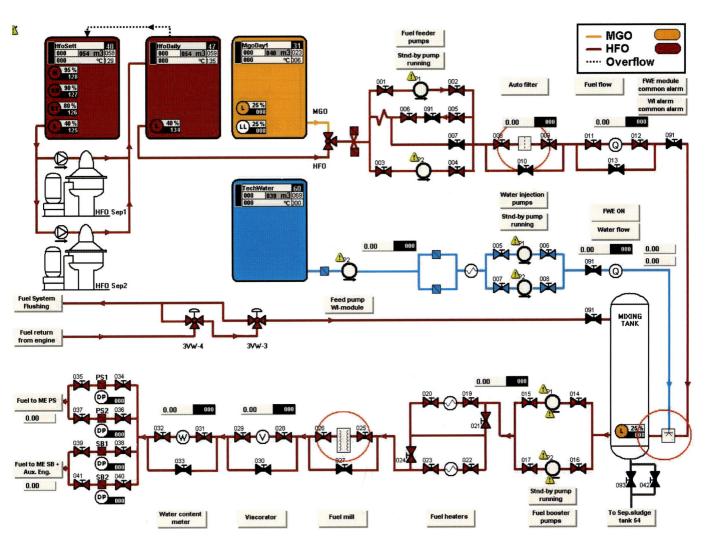

管道模拟图

20 报警和监控系统

## 21 航海设备

> 本章介绍了用于船上无限制服务所必需的标准导航和航海包。随着全球定位系统（GPS）的引进，导航系统发生了巨大变化。多年来，六分仪一直用来确定船舶的位置。这种方法根据恒星、行星、太阳和月亮上的视觉定位，因此天气条件往往阻碍了它的使用。
>
> 随着卫星和先进的电脑系统的发展，导航已经发展成一个准确的全天候工具。

## 1 舰桥设备

### 1.1 罗经系统

#### 1.1.1 磁罗经

150总吨以上的所有船舶应配备一个操舵罗经。

磁罗经是最古老且最简单的罗经。该系统利用地球磁场。缺点是，地球磁场的方向不同于地球自转轴的方向。

当磁棒被一根绳子悬挂在空中时，它的南极将指向地球的磁北极。所有船舶仍然需要一个磁性标准罗经。磁罗经指示磁北极的方向，它不位于地理上的北极，目前距离约100（1英里≈1 609.344千米）远。

磁北极的位置在不断变化。当在船上观察时，磁性会受船舶本身的钢铁影响。因此，罗经在调试时必须进行校准以补偿船舶自身的磁场，否则，偏差会变得更大。罗经也会受到对磁性敏感的货物的影响。

工作中的磁罗经

工作中的磁罗经和校正工程师

21 航海设备

舰桥的视图

### 1.1.2 陀螺罗经

500总吨以上的船舶必须配备陀螺罗经。有3种不同类型的陀螺罗经：液体式、干式、光纤式。

陀螺罗经与磁罗盘相反，依赖于地球的角速度，因为它指向地球的自转轴。

陀螺罗经基本上由陀螺仪组成，当以一个足够高的速度旋转时，不管支持环是如何倾斜或转动的，其轴在空间中保持在一个恒定的方向。此属性被称为空间的刚性。磁力不会影响原来保持的方向。

陀螺罗经安装在一个罗盘箱内，在这里，自旋体安装在一个球形外壳内。此球漂浮在一种特殊的液体中，有一使其其周围的壳体内保持精准垂直的特殊重力，以允许自旋体在空间中找到自己的方向。在浮球的内部，装有电动机，其转子作为陀螺自旋体。电触点由先进的滑动装置确定位置。当施加适当的控制时，陀螺仪轴指向真北方向。由于地球自转，陀螺仪的轴似乎在移动，但保持其在空间中的方向。这种运动是漂移和倾斜的组合，与视运动一起。漂移是由于地球自转而导致的与空间中选定方向的水平偏差。漂移的大小和方向取决于纬度。通过产生摩擦力（球漂浮在液体中时已经存在摩擦力），轴会指向地球轴线的方向，即真北的方向。倾斜是纬度的结果。当在赤道上，轴的方向与地平线相同。当在较高的纬度，地球北极上方某一点的方向与水平面成直角。这可以通过重力进行调整，即通过一个砝码或一个在水银中带有可调浮子的系统。新增的砝码使球的位置和地平线平行。根据实际的纬度进行设置。船的速度会产生另一种偏差。陀螺仪将根据船舶的真实航向和地球的东行方向做直角调整。仪器本身也有一些恒定偏差。上述的偏差可由各种电子设备进行校正。

罗经柜通常安装在船的驾驶室附近的一个技术室内。通常在一个较低的甲板上，以减少由于船的运动产生的横向力。在不同的地方安装中继器，指示希望的用于导航（或其他目的）的方向信息。通常在操舵位置，在舰桥的两个侧翼上，有时在磁罗盘附近，为了便于罗盘的校准。

干式陀螺仪的原理与液体式陀螺仪相同。然而，它最大的优势是在平均故障间隔时间（MTBF）期间无须维护。

### 1.1.3 光纤罗经

陀螺仪原理和电气原理的最新发展是光纤罗经。这是一个完全的固态器件，它不旋转，也没有其他可移动部件。它是基于发送到水平的玻璃纤维线圈的激光束，当激光束进入线圈时，被分裂成两束。一半向左，一半向右。当线圈没有转动时，两束激光束同时返回进入点。如果线圈已转动，两束激光束不会同时返回进入点，会产生一个相位差。在$x$, $y$和$z$轴的三个线圈，能够进行真北的计算。该装置被制成固体状态，只需要一个短暂的稳定时间。

### 1.1.4 磁通门罗盘

全电子罗经是磁通门罗经。低于$90°$的两个线圈通过穿过线圈的磁通量产生电流。由测得的电流差可以计算出磁北极的方向。

## 1.2 偏航报警

当一艘船在航道上意外改变航向时，必须发出报警。通常这是一个与陀螺仪耦合的设备。此外，在此必须使用磁罗经。必须设置允许偏离航线的角度。当耦合到陀螺仪上时，这可以自动完成。

图21-1为打开的陀螺罗经，它中心的圆柱体包含了陀螺自旋体，冷却由液体提供。

由图21-2可以看出，圆形线显示了在没有摆动质量时，在北极附近的一个陀螺仪轴线的视运动。摆动质量的增加（图片的靠下部分）将圆周运动转换成一个椭圆形，然后，椭圆形可以被抑制，并且陀螺仪变成一个指向真北的陀螺罗经。

图21-1 打开的陀螺罗经

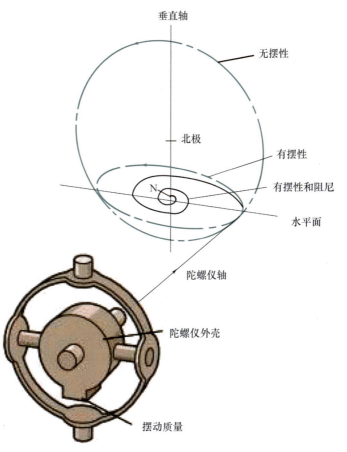

图21-2 北极附近陀螺仪轴的视运动

21 航海设备

## 1.3 雷达

一个带有自动绘图（ARPA）功能和旋转发射/接收天线的雷达（无线电探测和测距），一般在X-波段（频率8~12 GHz）。3 000总吨以上的船舶必须提供辅助雷达，通常使用一个频率范围为3~4 GHz的S-波段的雷达。选择两个不同频段的雷达的原因是它们应对雾、雨、海面回波等不同环境条件的能力不同。

雷达装置包括一个发射器/接收器和一个旋转天线。显示器显示结果。发射器/接收器是直接安装在天线下面的盒子。天线或扫描仪，通常安装在驾驶室顶部的雷达桅杆内。

扫描仪是一直旋转的。一个很短的脉冲由射线管发送到扫描仪的反射镜上，并且以窄光束形式离开扫描仪。当该光束在某个物体上反射后，它的一部分可以被扫描仪接收。从发送和接收之间的时间跨度，可以计算出到物体的距离。扫描仪的位置给出相对于船舶中心线的方向。返回的脉冲在显示器上显示为一个点。雷达的范围由扫描仪的高度和目标的高度决定。

停泊在码头的船的实际情况

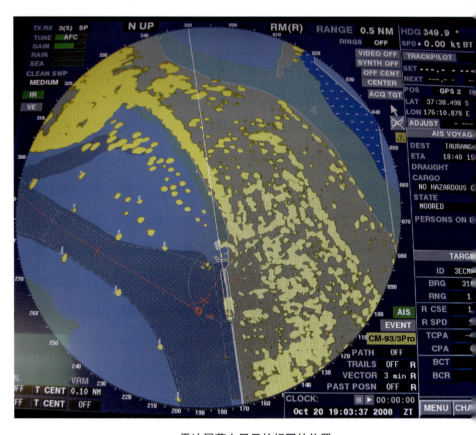

雷达屏幕上显示的相同的位置

**有效的预防措施**

如果雷达设备要在港口低功率工作，有效的预防措施应包括：

（1）没有人靠近扫描仪，即在几米内没人；

（2）扫描仪是一直旋转的，或者如果工作需要，扫描仪处于静止状态，则应将其定向到无人的区域，如海上；

（3）人不可以直接看有开槽波导（开口盒型）的扫描仪的发射侧；

（4）人不能位于发射器的输出喇叭和较大扫描仪的反射器；

如果必须接近装置工作时，则不应忽视旋转扫描仪击中的风险。

在这些设备上进行的任何工作应该由符合资格的人员进行，操作安全的系统工作，这样他们既不把自己，也不把他人处于危险之中。图21-6为一个邮轮停泊在码头旁，图中显示了实际情况，图21-7为在雷达屏幕上看到相同的位置。

## 1.4 全球定位系统（GPS）

GPS，使用简单，非常可靠，几乎所有的船只，从小型游艇到海上的最大型船舶都装有一个或多个GPS接收器。

GPS是一个带有全向天线的独立的自动定位系统。输入数据由卫星产生。该系统最初是为美国国防部设计的，但现已可以民用。欧洲正在研究的另一个独立系统是Galileo。

差分全球定位系统（DGPS）是一个更精确的全球定位系统，它通过安装一个来自参考发射器的额外的信号来运行。此发射器的位置是准确已知的，因此改进了位置计算的结果。由于这一额外的发射器传输距离有限，这只是一个局部改进。

全球定位系统是在大量卫星传输的低功率信号上运行，卫星轨道距地表高度20 000千米。通常在每个时刻有8颗卫星的输入。

全球定位系统和差分全球定位系统不仅能给出实际位置的坐标，而且在接收器（船舶）移动时，可以计算出对地的速度和航线。

## 1.5 自动驾驶仪

### 1.5.1 自动航线功能

自动驾驶仪是一个控制装置，将罗经上的实际航线与设置的航线进行比较，如果实际的航线偏移了设置的航线，则采取纠正措施。现在这些控制设备大多是自适应的，能够适应船舶的特点，应用最小的舵角回到设置航线。自动驾驶仪可以调整增益、最大舵角和最大转弯速度。现代的自动驾驶仪非常敏感，在舵手意识到之前，它们以设定航线的最小偏差操作船舵。这种方式会比舵手操作行驶一个更直的航线，这样可以节省燃料和时间。

### 1.5.2 自动跟踪功能

GPS定位通过船底的电子海图系统（ECDIS）和全球定位系统（GPS）给出航线和速度，使其能够根据计划的轨迹行驶。可以添加路线点，并且在发出警告并被确认后，船会慢慢地转向下一个航道。

GPS显示器

1—陀螺仪中继器；2—转向模式选择开关；3—自动驾驶仪；4—随动方向盘；5—非随动方向盘；
6—转向传动装置的控制和报警；7—舵角指示器（双舵）；8—航线选择器。

GPS定位系统

## 1.6 速度和距离（计程仪）

500总吨以上的船舶在水中的速度和距离，必须被测量。应该安装一个指示通过水的速度和距离的计程仪。例如，可以是电磁计程仪。在浅水中，所谓的多普勒计程仪可以测量对水的速度和对地的速度，水轨迹或地面轨迹。这可以在显示器上选择。双轴计程仪测量向前和向后的速度以及横向运动。后者针对的是非常大型的船舶（油轮、散装货船），以控制系泊期间码头上的冲击力。

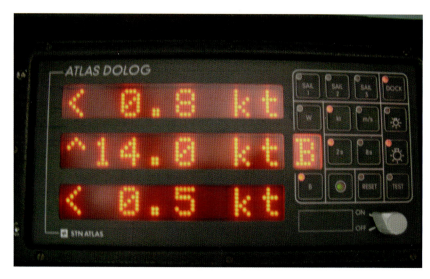

多普勒计程仪显示器显示底部跟踪模式的速度和船头、船尾的横向速度

## 1.7 舵角指示器

舵的物理位置会显示在显示器上。通常显示在甲板首部的指示器上，在驾驶室的每个位置都可以看到。

## 1.8 转速指示器

50 000总吨以上的船舶必须安装转速指示器。转速对于大型船舶非常重要，以确定到达设定路线的时间。在转向之前，必须将舵移动到使船转向的位置。特别是大型船舶，需要启动反应时间。在舰桥控制台有螺旋桨的转速和转向的显示，或在可控螺距螺旋桨情况下的螺距的显示。显示器也可以安装在驾驶台侧翼平台上，这些参数在工作和系泊期间是非常重要的。

## 1.9 风和声音

带有封闭驾驶室的船舶在行驶时，易受风的影响，必须安装风向指示器和声音接收系统。后者由外部麦克风和内部扬声器系统组成，能够确定外界声音的传入方向。

## 1.10 回声测深仪

船舶下的水深通过测深仪测量。船底的传感器向下发出声音脉冲，然后接收反射的脉冲。船底和海底之间的距离，可以由发送和接收之间的时间来计算。脉冲对水的速度近似是恒定的。可以在船舶的吃水深度进行位置调整。报警可以设置在低于传感器的任意深度。发出的声束呈圆锥形，圆锥体顶部位于传感器处。

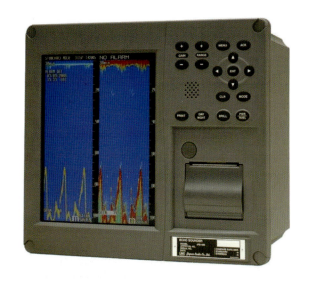

测深仪显示龙骨下的深度

## 1.11 日光信号灯

150总吨以上的所有船舶，必须有一个日光信号灯。电源必须独立于给驾驶室设备供电的主电源。通常使用普通电池供电。

## 1.12 导航灯面板

在驾驶室内安装报警和显示面板是为了控制和监视导航灯。大多数时间，此面板旁边是一个用于信号灯的控制面板，如失控（NUC）灯。

## 1.13 航行数据记录仪

2002年7月1日之后建造的客船和3 000总吨以上的除客船以外的船舶，必须携带航行数据记录仪（VDR，黑匣子）以协助事故调查。详情见国际海上人命安全公约（SOLAS）。这种装置包括一个数据采集装置，从各种仪器获得所有必要的数据。该设备记录各类信息，涉及航线、速度、通信、报警、更改、发动机详情和驾驶室里的命令。如果需要，数据可以传送到该船的岸基上。

像飞机装有的黑匣子一样，VDR使事故调查者回看事故发生前一刻的过程和指示，并帮助确定任何事故的原因。数据采集柜通常安装在驾驶室内或驾驶室附近，数据舱安装在驾驶室内顶部。后者的安装必须确保当船沉没时漂浮起来。设备必须由认证公司每年进行测试。

## 1.14 电子海图显示

电子海图代替纸制海图，信息显示在电脑屏幕上。在此屏幕上还显示船的位置。图表可以是栅格型，表示它们是扫描的纸制海图，或者是全数字化的矢量型。后者更有优势。

电子海图可以与自动识别系统和雷达相结合，也就是说，所有的信息可以在一个屏幕上显示。图表的更新已采用数字化显示。必须提供一个第二系统用于备用。纸制海图也可以备份，但是它们需予以纠正。栅格型图表不允许用于无图纸航行。图21-3为显示在雷达屏幕上的AIS，图21-4为相同区域的ECDIS显示，船舶的位置在两个屏幕上都有显示。

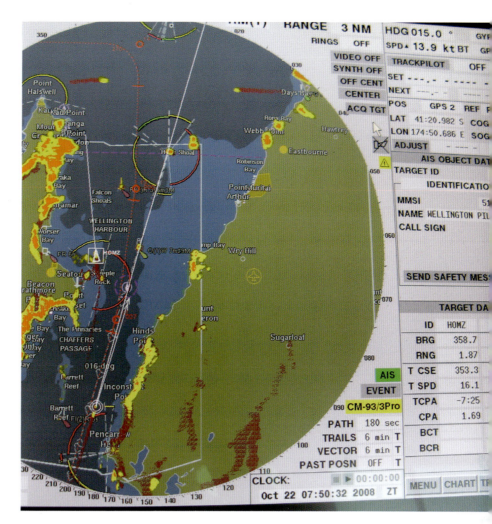

图21-3　显示在雷达屏幕上的AIS

图21-4　相同区域的ECDIS显示

21 航海设备

## 2 一人值班的舰桥

船舶可以有一个可选的船级符号，用于优化驾驶台上的环境，以执行导航任务，包括在一名值班员的监督下定期操作船舶，相关要求是对规则其他部分适用要求的补充。要求建立在遵守《国际海上避碰规则》的基础上，并且也需要遵守所有其他的与无线电通信和航行安全相关的规则。图21-5为综合导航和指挥系统的单线图，所有功能都可以在每个工作站开展。

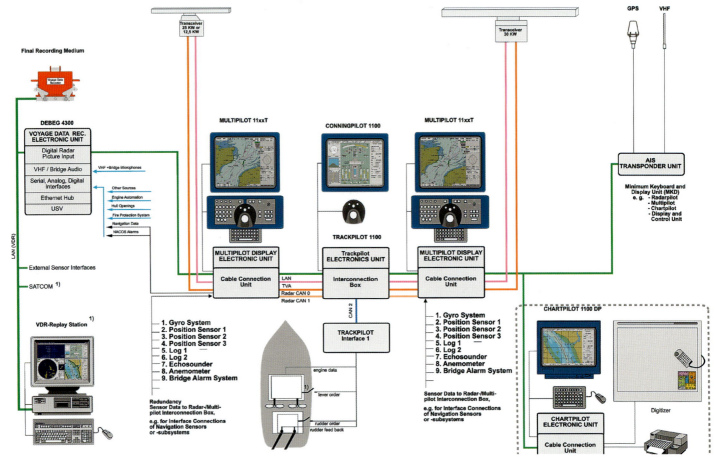

图21-5 集成导航和指挥系统的单线图

下一步的工作以及相应的发展是综合性的舰桥。当今最先进的驾驶室仅适用于一人操作和值班。除了驾驶室的大范围内的布局要求，也需要操作员位置的视图。在一个标准的舰桥上，指挥位置的视角比驾驶位置的视角更重要。指挥位置是给值班人员准备的，在舵轮后边的人听从值班人员的命令。

导航工作站需要包括以下设施：

（1）两个独立的雷达，一个在X波段，一个在S波段，其中一个带有ARPA功能；

（2）两个独立的自动定位固定系统的指示器；

（3）带有浅深度报警的回声测深仪；

（4）带有速度和距离指示、针对ARPA功能的水中航速的计程仪；

（5）针对自动跟踪功能的底部测速；

（6）陀螺罗经显示；

（7）磁罗经显示；

（8）风速和风向指示器适用于对风敏感的船舶；

（9）转向控制和指示器；

（10）主推进器和推进器的控制；

（11）内部通信系统；

（12）甚高频无线电话；

（13）时钟；

（14）窗口雨刷和清晰的屏幕控制；

（15）导航灯控制和报警；

（16）汽笛控制；

（17）甲板照明控制。

在适用的时候，这份列表会添加针对船舶特殊用途所需的额外设备。航行计划工作站需提供仪表、定位系统和时间指示器的图表。

需要安装一个包括以下报警的导航报警系统：

（1）离ARPA雷达最近的接触点；

（2）来自回声测深仪的浅水报警；

（3）来自方向性设备的偏航报警；

（4）航标灯故障；

（5）导航和航海电源板的电源故障。

这些报警中的任意一个必须在1分钟之内被值班人员接收。

1—风；2—速度（对地速度）；3—航线记录；4—转速；5—航向；6—航线；
7—速度（对水速度）；8—推进信息；9—舵的位置；10—航行计划；11—位置。

**在指挥位置的显示器**

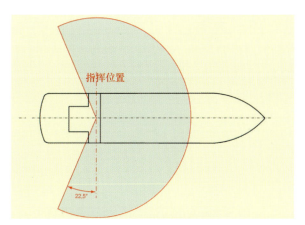

指挥位置和导航工作站所需的视角

值班人员的安全计时器（11 min）必须由值班人员在1分钟内所接受，当没有按钮按下进行确认时，船长和第二个值班人员将收到报警。除重置安全计时器外，任何舰桥装置的操作都可能重置定时器。

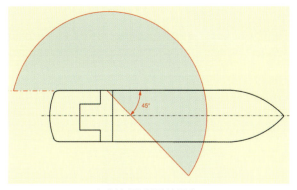

舰桥侧翼所需的视角

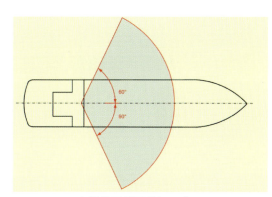

主舵位置所需的视野范围

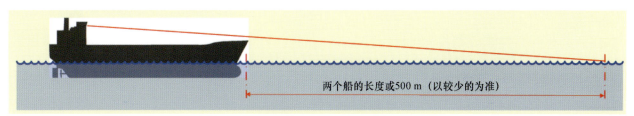

舰桥视线中允许的最大死角

21 航海设备

## 22 通信系统

## 1 船-岸

船岸之间以及船和船之间的通信已在全球海上遇险和安全系统（GMDSS）中标准化。国际海事组织是监管机构。

> GMDSS将现有的合适的卫星通信应用于国际海事卫星（INMARSAT）系统中。国际海事卫星组织是一个合作组织，其中包括60多个国家，根据每个成员国对该系统的使用情况提供资金并获得赔偿。地球静止轨道卫星被定位离赤道约36 000 km的位置，基本完成全球覆盖（A3）。极端的南、北两极地区没有被覆盖（A4）。该系统提供了一个带求救信号覆盖设施的自动通信。给出了几个服务标准。国际海事卫星组织B和C在某个特定按钮上设置了遇险报警设施。由VHF岸台服务的地区称为A1，中频/高频岸站服务的区域称为A2。

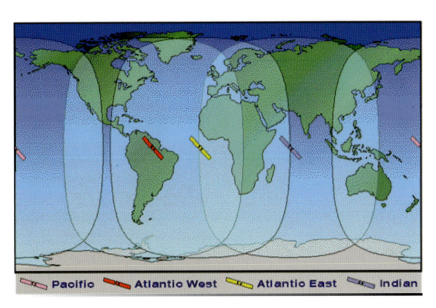

卫星覆盖世界各地

设定四个GMDSS海域，分别为A1，A2，A3和A4：

海域A1：至少有一个甚高频海岸电台的无线电覆盖，可用连续的DSC报警。原则上，它在人口稠密地区的海岸约20英里的范围内。

海域A2：至少有一个中频海岸电台的无线电覆盖，可用连续的DSC报警。在人口稠密地区的海岸约40英里的范围内。

海域A3：包括INMARSAT静止卫星可以到达的其他海域，可用连续的报警。卫星位于赤道上方，覆盖地球从南纬70°到北纬70°。

海域A4：除 A1、A2和A3以外的所有区域，实际上，指北极和南极的极地区域。

对于沿海地区，要求取决于海岸站的能力。大量空置的沿海地区没有海岸站，所以在A3地区的设备必须在这些区域提供通信。

图22-1为北海和大西洋东海岸附近的A1和A2，这些图表适用于海洋的所有部分。大西洋主要落在A3海域并且大西洋北部落在A4海域。

（a）

（b）

（c）

图22-1　北海和大西洋东海岸附近的A1和A2

## 2 全球海上遇险和安全系统（GMDSS）

### 2.1 GMDSS设备

GMDSS设备的名称和功能如下：

所有船舶，所有海域：

1. EPIRB，紧急无线电示位标。当船被淹没且EPIRB漂浮起来时，它能够自动地提供船舶的位置，也包括船舶识别的代码。
2. SART，搜救雷达应答器。当船舶被10 cm雷达的雷达波击中时，它会转播船舶的识别。
3. NAVTEX，航行警告电传机。能够接收关于气象、航行和安全的信息，它与海上安全有关。
4. DSC，数字选择性呼叫。这是一种在不使用卫星的情况下发出遇险警报的方法。作业区域受限于岸上的海上救援协调中心的可用性。

海域A1通信设备：

5. 一个带有鞭状天线的固定VNF无线电话。
6. 一个自给的SART雷达应答器。
7. 一个自给的EPIRB卫星无线电信标。
8. 一个带有鞭状天线的NAVTEX接收机。
9. 一个带鞭状天线的增强型群呼接收机；
10. 两部手持甚高频自给式无线电话。

海域A2包括以上部分和以下部分：

11. 一个带有DSC的MF无线电话，并且带有一个电线天线或一个高的垂直鞭状天线，高度为9~16 m或二者选其一。
12. 一个INMARSAT-C卫星通信系统，带有一个陀螺稳定的全向天线电传打字机和数据。带有语音传真和数据处理能力的新型微型系统SATCON-M，陀螺仪固定在定向天线上。

对于A2海域，带有DSC的MF/HF是强制性使用的。甚高频必须重复使用。卫星通信不是强制性的。大多数使用的是SATCON-C。最新使用的是INMARSAT-F和舰队宽带。

A3海域包括以上部分和以下部分：

13. 一个中频无线电电话系统和带天线的INMARSAT-C系统或者二者选其一，或者作为重复的卫星通信系统的双工系统，另一个带有DSC和TELEX的MF/HF无线电电话系统，以及另一个大型电线天线或高鞭天线。

在MF/HF上需要MF/HF和SATCON-C，或者一个二手的SATCON-C，三个手持VNF自给的无线电话。

A4海域超出了卫星的覆盖范围，只能接受重复的带DSC和TELEX的MF/HF无线电电话。

### 2.2 AIS，LRIT和SSAS

#### 2.2.1 自动识别系统（AIS）

AIS是一种转发器系统，用于在VHF频段传输船舶数据：船名、呼叫信号、尺寸、船舶类型、IMO编号和可变数据，如位置、航向和速度、气流、货物、目的地和在VHF频带上的预计到达时间（ETA）。

处理从船只接收到的数据，并结合船舶航行区域的下一张地图，现在也在互联网上发布。图22-2为船舶航行在英吉利海峡上的例子，"鼠标悬停"后弹出的屏幕上显示了一艘船的细节。

紧急无线电示位标

A1海域通信设备

A3海域通信设备

### 2.2.2 远程识别与跟踪系统（LRIT）

国际海事组织的ISPS规则要求船舶每六个小时向一个中央数据库发送一次自己的位置。这使得船旗国能够核实船只在其全球管理中的位置。

这些数据通过被验证船舶的雷达区域的合适的传输系统自动传输。远程识别和跟踪设备需要进行型式认可。

### 2.2.3 船舶保安警报系统（SSAS）

船舶保安警报系统（SSAS）是一个卫星无线电系统，给船上的工作人员提供一种报警的手段，例如，在海盗袭击的情况下。在驾驶室和船上的其他地方，通常是机舱控制室，会安装报警按钮。

当使用此按钮时，自动安排的无线电报警信息将被发送给指定代理人，该人将会提醒经营者和当局。

### 2.2.4 天线

上述所有设备都需要某种必须位于船上部的天线。每个天线都有其首选的位置，但由于空间是有限的，必须根据船舶的用途找到折中方案。还必须考虑到天线之间可能会有干扰（见17章，EMC）。其他需要天线的设备是无线电和电视系统，例如，一个电话和互联网通信的V-SAT系统。更多的时候，它们是陀螺稳定的碟形天线，安装在圆顶上，使用卫星进行数据传输。

图22-3为天线和雷达桅杆。有六根鞭状天线位于左、右两侧，中间有两个圆顶天线和两个雷达扫描仪，顶端有4个GPS天线。

## 3 维护

维护也是GMDSS要求的一部分，它分为机载维护、岸基维护和船上冗余设备的维护。对于航行在A1或A2海域的船舶，根据各自的IMO决议，这些方法都适用。岸基维护是所有地区最广泛采用的维护方式，在A3和A4海域增加了重复设备。船旗国通常负责外部通信包的审批。

## 4 内部通信

船也有一些内部通信系统，例如：自动电话、公共广播、通用报警、无线寻呼。有时公共广播和通用报警联合到同一个系统上，特别是客船。

此外，可能还有一些娱乐系统，如：广播电台、卫星、互联网。

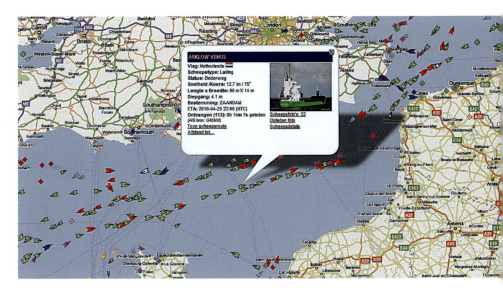

图22-2　一艘船舶航行在英吉利海峡上的例子

图22-3　天线和雷达桅杆

## 23 安全系统

> 当船上发生火灾或水灾时，安全系统会在最短的时间检测到这些事件，向船员和乘客发出警告，并尽可能减小影响。这样做的目的是：使船舶仍处在安全状态下，该安全状态是指船仍浮在水面上且船上的船员和乘客是安全的。

安全系统可以是：

1. 消防安全系统，涉及预防、探测、报警、封装（限制在一定的空间内）和火灾灭火。
2. 船员和乘客的安全系统，在发生火灾时报警或是通用报警和安全疏散报警。
3. 船舶的水密分舱，以及外部船体的开口。
4. 作为自己的救生艇的船舶。

## 1 综述

当船舶的一个防火区或水密舱损坏时，所有其他区域的安全系统应继续运行。这就要求电缆必须小心布线，并且当有火灾或水灾事件发生时，在这些仍需继续运行的系统中应该用耐火电缆和接线盒。火灾探测系统的电缆必须认真地布线，并且从一个区域传递到另一个区域或从一个机舱到另一个机舱的布线必须分开。这样，探测系统仍然能够继续监测所有尚未受影响的区域。为船员和乘客传达信息的公共广播系统以及弃船报警或火灾报警器需要有双重放大器和双重耐火电缆线路。每一个扬声器的接线盒也要防火，每个扬声器带有熔断电路。消防系统和控制系统的电源必须不受相邻区域故障的妨碍。因此，重点必须放在电缆布线和部分耐火电缆上。

集装箱船上的集装箱发生火灾

召集训练

消防站，箱内有消防栓及水管

## 2 消防安全系统

### 2.1 火灾探测和报警系统

探测器包括在厨房和洗衣舱内的热探测器，客舱和公共空间内的烟/热探测器，以及在机舱空间内的烟/热/火焰探测器。针对大型船的大多数系统都是可寻址的，这样如果发生火灾，可以被准确定位到一个船舱或有限的空间内，而不是一个覆盖有许多空间和许多探测器的火灾区域的完整回路。这样更容易灭火。

### 2.2 防火门和防火阀

防火门和防火阀，由探测系统或防火阀的热熔保险丝进行自动操作。防火门通过关闭走廊来分隔火灾区，通常是通过使磁铁失效，在失效时保持防火门打开。防火阀用同样的方式安装在居住处所的空调箱内、机舱进出口干线的通风管道内。

除了磁铁控制，自动熔保险丝安装在较大的灭火阀上，在防火阀的温度较高的情况下，关闭防火阀。

### 2.3 雨淋（喷淋）系统

在渡轮的汽车甲板上的，雨淋系统使用海水。主要使用干燥、开放的系统。当检测到汽车甲板上发生火灾时，船员将手动启动雨淋泵。然后，雨淋泵将在高压下抽海水用在车辆甲板上的受影响部分。

### 2.4 局部消防

用于扑灭发动机上局部火灾的系统。除了主辅机上方的一般火灾探测系统的探测器外，还安装了局部双探测器。它们为特定的发动机执行关停和灭火功能。所有发动机有独立的系统，使局部的火灾不会引起更多的发动机关闭。水雾泵和超雾泵常用于这种局部系统。

### 2.5 超雾系统

超雾系统使用高压淡水，通过喷嘴喷射形成水雾。水雾降低火的温度并且通过带走空气灭火。该系统主要用于居住处所，有时也可用自动喷水灭火系统。如果超雾系统将淡水耗尽，它将切换到使用海水，但是这会对内部造成更多损坏。

### 2.6 消防泵

目前有许多消防泵从舷外抽水，并且都连接到消防主线上，使用软管连接（消防栓），这样可以到达船上的每一个位置。

### 2.7 二氧化碳

用于机舱、货舱和厨房抽油烟机的二氧化碳（$CO_2$）或其他与消防系统相关的气体总是手动操作。当释放箱被打开，会产生声光报警，警告有关空间内的人。报警系统必须有两个独立受控的电源电路。

## 3 船员和乘客的安全系统

（1）通用报警系统，提醒船员和乘客，命令他们到集合地点（集合站）。

（2）公共广播系统，与通用报警系统相同。

（3）带应急照明的逃生路线标志。

（4）低水平照明，以在烟雾情况下指示居住处所内的逃生路线。

## 4 安全规定

安全规定也适用于：
（1）位于水密舱壁的水密门。
（2）位于船壳板上的船尾门和侧门。
（3）位于外壳上的船首门。
（4）渡轮车辆甲板空间的分舱门，避免一侧大量积水，从而导致船舶失稳并可能导致倾覆。

图23-4 滚装渡轮的汽车甲板上的雨淋系统测试

## 5 作为自己的救生艇的船舶

在广阔的海上，最大的漂浮物是船舶本身。对于船上人员的安全，面临的主要挑战是要保持重要系统的工作，接下来的挑战就是返回港口。只要没有超过伤亡阈值，某些系统就应该继续工作。

这包括：

机械设备：推进，转向，燃油输送，安全区域支撑。

安全性：通信，消防和舱底系统，消防安全和损害控制。

当这些主要系统可维持工作且船舶漂浮时，就可以决定留在船上。然后由船员、港口当局和其他相关人员决定将船航行到最近的港口。

这些安全系统安排的第一步必须在设计阶段完成，它对推进、发电、不同舱室冗余的主要组成部分有重要影响。通常客船配有双螺旋桨，但安装在单独的机舱，这样增强了船只的安全性。它对管道和电缆布线有影响，并且与带冗余等级的DP系统类似。各种形式的电力都可以从这个角度来看。组件的冗余也意味着电力电缆和控制系统的电缆的冗余。

这种把船舶作为自己的救生艇的理念是近年来产生的，主要用于游轮。游轮上的乘客人数从2 000人增长到5 000多人，在未来几年甚至更多。

图23-6为在车辆甲板上着火的渡轮，应注意，A-60隔板在烧毁的车辆甲板和通风管道之间的位置，居住处所空间在更靠前的位置。

滚装车辆渡轮的船首门

车辆甲板着火的渡轮

在海上，如此大数量的撤离是一个艰巨的任务，所以保持船只漂浮和一定程度下可操作是有很大好处的。当货轮配备双推进系统时，也值得研究这样的布置的影响。

手动火灾报警按钮

## 24　照明系统

> 照明系统的设计和安装有不同的目的，并符合不同的要求。照明系统的例子包括：如工作照明，工作形式决定其照明水平；在不打扰别人的情况下指路的方向照明；在紧急情况下的紧急照明和低水平逃生照明。

## 1 照明系统

下边的清单给出了工作区域内照明水平的指导。最终数据必须从合同下适用规章制度中获得。

### 1.1 居住区

（1）船长级别的休息室　　150 lx
（2）船长级别的卧室　　　100 lx
（3）客舱　　　　　　　　100 lx
（4）状态室/乘客室　　　 100 lx
（5）桌子上　　　　　　　250 lx
（6）卧铺上　　　　　　　200 lx
（7）镜子前　　　　　　　200 lx
（8）浴室　　　　　　　　50 lx
（9）盥洗室/厕所　　　　 50 lx
（10）理发店　　　　　　 200 lx
（11）餐厅/食堂　　　　　200 lx
（12）餐桌　　　　　　　 250 lx
（13）娱乐室　　　　　　 200 lx
（14）体育馆　　　　　　 200 lx
（15）酒吧/酒廊　　　　　50 lx
（16）购物区　　　　　　 200 lx
（17）通道/走廊　　　　　50 lx
（18）楼梯　　　　　　　 50 lx
（19）旅客入口　　　　　 100 lx
（20）外部通道　　　　　 10 lx
（21）游泳池　　　　　　 50 lx

### 1.2 导航区

（1）驾驶室　　　　　　　50 lx
（2）海图室　　　　　　　50 lx
（3）海图桌中心聚光灯　　250 lx
（4）无线电操作员工作台中心
　　 聚光灯　　　　　　　250 lx
（5）操舵室　　　　　　　200 lx

### 1.3 服务区

（1）办公室　　　　　　　100 lx
（2）甲板　　　　　　　　250 lx
（3）厨房　　　　　　　　100 lx

盥洗室/厕所

驾驶室

办公室

（4）炉灶上　　　　　　　　　　　　250 lx
（5）供货商店　　　　　　　　　　　50 lx
（6）洗衣房　　　　　　　　　　　　100 lx

### 1.4 操作区

（1）主要通道、楼梯、主机舱的入口、辅助机舱和锅炉房　　100 lx
（2）上述空间的工作区　　　　　　　　　　　　　　　　　150 lx
（3）油箱后边的入口、机器、机舱和锅炉房的其他设备　　　20 lx
（4）发动机控制室　　　　　　　　　　　　　　　　　　　200 lx
（5）甲板上的发动机控制室　　　　　　　　　　　　　　　300 lx
（6）车间　　　　　　　　　　　　　　　　　　　　　　　100 lx
（7）在工作台或机器上的车间（局部照明）　　　　　　　　300 lx
（8）货物控制室　　　　　　　　　　　　　　　　　　　　200 lx
（9）货油泵室　　　　　　　　　　　　　　　　　　　　　300 lx
（10）应急发电机室（自给电池组的局部照明）　　　　　　 300 lx
（11）系泊绞车区、装货区及仅需要检查，无须严格监控的区域　20 lx

## 2　光源

不同类型的光源具有不同的效率和寿命。

| 光源 | 功率（光通量/瓦） | 寿命（h） |
| --- | --- | --- |
| 白炽灯泡 | 8~15 | 1 000 ~ 3 000 |
| 低压卤素灯 | 12~25 | 2 000 ~ 3 500 |
| 高压卤素灯 | 12~25 | 4 000 ~ 10 000 |
| 荧光灯 | 47~104 | 6 000 ~ 40 000 |
| 节能灯泡 | 40~80 | 8 000 ~ 16 000 |
| 高压水银灯泡 | 30~140 | 10 000 |
| 高压钠灯 | 60~140 | 8 000 |
| 发光二极管 | 20~50 | 50 000 |
| 感应灯 | 65~70 | 8 000 |

与传统的卤素聚光灯相比，LED灯不仅可以在照明功率上节省50%能源，而且还可以在产生的热量上节约50%，从而减少空调系统的冷却。感应灯是不可调的，且没有大型号可用，并且不适合用于住宅中。

操作台

光源

另一种光源

照明系统的各类插头

## 3 照明系统的类型

正常的照明系统包括由主电源供电的所有系统。正常的照明系统的布置方式必须确保包括应急发电机、转换设备和应急照明配电板的空间内的火灾或其他故障不会对照明系统产生任何影响。应急照明系统的电源必须独立于主电源。应急照明可分为一般照明、过渡照明和补充照明。客船需要逃生路线或低位照明，并用带电池或耐火电缆的自给电源单元独立于其他火灾区，两者都可以确保系统可用一小时。过渡应急照明必须由单独的电池供电，可以支撑半小时，并在紧急情况下，有足够时间允许安全疏散。

钻井船的照明布置的Dialux截图

法国和德国已经制定了适合两个国家标准的接地电路的插头。结合了德国的接地插头与法国的第三引脚接地的插头现在在大多数欧洲国家使用。意大利、英国以及瑞士也是不同的，但不接地的欧洲插头适合在瑞士和意大利使用。

勒克斯（lux）是光照强度值，缩写为lx。流明（lumen）是光辐射值，或一个光束中光的数量。

1勒克斯=1流明/平方米。

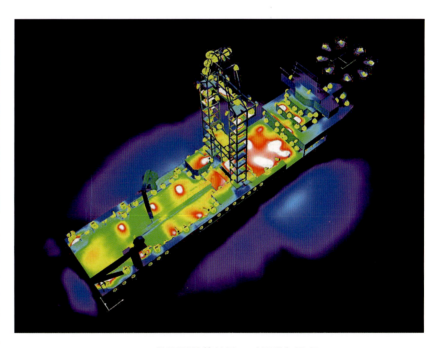

Dialux的照明计算结果，以假彩色呈现

## 4 照明计算

在设计期间进行照明计算并且按计算结果进行安装，有助于避免在竣工测量实际照明水平时进行昂贵的修改。目前有许多计算方案，无论是商业的还是非商业的。图24-9为使用这种方法对钻井船进行照明计算的截图。

## 5 照明测量

照明水平测试必须在所有设备已经安装并且所有居住处所空间安装完家具的情况下完成。

为了照明测量，应使用校准的仪器，并且测量数据应体现在报告中。较新型的照明测量仪器可以直接将数据记录并转移到PC机上做进一步处理。

## 25　动力定位系统

本章涉及的是那些在操作期间不使用锚或其他方式固定在海床上，但还需要保持在某位置的特殊船舶。动力定位（DP）船舶包括起重船、电缆铺设船、管道铺设船、管道挖沟船、抛石船、潜水支撑船、挖泥船，甚至掩体船、大型游艇，以及最近出访他国景点的客船。

控制船舶从一个位置移动到另一个位置，以及当环境不允许锚干扰时，也使用一种称为自动航行和自动跟踪的相同的系统。越来越多的船都配备了这种控制系统。

在深水中工作的DP（AAA级）管道铺设船

前一页显示的是起重机和管道铺设驳船的单个推进器控制台。这些控件不用于操作，因为这些对于操作者来说是几乎不可能的，而是针对单个推进器的测试程序。在控制台的中心是一个综合控制单元，能够对所有的推进器进行综合处理，获得力和方向的总输出。

基本设计标准、内容、地点和方式对动力定位应用非常重要。

## 1 动力定位的符号

带有动力定位符号的船只的冗余通常描述为1级、2级或3级。

**1级**适用于具有手动备份的单一自动控制系统的简单工作，其中不会导致危急情况。这个冗余可以是一个海上的备用船舶、游艇或者停泊在舰桥上有人操作的客船。

**2级**适用于使用复制自动控制系统的更复杂工作，其中位置的偏差，可能会导致更多的危急情况。例如电缆铺设船、管道铺设船、挖沟船或抛石船。

控制系统和系统控制的推进器需要一个故障模式和影响分析（FMEA）。必须要考虑到单一故障，如空间的火灾或洪灾。符号为AA。

**3级**是最高级别的冗余，用在高科技深水管道铺设船、重吊船、潜水支援船中，这里失去控制可能导致危险的情况。控制系统和推进系统需要一个基于单一故障的FMEA。空间的洪灾或火灾也需要考虑。符号为AAA或DP3。

当洪灾和火灾是FMEA的考虑部分时，从重复的控制系统到推进器和其他控制设备的电缆布线都是非常重要的。

## 2 DP系统的布局设计

建立一个动力定位系统从硬件开始，如螺旋桨和推进器，其输出和方向由计算机控制，计算机从各种传感器获取有关如风向、位置信息、航向、航速等的信息（软件）。

根据DP系统的分类，冗余由推进器、电脑和输入传感器的数量和电源提供。计算机处理输入，并将这些转化成推进器的命令。船舶可能会停在某个位置或根据规定的路线和距离移动。它也用于沿着带有航点的规定的轨道航行，主要用于电缆铺设业务，这里速度可达10海里。

DP系统的重要组成部分是电源管理系统（PMS）。该系统调节发电和配电。在设计阶段，进行特殊操作负荷计算，包括负载流量、选择性问题、配电板的配置，如配合断路器打开和切断母线。DP系统设计者使用产生的数据计算船舶的DP容量和生成所谓的DP足迹。一个DP足迹表明DP船与环境条件（如水流、风力和可用推力）有关的运行极限。

冗余度通常由故障模式和影响分析（FMEA）确定，是所有带有高DP符号的船只的要求。这种分析不仅适用于控制系统，而且针对那些需要停在某个位置或根据最初的设计标准"做什么"去执行自动航行或自动跟踪的所有设备，无论是否为电气设备。

25 动力定位系统

## 3 输入传感器

这些环境传感器包括以下内容：

### 3.1 陀螺罗经

两个或两个以上陀螺罗经能确定船只的航向。

### 3.2 垂直参考单元

两个或两个以上的垂直参考单元能确定船只的横摇和纵摇。

### 3.3 风速和风向

两个或两个以上的风速和风向的监测系统，在船开始移动前，能使系统对风力和阵风做出反应。

### 3.4 差分全球定位（DGPS）系统

两个或两个以上的DGPS系统能确定船舶位置。如果船在移动，也会计算航向和速度。两个或两个以上的差分接收器用于全球定位系统的校正信号。导航和航海设备的详细信息，见第21章。

### 3.5 张紧索

张紧索系统基本上是一个自动张紧绞车，在恒定张力下保持钢丝连接到海底的重物。线通过带有发射器的万向接头收集有关线在两个方向上的方向角数据，从而确定船的相对运动。

电脑通过角度计算运动情况，角度通过垂直参考单元和测量线的长度或水深来纠正。

### 3.6 雷达定位系统

其他的位置参考系统是实时环境监测系统（ARTEMIS）：一种基于雷达的系统，用于测量距离，并且在一个固定的位置由一个或多个发射器引导航向。

### 3.7 基于激光的系统

更现代化的水上系统是FANBEAM，一个激光测量固定位置上反射器的距离和方向的系统。有时这个系统会对安全服上的反射器做出反应。

### 3.8 水下定位系统

在水下，有基于声呐的系统对海床上的应答器做出反应。应答器会回答从船上发来的声音信号并且重复几次，可以测量距离和航向。

## 4 传感器偏移

对于一个准确的系统，所有的差分全球定位系统天线、张紧索的位置、激光照射器和声呐光束之间的相对距离必须都了解并且输入计算机系统中。所有这些输入计算机中的信号必须针对永久性偏移进行校正。船只的运动导致的变化也由计算机系统进行校正。例如，系统将尽量保持DGPS系统的天线固定在一个位置上。船舶的摇动将移动天线的位置，如果不校正，将激活推进器。操作员从DGPS1更改为DGPS2，如果系统不知道天线的偏移，上述事情同样会发生。

DP系统保持船在某位置的定位，可以由工作的类型进行选择。根据不同类型的工作，以及在船上用来工作的工具的位置，工具的偏差也可以确定。对于抛石船，落水管的末端为重要的位置。对于起重船，钩的位置是重要位置。

(a)

(b)

1—线；
2—环是拉紧的电线的重量的上位限制开关；
3—升沉补偿器；
4—船舶横向运动的角度传感器。

**输入传感器**

DP起重船正在准备从潜水重型货船上提升起一个上部结构

## 5 推进器的位置和类型

不同的应用决定了所需推进器的位置和类型。通过推进器的名称来区分各种各样的推进器，例如：变桨定速单向推进器，定桨变速全向推进器。在推力的方向可以控制时，这两种类型也可用作全回转推进器。全回转推进器被制成固定的和可伸缩的。定桨变速可逆通道推进器以及变桨定速通道推进器也常使用。这些推进器可以从一个或多个发电机获得柴油驱动或柴油电动。

## 6 FMEA：故障模式与影响分析

### 6.1 FMEA的引言

符号DP（AA）和DP（AAA）都必须通过FMEA验证。这是一种用于确定在推进系统和推进控制系统中单一故障后果的方法。

对于柴油电力推进船，它用油箱和燃油系统进行启动，识别空油箱、故障分离器、故障增压泵上的单一故障，并列出了推进系统的后果。当只有一个推进器参与时，没有必要进行报警。一旦一个以上的推进器因推进器上游的单一故障而损坏，则应该被识别，这样才能确定解决方案。

完全冗余的系统并不只考虑位于空间内的设备，还要考虑到冗余装置或从冗余装置引出的电缆线路。一个非冗余的电缆线路的例子是：推进器1的电源电缆线和推进器2（作为推进器1的备用）的控制电缆线，两者都位于同一电缆架上，如果这个空间发生火灾，将不会是冗余的。此外如果推进器需要更多的电源，例如主电机的10 kV电压，液压泵和润滑油泵的440 V电压，主控系统的220 V电压，应急控制系统的24 V直流电压，从一个电源获得所有的交流电源和从一个公共的直流系统获得应急控制，可能产生更多的冗余。

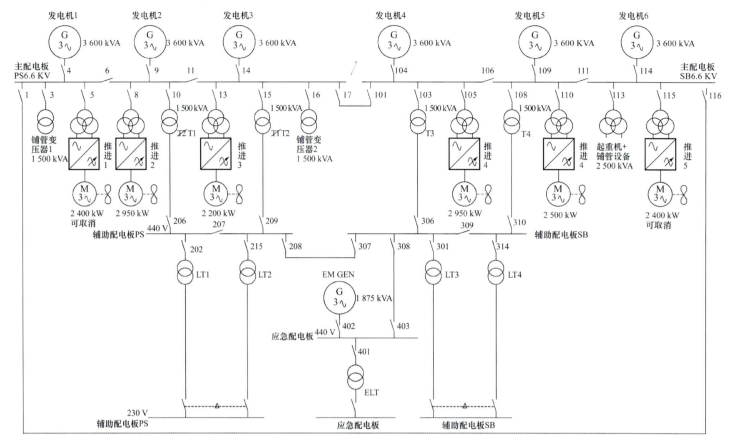

单线图

DP起重船

## 6.2 电缆铺设和维修船举例

一张图片比多页的文字提供更多的信息。首先，图25-1是一个简化的单线图，顶部为推进器及其辅助设备的配电情况。其他三个推进器也有类似的安排：一个来自配电板1，另外的两个来自配电板2。

机舱是独立的，所以没有公共的故障可以影响到两个机舱，不过，有共同的系统供给发电机组，诸如燃料、海水和淡水等。这样就允许在有利的天气条件下，应用较少的发电机运行所有的推进器，以节省燃油。

另一种方法在每个无公共系统的推进机舱内应用柴油机直接驱动每个推进器。在低负荷时，这种方法在燃料方面不是很有效，但这样的配置（推进发电机、无高压配电板、无变压器、变频器和电动机）里，很多设备就不需要了。取而代之的是，总是有4个发电机在运行，并且由于其有限的速度范围，需要可变桨距推进器。组建这样的系统是可以实现的。更多的设备并不总是代表更多的冗余。

直接驱动比柴油电力系统更高效。图25-6的下半部分显示了发电机房辅助设备的一半配电系统。这里是每个发电机机舱的公共的配电系统，带有一个来于高压配电板的变压器、一个440 V配电板，一个单独的变压器440/230 V连接到另一个单独的230 V 配电板和一个用于应急控制的24 V直流电池不间断供电系统。该24 V直流电也可以控制高压断路器，通常机械地锁在其开启或关闭的位置，并需要操作或打开的电源。该电源为UPS类型的电源，以在短路或全船失电的情况下保证打开断路器。

其用意是当一个机舱出现严重问题（如火灾或水灾）时，其他正在工作的机舱（其配电板电压为高压、低压、230 V以及直流24 V）仍有能力运行其发动机、发电机、辅助设备、配电板。由于推进器的分布式规划，一个单一故障不能影响多个推进器。电缆的位置和布线必须保证火灾不会影响多个推进器。由配电板引出的推进器控制电缆可以排到一起，因为该配电板的故障也会导致推进器停止。

必须对运行发电机和推进器所需的其他系统进行类似的分析。因此，油箱布置、灌装系统、分离器等必须不依赖于其他机舱的任何物品。通风布置、风扇的位置、控制装置和电源供应必须独立于其他机舱。

在一个机舱中冷却水系统（海水和淡水）必须独立于其他机舱。一个推进器的冷却水也必须独立于所有其他的推进器。

推进器的液压系统必须独立于所有其他推进器，因此，没有共同的油箱。

推进控制应该来自与每个推进器相关的24 V直流电源。

在动力定位系统中，控制电路也必须在不同的电路板上进行划分，以确保单一故障不会危及多个推进器的功能。

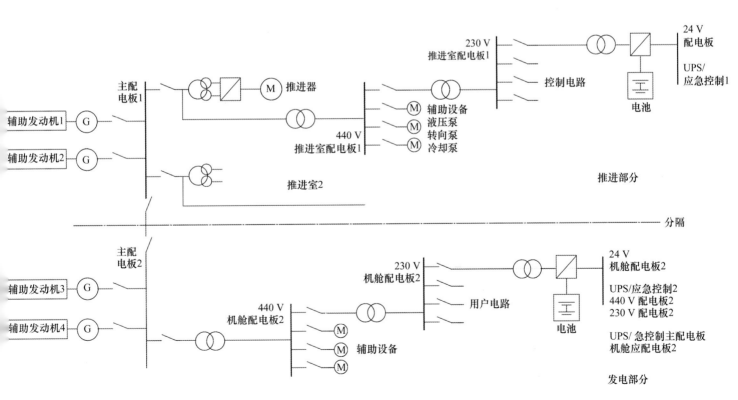

图25-1 简化的单线图

## 6.3 升级的起重船和管道铺设船举例

一艘大型起重船的升级涉及两个机舱、配电室、推进器室和四个新的推进器。这样在3级的情况下，会导致总的安装和增加的发电机容量从50%上升到75%。对于一个位于（A-60级）绝缘防火空间内，带有主要和备份计算机控制系统的（AAA级）认证系统中，普通计算机和备份计算机的控制电缆布线全长都必须是分开的。从主控到备份控制的改变物理上必须尽可能接近推进器。

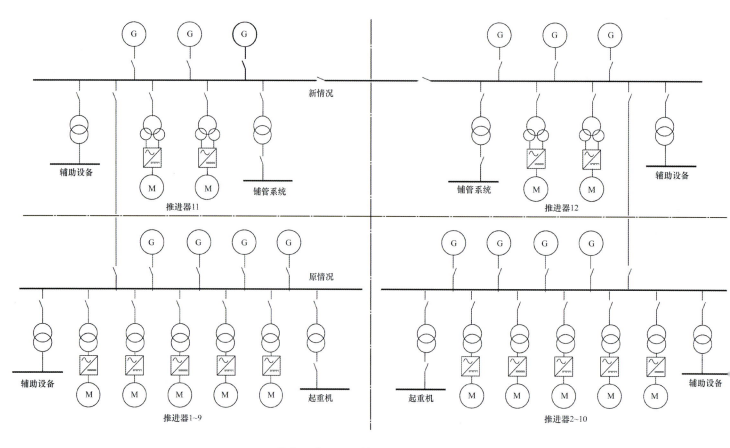

柴电DP起重船和管道辅设船的单线图

在后台带有手动推进控制台的主DP控制台

次级DP控制台

## 6.4 机舱和舰桥的检查表

进入DP是一个谨慎的工作，并且要求舰桥和机舱的船员有计划地操作和测试。改变为DP模式和从DP模式改变地程序与飞机在起飞前使用检查表所做的准备一样严格。

表25-1为一个机舱检查表举例。在该例中，全回转推进器T3也需要来自作为电源的机舱的新鲜冷却水。这些阀门是人工操作的，并且必须在正确的位置。检查表必须由机舱的船员完成，并且提交给舰桥。舰桥船员检查系统的组件并填写检查表（表25-2）。当所有设置和测试都正确后，船可以进入DP模式。

表25-1 机舱检查表

| 数据 | | | | |
|---|---|---|---|---|
| 时间 | | | | |
| DP等级要求 | 1 | 2 | 3 | 4 |
| 发电机系统 | 在线 | 自动 | 备用 | 不可用 |
| 主发电机 | | | | |
| G1左舷外侧 | | | | |
| G2左舷外侧 | | | | |
| G3右舷外侧 | | | | |
| G4右舷外侧 | | | | |
| 左舷汇流排690V | 关闭 | 右舷汇流排690 V | 关闭 | |
| 打开 | | 打开 | | |
| 机舱端口 | | | 应急室STB | |
| 左舷汇流排440V | 关闭 | 右舷汇流排440V | 关闭 | |
| 打开 | | 打开 | | |
| 左舷汇流排230V | 关闭 | 右舷汇流排230V | 关闭 | |
| 打开 | | 打开 | | |
| | 运行 | 自动 | 运行 | 自动 |
| 燃油增压泵1 | | | | |
| 燃油增压泵2 | | | | |
| G1本地振荡器（LO）启动泵 | | | X | X |
| G2本地振荡器（LO）启动泵 | | | X | X |
| G3本地振荡器（LO）启动泵 | X | X | | |
| G4本地振荡器（LO）启动泵 | X | X | | |
| 海水泵1 | | | | |
| 海水泵2 | | | | |
| 淡水泵1 | | | | |
| 淡水泵2 | | | | |
| 起动空压泵1 | | | | |
| 起动空压泵2 | | | | |
| 应急发电机 | | | | |
| 推进系统 | | | | |
| T1左舷向后 | 可用 | 不可用 | | |
| T2右舷向后 | 可用 | 不可用 | | |
| T3方位向前 | 起重驳船左舷 | | CB右舷 | |
| | 关闭 | 打开 | 关闭 | 打开 |
| | F.W阀左舷 | | F.W阀右舷 | |
| | 关闭 | 打开 | 关闭 | 打开 |
| T4隧道向前 | 可用 | 不可用 | | |
| T5隧道向前 | 可用 | 不可用 | | |

表25-2 舰桥检查表

| 数据 | | 当前速度 | 节 | DIR（°） |
|---|---|---|---|---|
| 时间 | | 波信号（m） | 波高最大值（m） | |
| DP等级要求 | 1 | 2 | 3 | |
| 主发动机 | | | | |
| 左舷机舱 | | | | |
| G1左舷外侧 | 在线 | 自动 | 备用 | |
| G2左舷内侧 | 在线 | 自动 | 备用 | |
| 右舷机舱 | | | | |
| G3右舷内侧 | 在线 | 自动 | 备用 | |
| G4右舷外侧 | 在线 | 自动 | 备用 | |
| 左舷汇流排690 V | | 右舷汇流排690 V | | |
| 打开 | 关闭 | 打开 | 关闭 | |
| 左舷机舱 | | 右舷机舱 | | |
| 左舷汇流排440 V | 关闭 | 右舷汇流排440 V | 关闭 | |
| 打开 | | 打开 | | |
| 左舷汇流排230 V | 关闭 | 右舷汇流排230 V | 关闭 | |
| 打开 | | 打开 | | 自动 |
| 推进系统 | | | | |
| T1左舷向后 | 可用 | 不可用 | | 在线 |
| T2右舷向右 | 可用 | 不可用 | | 在线 |
| T3方位向前 | CB左舷 | | CB右舷 | |
| | 可用 | 不可用 | | |
| T4隧道向前 | 可用 | 不可用 | | |
| T5隧道向前 | 可用 | 不可用 | | |
| 参考系统 | | | | |
| 差分全球定位系统1 | SATLOCK | DIFFLOCK | 中频/高频 | |
| 差分全球定位系统2 | SATLOCK | DIFFLOCK | 中频/高频 | |
| 差分全球定位系统3 | SATLOCK | DIFFLOCK | 中频/高频 | |
| 张紧索 | 外框 | 控制 | | 在线 |
| 声定位系统 | 阀门开启 | 部署 | 控制 | 在线 |
| 声呐 | 阀门开启 | 部署 | 控制 | 在线 |
| 扇形光束 | | | 控制 | 在线 |
| 陀螺罗经1 | 行进 | | 启动 | 优先 |
| 陀螺罗经2 | 行进 | | 启动 | 优先 |
| 陀螺罗经3 | 行进 | | 启动 | 优先 |
| 风1 | 方向 | 速度 | 启动 | 优先 |
| 风2 | 方向 | 速度 | 启动 | 优先 |
| 风3 | 方向 | 速度 | 启动 | 优先 |
| 虚拟现实系统1 | 滚转角 | 俯视角 | 启动 | 优先 |
| 虚拟现实系统2 | 滚转角 | 俯视角 | 启动 | 优先 |
| 主控制系统 | | | | |
| 定位 | 北 | 东 | 行进 | |
| 灯试验 | 完成 | | | |
| 增益 | 高 | 中 | 低 | |
| 速度设定（m/s） | 旋转设定（degr/min） | | | |
| 旋转中心 | 月池 | 右舷起重机 | 左舷起重机 | |
| 灯光和形状 | 灯光 | 形状 | | |
| 在线控制器 | A | B | | |
| 自动启动 | 开 | 关 | | |
| 在线更新 | Y/N | Y/N | | |
| 在线操作 | 1 | 2 | | |
| 参考系统 | | | 可用 | 在线 |
| 差分全球定位系统1 | | | 可用 | 在线 |
| 差分全球定位系统2 | | | 可用 | 在线 |
| 差分全球定位系统3 | | | 可用 | 在线 |
| 张紧索 | | | | |
| | LIMITS F/A m | LIMITS P/S m | 水深(m) | 在线 |
| 声定位系统 | | | 可用 | 在线 |
| 声呐 | | | 可用 | 在线 |
| 扇形光束 | RANGE | EBARING | LEVEL | 在线 |
| 备用控制系统 | | | | |
| 定位 | N | E | HEADING | |
| LAMPTESR | DONE | | | |
| 增益 | 高 | 中 | | 低 |
| 速度设定（m/s） | 旋转设定（degr/min） | | | |
| 转动中心 | 船井 | 右舷起重机 | 左舷起重机 | |
| 参照系统 | | | | |
| 差分全球定位系统1 | | | 可用 | 在线 |
| 声定位系统 | | | 可用 | 在线 |

# 26 特殊系统

在大多数情况下，特殊系统用在特殊的船舶上。不可能列出所有的特殊系统，因此，本章仅强调一些系统，以给人留下印象。

## 1 特殊系统的类型

一般货船不需要特殊系统，像散货船和多用途货船。它们有许多简单的系统，已在前面的章节中讨论。

带有特殊系统的船只举例：

集装箱船有一个横倾平衡系统，为了装卸集装箱时保持船的直立。这些船有时也有精密的冷却容器供应和监测系统。

超大型油轮（VLCC）为了卸货，有大量的高压货油泵。

豪华游艇，拥有先进的电脑控制照明和娱乐系统和高科技的交流系统。

乘客/车辆渡轮有三个重要区域，每个区域有一个特殊系统：乘客区、车辆甲板和机舱。

挖泥船配有大型液压控制系统（用于阀门和货舱门）、复杂的电子系统（用于控制和监控疏浚过程）、大型高压疏浚泵，并且有时检测大型高压挖泥泵。

化学品运输船有甲板上货物阀门的液压控制系统、水箱水位监测和应急推进系统，这些将在本章后边进行讨论。

钻井船有专业的钻井相关系统和先进的电子系统，以支持钻井过程，如DP系统。水下机器人（ROV）系统也是设备的一部分。

带有DP系统的电缆铺设船、管道铺设船和带有DP系统的潜水支持船已在前面的章节中讨论过。

超大型油轮（VLCC）和汽车渡轮

26 特殊系统

## 2 特殊系统举例

### 2.1 直升机设施

在许多船上提供了直升机设施。大型油轮、散货船和集装箱船的甲板上有直升机着陆区,以便飞行员着陆或离开该船。特殊的预制的大型直升机平台通常安装在大型海上设备上,如钻探设备、潜水支援船、铺管船、起重机船等。该平台通常由铝制成。然后,当该船远离岸边时,这些平台常用于船员的变动或运送物资。当离岸基较远,直升机必须在船上加油,直升机平台上会有一个直升机加油系统。

越来越多的大型游艇有直升机设施,并且有的会有两座或四座小型直升机的室内存放设施。

对于较大的经认证的直升机甲板有许多必须满足的要求,这些要求详见《海上直升机着陆区标准指南CAP437》,这是由英国民航管理局颁发的。较大的经认证的直升机甲板有夜间作业的特殊照明装置:周边照明、泛光灯和风向袋照明。当有大型物体在接近直升机的路径时,必须提供红色障碍灯。除了以上提到的之外,钻井船必须有一个或多个直升机状态灯连接到紧急停车系统(ESD),且当船的安全水平降低时,它将被激活。正在接近的直升机将被警告不能降落,已经降落的也会立即起飞。

当直升机需要加油时,燃油泵必须在安全位置提供一个紧急停止,相关的控制设备必须是防爆的。此外,必须在存储滚筒上安装经批准的半导体输软管,并且在任何加油(或卸油)开始之前,必须使用合适的(高能见度)连接电缆将直升机框架接地至船舶结构。

直升机系统还包括通信系统和着陆灯塔。

直升机风向袋

直升机甲板上的泛光灯和周边灯

直升机甲板

## 2.2 轴带发电机

船上的电力通常由独立的柴油发电机产生。然而，必要的电力也可以由主发动机通过一个附加的发电机产生，该发电机在主发动机运行时要么始终旋转，要么与主发动机通过联轴器连接。有了联轴器，可以在需要时连接发电机。当轴带发电机组与柴油发电机组的转速相同时，这些都可以在海上关闭。由于使用较便宜的燃料，由主发动机产生的电力也较便宜。

有各种配置和选项可供选择。一或二台主发动机。一或多台轴带发电机。直接驱动或通过减速箱驱动。

当主发动机是一个缓慢运行的长冲程发动机时，必须使用一个非常大的运行在轴速度的多极轴带发电机或升压装置来驱动发电机。柴油发电机和轴带发电机之间，可以使用其他类型的驱动器：V带，甚至链条或者一种可以在一定范围内将变速变为恒速的传动装置。

## 2.3 废气发电机

大型集装箱船舶带有巨型大功率主发动机，产生大量的热量。这种以废气形式存在的热量，通过在废气锅炉中制造蒸汽尽可能用于其他目的。在过热情况下，蒸汽足以驱动一台蒸汽发电机。由该汽轮机驱动的发电机会产生充足的电力供船舶正常使用。剩余电力可用于辅助电力推进电机中，并且为螺旋桨轴供电。在这种情况下，无需轴带发电机，因为主发动机的热量可以用来产生所需的电流。

安装辅助柴油发电机的目的是当船舶在港口时产生电力。

## 2.4 紧急推进

紧急推进是一种用于化学品油轮的系统，在化学品油轮上，船舶发生事故和货物泄漏可能造成严重后果。

紧急推进系统的基础是一个轴带发电机或动力输出（power take off，PTO）发电机，通过开关设备转换成电动机，由辅助发电机供电。

由于发电机与电机不同，它只能在同步并切换到主发电站后，作为电机产生扭矩。

有些系统使用小型电动机驱动发电机上升到同步转速，然后同步并闭合断路器。另一个办法是在运行的上升阶段，将发电机改变成电动机。通过安装在转子上的设备使转子绕组短路实现。只要转子同步运行，短路就会被切断并且转子由AVR励磁。

在莱茵河上的内陆油轮，它必须强制拥有能够达到10 km/h的紧急推进。在某些情况下，它由全方位的艏推进器提供，使用在船尾方向的推力，或通过一个按电动机配置的轴带发电机。

## 2.5 水下机器人

水下机器人（ROV）是带照相机、灯光和机械臂的小机器人，该机械臂可以用来探测海底和连接工作。应特别考虑到供应给ROV的电源的质量。任何干扰都会因控制电缆的容量和长度被放大，例如来自船舶电气系统的谐波失真。因此，在某些情况下，建议使用旋转电机-发电机转换器产生纯净的电源给ROV系统供电。ROV通过船舶驶下水，然后由ROV控制台控制。电力供应和控制通过控制电缆传输。由于ROV可以在很大的深度工作，该单元上螺旋桨的电源应从专用配电板供给3 000 V。

ROV的控制台

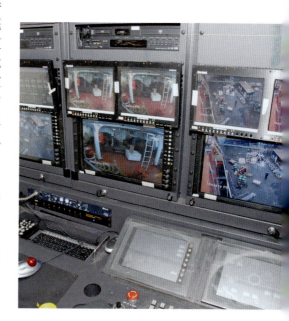

ROV的发射设备

26 特殊系统

## 2.6 钻井设备

钻井船上有许多高度专业化的系统。尽管钻井类型决定了典型的配置，仍有许多标准系统，像钻井设备、铁钻工、托举钻杆的系统都可以在钻井船上找到。一个高低压泥浆系统也需要被安装，用来将泥注入钻井的钻孔中。当作业内容是钻采石油或天然气，将会有广泛的带安全系统的危险区域，如火灾或气体监测系统和紧急关闭系统。

当DP系统正在退化或DP因环境条件变化而不能保持在原位时，为了警报船员，需要安装DP提醒系统。该系统包括与交通灯方式相同的信号灯柱和一个报警喇叭，将会在状态变化时发出声响。

带有辅助控制的高压泥浆泵

带有顶部驱动的钻台

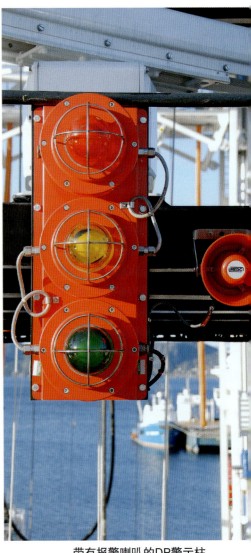

带有报警喇叭的DP警示柱

## 2.7 管道铺设船

在海上,管道铺设是一个复杂的过程,尤其是当处理大型的直径为1 m的管道时。大部分情况下,铺管船都转换成动力定位的船舶或驳船使用,推进器的推力不仅用于保持船舶的位置,而且还提供管道的拉力,从驳船上牵引过来。管道被张力控制器和大型液压钳牢牢固定,防止管道从船只上掉下来。水深可达2 500 m。

电力需求是巨大的。主要用电设备包括推进器、张紧器、焊接、大量的液压系统、许多起重机,以及可容纳400人的居住处所。所有这些系统每天24小时都在同时使用。6~8台大容量柴油发电机组,每台在3~4 MW范围内发电。冗余的要求是最大的,也就是说需要两个完全相同的机舱和推进能力(DP3级)。

动力定位很复杂。天气风标(由风和气流产生)可以被钻井船接受,因为钻的决定性位置,但对铺管船来说不够好。管道必须沿着一个准确的计划轨道进行铺设,并且船舶或驳船必须在正确的方向上保持在那条线上方。气流和风/浪可以来源于正横。当管道焊接完成后,船必须向前移动"接头"12 m、24 m、或36 m的长度。在船首和船尾位置的必要余量应约为1 m,由张紧器进行控制并受限于焊接站的大小。从一个工作移动到另一个工作靠自己的动力完成,使用拖船援助的推进器或原船舶的推进系统。管道铺设船的单线图的例子已在第25章给出。

图26-1为DP铺管船,由巴拿马型散货船改装而成。原船尾机舱仍然用于推进,DP通过6个可伸缩的全回转推进器实现,由两个新建成的机舱供电。原来的机舱不是FMEA的一部分。

## 2.8 游艇

在某种程度上,游艇与"普通"的商业船相比,往往有许多不同的特点。其系统必须与等级要求相连,并且这些要求不是为这种船舶量身订做的。例如,电子系统的等级规则和规范会定期更新。总是落后于游艇业主、游艇制造商和电气分包商的意愿和能力,仅仅是因为对于监管机构而言,电子设备进步太快,难以跟踪。例如,游艇业主想要一个最先进的"设计"舰桥,该设计没有平常所有的型式认可和通常较丑陋的控制和通信设备。这种不同制作和造型的,甚至是不同颜色的型式认可设备,会使游艇的驾驶室看起来与标准的货船的舰桥极其相似,那样对于游艇业主来讲,会认为是不可接受的。该设备不仅在外观上不同,在操作上也不同,因此,当将它组合甚至集成工作时,操作者也会很不方便。

大多数游艇都是根据《特别服务船的规则》而建成的。这使得,当与"普通"的船舶的规则相比较时,放宽了一些所需设备的要求,但这些规则基本上都是为简单工艺而写的。带有符号"游艇(P)"的游艇是由于一些额外的与客船相关的要求。如果游艇超过500总吨,《海上人命安全公约(SOLAS)》也适用。

越来越多的游艇都配备了先进的控制设备,如DP、单操纵杆控制、辅助系泊和综合演示。这些功能都没有在《特别服务船的规则》清楚地描述,但在《特殊用途船舶的规则》中做了更清楚的描述,随后,被认为是适用于这些游艇。部分规则得以应用,那些旨在用于更复杂的船舶的规则,给予了设计师更多的可能性,并且船级社指导如何判断这样的设计。

越来越多的游艇及客轮配备了个人电脑,提供了特定的空间,考虑到了环境控制、灯光、音响和视频系统,该电脑往往是(部分)无线的。这些电脑由一个高速网络连接到服务器,提供程序和数据。一个高速卫星连接可以是系统的一部分。这种系统是首选的,可以减少船上的电缆总长度。只要不涉及安全,这种系统就没有等级要求。

然而,应急系统,如报警、逃生照明、火灾探测,必须独立于这些电脑。否则,船级社就需要重复的多余的电缆和电源,如果FMEA适用的话也需要,这样才能得到一个符合SOLAS的要求的可靠系统。

图26-1　DP铺管船

## 27　测试、调试及分类

> 调试是一个使安装设备正常工作和实现其功能的过程。关键设备在被运送到船厂之前，需在制造商的车间进行测试。这些测试在制造商那里被称为工厂验收测试（FAT），证明离开车间时，该设备运行正常。关键设备包括：发电机、电动机、配电板和控制设备组件、变压器、报警和监控系统。

# 1 工厂验收测试（FAT）

## 1.1 旋转机器

发电机和电动机，通常被认为是旋转电气设备，必须接受热运行测试，证明旋转设备在所用材料的温度范围内，可以完成其工作。热运行测试可以根据实际情况完成，负荷与预期运行负荷具有相同特性和冷却条件。通常是由空载试验和短路试验进行模拟。温度上升的总和，代表实际的温度上升。测试往往局限于机器的电绕组，但也应包括机械零件，如轴承。此外，兆欧表测试、绝缘电阻测试、高压测试以及两分钟的120%超速测试也需进行。如果可能的话，逐步加载和其他的动态测试也要进行。如果动态测试不能在车间进行，必须在港口验收测试（HAT）或在海上试航期间进行。

## 1.2 电缆

用于船上的电缆必须经过型式认可，这意味着它们已经接受了一系列的测试和制造商认可的质量保证体系。这些电缆被列入各船级社的型式认可设备中。一般来说，这些电缆是专门设计的，并且适用于与振动有关的条件。因此，所用绞合导线是阻燃、低烟和低卤素绝缘的。

图27-1为高压接线盒，为了便于测试，电缆暂时处于断开状态。

## 1.3 开关和控制设备

开关设备和控制装置组件中很少有型式认可的，但大多数是开关装置和控制者都是由经过型式认可的零件制成的。所有主配电板和应急配电板必须经过出厂测试，应用兆欧表和高电压测试来验证可操作性和绝缘质量。测试包括检查发电机和断路器的联锁、同步、自动启动和自动关闭、顺序重启、减载，具体取决于船舶的规范。

## 1.4 断路器

断路器由厂家进行调整和测试。必须提交和验证所需设置和测试结果的证书。铭牌必须安装在配电板上断路器附近，参考调整后的设置以便更换。

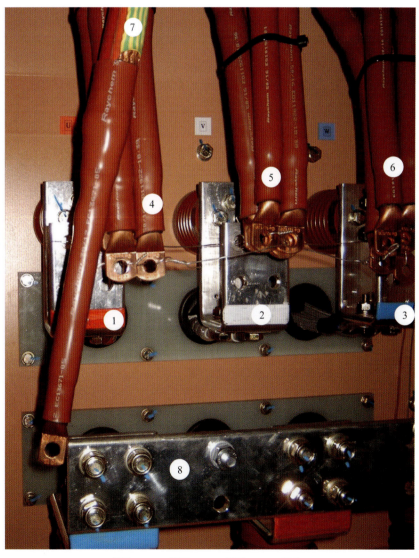

1—端子L1；2—端子L2；3—端子L3；4—导体L1；5—导体L2；6—导体L3；7—接地导体；8—中性点。

图27-1 高压接线盒

## 27 测试、调试及分类

## 1.5 启动装置

大型启动装置（>100 kW）必须尽可能在制造商的车间进行测试。该测试或多或少与配电板测试相同。

## 1.6 转换设备

大型转换设备（>100 kW）必须在制造商的车间进行测试。对于旋转的转换设备，相同的测试也适用于旋转的机器。对于静态转换设备，由型式认可部件建成，必须进行功能测试来模拟转换器的性能，并检查装配中的批准部件的温升。这可以在一个具有与船舶设计标准中相同的冷却装置的满载测试期间完成。这通常是指45 ℃的冷却空气，冷却水如果直接使用海水为32 ℃，但大多是37 ℃的淡水或空气通过一个热交换机，由海水或淡水冷却，最大温度分别在37 ℃和42 ℃，允许在水/空气热交换器上有一个5 ℃的温度差。有时，如果安装一个冷却水系统，使用6 ℃的冷却水。

## 1.7 变压器

功率因数为0.8的大型变压器（>125 kVA或100 kW），必须在制造商的车间进行测试。该测试必须包括兆欧表测试、高压测试和再次使用兆欧表测试，以及一个热运行测试以确定在满载条件下绕组的温升。与旋转电机相似，测试通常是空载测试和短路测试相结合，这样会给出实际负载下温升的有效信息。

## 1.8 自动控制系统

大型控制系统，或更复杂控制系统，都必须在制造商的车间进行测试。这意味着建立各个组成部分，如设备、控制站、工作站，并将它们连接起来，使其成为一个完整的系统。这样更有效地在制造商车间测试一个复杂系统，因为所有控制位置都很接近，控制位置的变化更容易测试。控制从一个位置转移到另一个位置应该是无扰切换，并且被其他位置所接受。这是为了避免不可接受的意外。电源故障不应导致控制结果的变化或只能报警。

## 1.9 报警和监控系统

报警和监控系统也必须在制造商的车间进行测试。这些测试包括报警模拟、舰桥内一组报警的检测以及轮机员的报警检测。值班选择、不接受报警的安全计时器、一人值班的安全计时器，当接到在机舱内的报警时自动从无人操作切换到有人操作，同时启动安全计时器以保护处于报警中的轮机员。图形和趋势也必须在工厂验收测试中检查。此外，必须进行系统故障测试。包括只报警的主电源故障，分布式系统的后备电源故障、通信故障和电缆故障。印制电路板（PCB）的故障必须限制在只有部分故障。报警必须指示故障的位置。

## 1.10 动力定位系统

动力定位系统从简单的带有AM符号的电脑辅助系统，经过符号为AA的冗余系统，到符号为AAA的完全冗余系统。对于更复杂的系统，必须进行故障模式及影响分析（FMEA），确定所有可能的故障所带来的后果。这是测试程序的基础。功能测试更难以模拟。由于大多数系统必须根据船舶的特点进行调整，特别是一个系列船的第一艘船，这些通常在海上试航期间完成。

## 1.11 一般系统

应该明确的是，所有的工厂验收测试有一个共同的目的：即确认安装在船上的设备的适合性。工厂验收测试过程的每一步都有一个主要目的。这是为了确保在港口验收测试的性能和在最后试航的验收测试中。因此，上述的测试，必须在所有的新型、关键设备和系统工作中进行。

## 1.12 EMC / THD测试

所有的导航和航海设备必须在型式认可过程中通过电磁兼容性测试。只要所有设备都安装在原来的壳体内，并根据生产商的说明书进行安装，组件之间的干扰应该是不存在的。当在露天甲板上安装其他的敏感设备，如操作甲板起重机的变速器，由带有许多观测雷达天线波束的窗口的控制舱控制，该控制舱必须进行EMC测试。当安装了大型变频驱动器时，特别建议测量在不同操作条件下的总谐波失真（THD）。这些测量有时也是船级社要求的。

## 1.13 阶跃负载

在测试了单独柴油发电机组是否正常运行后，测试发电机组的并行操作。用3组，首先1和2并行，其后，2和3并行，最后1和3并行。当电流和功率负载共享状况良好时，发动机和发电机必须接受阶跃负载。阶跃负载是突加在发电机上的负载，用于检查发电机AVR和柴油调速器的性能，同样也要在柴油发电机组上进行测试。通常阶跃是从25%到50%和从50%到100%，过程中的最低电压和最小频率必须进行测试。

另一种柴油发电机的性能测试是关掉一定的负荷，从而在此过程中检测机组的过电压和最大频率。这通常是在并行下完成的，通过断开断路器来操作。

## 1.14 EMC干扰举例

EMC干扰问题通常是很难进行跟踪的，如图27-2所示海上施工船舶的例子。当船舶运行后，起重机无法正常工作，虽然这已经在海港试验中成功测试过。用了很长时间才找到起重机的故障原因，是雷达的波束干扰了起重机的控制系统。通过屏蔽起重机控制舱内的一些电缆，解决干扰问题。调试的测试表（表27-1）应包含此类干扰的验证。

图27-2 海上施工船舶

表27-1 测试表

| | 甚高频1和2 | 甚高电传 | 2182Hz的高频归航装置 | 中频/高频收发器 | DGPS1和2 | GSM1和2 | AIS | 卫星通信C1和C2 | 卫星通信mini-M | 电视/调频/调幅 | X-波段雷达 | S-波段雷达 | 磁罗盘 | 风速 | 陀螺罗经 | 应急计程仪 | 回声探测器 | 转向系统 | 自动电话 | 免电池节能电话 | 公共广播 | 推进控制 |
|---|---|---|---|---|---|---|---|---|---|---|---|---|---|---|---|---|---|---|---|---|---|---|
| 甚高频1和2 | X | | | | | | | | | | | | | | | | | | | | | |
| VHNavtex | | X | | | | | | | | | | | | | | | | | | | | |
| 2 182 Hz的高频归航装置 | | | X | | | | | | | | | | | | | | | | | | | |
| 中频/高频收发器 | | | | X | | | | | | | | | | | | | | | | | | |
| DGPS1和2 | | | | | X | | | | | | | | | | | | | | | | | |
| GSM1和2 | | | | | | X | | | | | | | | | | | | | | | | |
| AIS | | | | | | | X | | | | | | | | | | | | | | | |
| 卫星通信C1和C2 | | | | | | | | X | | | | | | | | | | | | | | |
| 卫星通信 mini-M | | | | | | | | | X | | | | | | | | | | | | | |
| 电视/调频/调幅 | | | | | | | | | | X | | | | | | | | | | | | |
| X-波段雷达 | | | | | | | | | | | X | | | | | | | | | | | |
| S-波段雷达 | | | | | | | | | | | | X | | | | | | | | | | |
| 磁罗经 | | | | | | | | | | | | | X | | | | | | | | | |
| 风速 | | | | | | | | | | | | | | X | | | | | | | | |
| 陀螺罗经 | | | | | | | | | | | | | | | X | | | | | | | |
| 应急计程仪 | | | | | | | | | | | | | | | | X | | | | | | |
| 回声探测器 | | | | | | | | | | | | | | | | | X | | | | | |
| 转向系统 | | | | | | | | | | | | | | | | | | X | | | | |
| 自动电话 | | | | | | | | | | | | | | | | | | | X | | | |
| 无电池节能电话 | | | | | | | | | | | | | | | | | | | | X | | |
| 公共广播 | | | | | | | | | | | | | | | | | | | | | X | |
| 推进控制 | | | | | | | | | | | | | | | | | | | | | | X |

## 2 一般船上测试

在工厂验收测试完成并达标后，设备必须在船上安装。当完成后，必须进行一系列新的测试：港口验收测试。在此测试实施前，电缆、管道、安全系统必须做好准备并进行测试，如火灾探测、舱底报警等。这些实际上是前期测试，是HAT的一部分。这是与当所有系统和设备做好准备后进行的HAT测试的一个重复的过程。

在新设备投入使用前，需要进行以下测试。这些测试是对可能在制造商的车间进行的验收测试的补充。

### 2.1 绝缘电阻

所有系统和电气设备的绝缘电阻必须使用直流绝缘测试仪进行测试（表27-2），测试部位：（1）在连接的载流部件之间测试；（2）只要是合理可行的，在所有不同极性和相应的载流部件之间测试。如果最初的测试，产生的电阻值低于所需的电阻值，则可细分装置并断开设备的连接。最小测试电压和绝缘电阻见表27-3。

### 2.2 接地线

必须进行测试以验证接地连续导线的有效性以及电气设备和电缆的非载流裸露金属部分接地的有效性。

### 2.3 发电机

要求通过在满额定负载和110％过载下运行至少15分钟的测试，来证明每台发电机和发动机的性能令人满意。发动机温度应稳定，不超过制造商定义的最大值。

发电机的各项测试表见表27-4至表27-7。高压测试电压与系统额定电压的关系见表27-8。

表27-2 部分兆欧表测试举例

| | 绝缘电阻 | 兆欧表读数 M$\Omega$ |
|---|---|---|
| | 推进辅助设备 | |
| E310 | 转向装置泵（1-主配电板，2-应急配电板） | 100.00 |
| E310 | 转向装置泵（1-主配电板，2-应急配电板） | 100.00 |
| E310 | 转向装置泵（1-主配电板，2-应急配电板） | 100.00 |
| E310 | 转向装置泵（1-主配电板，2-应急配电板） | 100.00 |
| E317 | 稳定器液压泵（主要） | 100.00 |
| E317 | 稳定器液压泵（主要） | 100.00 |
| E317 | 稳定器液压泵（应急） | 100.00 |
| E317 | 稳定器液压泵（应急） | 100.00 |
| E347 | 水雾泵应急电源 | 100.00 |
| E610 | 主发动机润滑油启动系统 | 100.00 |
| E610 | 主发动机润滑油启动系统 | 100.00 |
| E610 | 主发动机冷却剂预热单元 | 80.00 |
| E610 | 主发动机冷却剂预热单元 | 80.00 |
| E650 | 发电机预热 | 60.00 |
| E650 | 发电机预热 | 60.00 |
| E650 | 发电机预热 | 60.00 |
| E650 | 辅助发动机海水泵排气 | 100.00 |
| E650 | 辅助发动机海水泵排气 | 100.00 |
| E650 | 辅助发动机海水泵排气 | 100.00 |
| E710 | 启动空气压缩机 | 100.00 |
| E710 | 启动空气压缩机 | 100.00 |
| E714 | 空气干燥器 | 80.00 |
| E720 | 燃油升压泵 | 100.00 |
| E720 | 燃油输送泵 | 100.00 |
| E730 | 润滑油输送泵 | 100.00 |
| E730 | 变速箱牵引泵 | 100.00 |
| E730 | 变速箱牵引泵 | |
| E810 | 舱底消防泵 | 100.00 |
| E810 | 舱底消防泵 | 100.00 |
| E810 | 应急消防泵 | 100.00 |
| E815 | 舱底水分离器 | 100.00 |
| E810 | 舱底阀门 | 100.00 |
| | 机舱风扇 | 100.00 |
| | 机舱风扇 | 100.00 |
| | 供风机技术空间 | 100.00 |
| | 船舶运行辅助设备 | |
| E250 | 高压推进（HPP） | 100.00 |
| E250 | 高压推进船尾门 | 100.00 |
| E250 | 高压推进船员门 | 100.00 |
| E250 | 高压推进前甲板舱口，起重机桅杆 | 100.00 |
| E320 | 锚/系泊绞车前驱 | 80.00 |
| E320 | 锚/系泊绞车前驱 | 80.00 |
| E322 | 绞盘前驱（左舷，右舷） | 80.00 |
| E322 | 绞盘前驱（左舷，右舷） | 80.00 |
| | 推进器 | |
| E645 | 艏推进器交流加热 | 50.00 |
| E645 | 艏推进器空气注入单元 | 100.00 |
| E646 | 液压单元+控制+船尾交流加热 | 80.00 |
| | 艏推进器 | 100.00 |
| | 艉推进器 | 100.00 |

表27-3 最小测试电压和绝缘电阻

| 额定电压$U_n$/V | 测试的最小电压/V | 绝缘电阻 最小值/M$\Omega$ |
|---|---|---|
| $U_n \leq 250$ | 2$U_n$ | 1 |
| $250 < U_n \leq 1\,000$ | 500 | 1 |
| $1\,000 < U_n \leq 7\,200$ | 1\,000 | |
| $7\,200 < U_n \leq 15\,000$ | 5\,000 | |

表27-4 柴油发电机组1和2并联运行

| 总负载/% | 柴油发电机组1 | | | 柴油发电机组2 | | |
| --- | --- | --- | --- | --- | --- | --- |
| | kW | A | Hz | kW | A | Hz |
| 0 | 0 | 0 | 60 | 0 | 0 | 60 |
| 25 | 60 | 120 | 59.8 | 65 | 130 | 59.8 |
| 50 | 125 | 250 | 59.5 | 130 | 260 | 59.5 |
| 75 | 185 | 370 | 59.3 | 190 | 380 | 59.3 |
| 100 | 250 | 500 | 59 | 250 | 500 | 59 |
| 75 | 185 | 370 | 59.3 | 190 | 380 | 59.3 |
| 50 | 125 | 250 | 59.5 | 130 | 260 | 59.5 |
| 25 | 60 | 120 | 59.8 | 63 | 130 | 59.8 |
| 0 | 0 | 0 | 60 | 0 | 0 | 60 |

表27-5 单个柴油发电机

| 负载/% | 功率 kW | 电压 V | 电流 A | 频率 Hz | 转速 r/min |
| --- | --- | --- | --- | --- | --- |
| 0 | 0 | 455 | 0 | 60 | |
| 24 | 60 | 454 | 125 | 59.8 | 1 800 |
| 50 | 125 | 452 | 250 | 59.5 | |
| 70 | 185 | 452 | 375 | 59.3 | 1 785 |
| 100 | 250 | 450 | 500 | 59 | |
| 75 | 185 | 451 | 275 | 59.3 | 1 770 |
| 50 | 125 | 452 | 250 | 59.5 | |
| 20 | 60 | 454 | 125 | 59.8 | |
| 0 | 0 | 455 | 0 | 60 | 1 800 |

表27-6 阶跃负载

| 第一步:从25%到50%,通过关闭柴油发电机1 | | | | | | | | |
| --- | --- | --- | --- | --- | --- | --- | --- | --- |
| 第二步:从50%到100%,通过关闭柴油发电机1 | | | | | | | | |
| 总负载/% | 柴油发电机组1 | | | 柴油发电机组2 | | | 最小电压 V | 最小频率 Hz |
| | kW | A | Hz | kW | A | Hz | | |
| 0 | 0 | 0 | 60 | 0 | 0 | 60 | | |
| 25 | 60 | 120 | 59.8 | 65 | 130 | 59.8 | | |
| 50 | 0 | 0 | 60 | 130 | 260 | 59.5 | 440 | 57 |
| 50 | 125 | 250 | 59.5 | 130 | 260 | 59.5 | | |
| 100 | 0 | 0 | 60 | 250 | 500 | 59 | 435 | 56 |

表27-7 阶跃负载切换

| 负载/% | 功率 kW | 电压 V | 电流 A | 频率 Hz | 转速 r/min | 最大电压 V | 最大频率 Hz |
| --- | --- | --- | --- | --- | --- | --- | --- |
| 50% | 125 | 452 | 250 | 59.5 | | | |
| 0% | 0 | 455 | 0 | 60 | 1 860 | 480 | 62 |
| 100% | 250 | 450 | 500 | 59 | | | |
| 0% | 0 | 455 | 0 | 60 | 1 720 | 485 | 63 |

表27-8 高压测试电压与系统额定电压的关系

| 额定电压$U_n$/V | 测试电压/V |
| --- | --- |
| $U_n \leq 60$ | 500 |
| $60 < U_n \leq 1\ 000$ | $2U_n+1\ 000$ |
| $1\ 000 < U_n \leq 2\ 500$ | 6 500 |
| $2\ 500 < U_n \leq 3\ 500$ | 10 000 |
| $3\ 500 < U_n \leq 7\ 200$ | 20 000 |
| $7\ 200 < U_n \leq 12\ 000$ | 28 000 |
| $12\ 000 < U_n \leq 15\ 000$ | 38 000 |

## 2.4 配电板

在满载试验期间,接合点、连接器、断路器、母线和熔断器的温度必须进行监测,并且不得超过最高值。对于交联聚乙烯(XLPE)绝缘电缆,该值应低于85 ℃。配电板中母线的温度可能达到95 ℃。

## 2.5 同步设备

在功能测试中,发动机调速器、同步设备、超速跳闸、反向电流继电器、逆功率和过电流跳闸和其他安全设备的操作必须得到认证。超过1 500 kVA等级的发电机必须还受一个差动保护系统的保护,以显示可能的电流泄露。

## 2.6 自动电压调节器

每一台发电机的电压调节器必须在发电机满载运行以及启动与系统相连接的最大电机时打开断路器进行测试。

另外,调速器也要在满载时打开断路器进行测试。这不会导致超速跳闸。一个柴油发电机的最小速度必须通过在船上启动最大的电动机验证。

## 2.7 并联运行

所有能够以并联方式运行的发电机,在所有负载达到额定工作负载时,必须进行并联运行和kW、kVA的负荷分配测试。

## 2.8 功能测试

关键设备必须在使用条件下进行操作,尽管不一定是满载或同时运行,但要有足够长的时间,以证明温度是稳定的并且设备不会过热。

## 2.9 安全系统

在火灾情况下,必须测试船

员、旅客和船舶安全系统的功能是否正常。

## 2.10 一般报警系统

一般紧急报警系统和公共广播系统的测试完成后，验船师必须提供两份测试计划，详细介绍测得的声压等级。计划表由验船师和建造商签署。

## 3 海港验收测试（HAT）

在设备安装在船上并连接后，应进行海港验收测试，证明该设备能正常工作。

### 3.1 供电电源系统测试

一个例子是连接到配电板的柴油发电机组的负载试验。负载试验经常使用耐水性的设备通过加热水消耗电功率来完成。设备的缺点是，它不能模拟船舶负载，通常是部分感性的负载。对于一个电阻负载，功率因数为1，使得柴油发电机的最大功率达到发电机电流的80%。因此，这不是将电流作为限制因素的发电机试验。负载阶跃也能很好地反映发电机组的性能。辅助发动机保护和关机系统，以及停电后备用泵的自动启动和关键设备的顺序重新启动都必须进行测试。

进一步测试包括取决于通过带有自动降低螺旋桨桨距的电源管理系统和/或在发电机厂过载的情况下电动推进器的RPM的开始–停止的负载。该测试大部分可以在港口进行，因为它不要求船舶航行。

### 3.2 发动机保护系统测试

柴油发电机、推进发动机、锅炉和其他类似设备的安全停车测试（表27-9）。

表27-9 主、辅柴油发动机安全系统的测试单举例

| 推进系统 | | | |
|---|---|---|---|
| 主引擎 > 1 500 K | 系统 | 状态 | 结果 |
| | 润滑油压力 | 低/低 | 停止 |
| | 油雾浓缩雾 | 高 | 停止 |
| 主轴承1 | 温度 | 高 | 停止 |
| 主轴承2 | 温度 | 高 | 停止 |
| 主轴承3 | 温度 | 高 | 停止 |
| 主轴承4 | 温度 | 高 | 停止 |
| 主轴承5 | 温度 | 高 | 停止 |
| 止推轴承 | 温度 | 高 | 停止 |
| 高温冷却水 | 高温冷却水出口温度 | 高/高 | 停止 |
| 发动机转速 | 超速 | 高 | 停止 |
| 齿轮箱 | 润滑油压力 | 低/低 | 停止 |
| 辅助引擎1 | 系统 | 状态 | 停止 |
| | 润滑油压力 | 低/低 | 停止 |
| | 高温冷却水出口温度 | 高/高 | 停止 |
| 发动机转速 | 超速 | 高 | 停止 |
| 辅助引擎2 | 系统 | 状态 | 结果 |
| | 润滑油压力 | 低/低 | 停止 |
| | 高温冷却水出口温度 | 高/高 | 停止 |
| 发动机转速 | 超速 | 高 | 停止 |
| 辅助引擎3 | 系统 | 状态 | 结果 |
| | 润滑油压力 | 低/低 | 停止 |
| | 高温冷却水出口温度 | 高/高 | 停止 |
| 发动机转速 | 超速 | 高 | 停止 |

### 3.3 自动化系统测试

待测试的系统包括主发动机/离合器/螺旋桨的驾驶台控制系统、从机舱到驾驶台的转换、驾驶台到驾驶台机翼的转换、紧急停止、推进器的启动停止和控制以及桨距和转速指示器。这都可以沿着码头降低负荷完成。需额外测试带有报警的舵机系统泵的启动/停止、舵位置指示器、自动驾驶仪和推进安全系统，如舵的限制器，艏推进器和稳定器之间的联锁。上述试验必须在进行试航前完成。

### 3.4 防火

安全系统，如火灾探测、火灾报警、防火门、百叶窗和消防系统，必须在试航前进行测试。在机舱的火灾探测包括三种类型的传感器：烟雾探测器、火焰探测器、热探测器。

每种类型都需要以其自己的方式进行测试，见图27-3。在海上试验期间，该测试在发动机和机舱通风运行下重复进行。

烟雾、热和火焰测试：

实际的烟雾、热和火焰检测试验通过在一个滚桶内燃烧柴油完成。这种测试只在试航时进行，以测试整个系统。

必须有足够的预防措施，如灭火器和人穿着防火衣。在正常操作期间，烟雾检测可以通过在扫帚杆上加上带有特殊测试液体的喷雾罐。

火焰监测器可以通过良好的手电筒来测试，热探测器可以用普通的吹风机测试。

### 3.5 船上人员的安全

人身安全系统在离港前必须进行测试，如内部通信、一般报警系统和公共广播系统。

27-3 正在进行的烟雾测试

## 3.6 报警和监测系统测试（具体内容见表27-10）

## 3.7 应急电源

应急发电机的自动启动、过渡电源、应急照明、逃生照明、救生艇准备照明和下水船所需的灯都需要被检测。

## 3.8 外部通信设备

外部通信系统必须由国家当局或其代表进行测试和认证。

## 3.9 航海系统

雷达、陀螺罗经、回声探测仪、速度计程仪、DGPS定位参考系统和垂直参考在岸边测试期间，必须尽可能对装置进行功能测试。

## 3.10 照明设备

应急照明、导航照明、信号桅杆照明和锚灯的功能性测试也必须进行。

在成功完成海港验收测试后，船舶将收到一个试航局的临时证书，并且允许出海。

海上验收测试主要是完成那些需要在海上航行时进行的测试计划，包括操作测试、停止测试等。所有的这些测试必须以数值和数表的形式记录，作为以后的参考使用。通常造船厂会将这些数据制成小册子。

表27-10 报警列表

| 推进系统 | | | 测试情况 | | | | |
|---|---|---|---|---|---|---|---|
| 系统 | 状态 | 结果 | 船厂 | 时间 | 船主 | 时间 | 等级 |
| | 润滑油槽位 | 低 | 报警 | | | | |
| | 润滑油压力 | 低 | 报警 | | | | |
| | 润滑油压力 | 低/低 | 停止 | | | | |
| | 润滑油温度 | 高 | 报警 | | | | |
| | 润滑油过滤器差分 | 高 | 报警 | | | | |
| | 油雾精矿 | 高 | 停止 | | | | |
| 主轴1 | 温度 | 高 | 停止 | | | | |
| 主轴2 | 温度 | 高 | 停止 | | | | |
| 主轴3 | 温度 | 高 | 停止 | | | | |
| 主轴4 | 温度 | 高 | 停止 | | | | |
| 主轴5 | 温度 | 高 | 停止 | | | | |
| 推进轴承 | 温度 | 高 | 停止 | | | | |
| 高温水冷 | 高温水冷出口温度 | 高 | 报警 | | | | |
| | | 高/高 | 停止 | | | | |
| | 高温水冷入口压力 | 低 | 减速 | | | | |
| | 高温水冷外部油箱液位 | 低 | 报警 | | | | |
| 低温水冷 | 低温水冷出口温度 | 高 | 报警 | | | | |
| | 低温水冷出口温度 | 高/高 | 减速 | | | | |
| | 低温水冷入口压力 | 低 | 报警 | | | | |
| 燃料油 | 燃油压力 | 低 | 报警 | | | | |
| | 燃油温度 | 高+低 | 报警 | | | | |
| | 燃油管道泄露 | 泄露 | 报警 | | | | |
| 启动空气 | 启动气压 | 低 | 报警 | | | | |
| 控制空气 | 压力 | 低 | 报警 | | | | |
| 发动机速度 | 超速 | 高 | 停止 | | | | |
| 气缸1 | 排放气体温度 | 高 | 报警 | | | | |
| 气缸1 | 排放气体温度 | 偏差 | 报警 | | | | |
| 气缸2 | 排放气体温度 | 高 | 报警 | | | | |
| 气缸2 | 排放气体温度 | 偏差 | 报警 | | | | |
| 气缸3 | 排放气体温度 | 高 | 报警 | | | | |
| 气缸3 | 排放气体温度 | 偏差 | 报警 | | | | |
| 气缸4 | 排放气体温度 | 高 | 报警 | | | | |
| 气缸4 | 排放气体温度 | 偏差 | 报警 | | | | |
| 气缸5 | 排放气体温度 | 高 | 报警 | | | | |
| 气缸5 | 排放气体温度 | 偏差 | 报警 | | | | |
| 气缸6 | 排放气体温度 | 高 | 报警 | | | | |
| 气缸6 | 排放气体温度 | 偏差 | 报警 | | | | |
| 涡轮增压风机 | 排气进入温度 | 高 | 报警 | | | | |
| 涡轮增压风机 | 排气排出温度 | 高 | 报警 | | | | |
| 涡轮增压风机 | 润滑油 | 低 | 报警 | | | | |
| 涡轮增压风机 | 润滑油槽位 | 低 | 报警 | | | | |
| 电动机输出 | 过载 | 高 | 报警 | | | | |
| 变速箱 | 润滑油压力 | 低 | 报警 | | | | |
| | 润滑油压力 | 低/低 | 停止 | | | | |
| | 润滑油温度 | 高 | 报警 | | | | |
| | 润滑油槽位 | 低 | 报警 | | | | |
| 螺旋桨控制器 | 液压油压 | 低 | 报警 | | | | |
| | 控制空气压力 | 低 | 报警 | | | | |
| | 电力供应 | 故障 | 报警 | | | | |
| 辅助柴油发动机1 | 润滑油压力 | 低 | 报警 | | | | |
| | 润滑油压力 | 低/低 | 停止 | | | | |
| | 润滑油温度 | 高 | 报警 | | | | |
| | 冷却水出口温度 | 高 | 报警 | | | | |
| | 冷却水出口温度 | 高/高 | 停止 | | | | |
| | 冷却水入口压力 | 低 | 报警 | | | | |
| | 燃油管道泄露 | 泄露 | 报警 | | | | |
| | 超速 | 高 | 停止 | | | | |
| | 排气入口 | 高 | 报警 | | | | |
| | 排气出口 | 高 | 报警 | | | | |
| 辅助才有发动机2 | 同上 | | | | | | |
| 油轮 | 水位 | 低 | 报警 | | | | |
| | 水位 | 低/低 | 停止 | | | | |
| | 水温 | 高/高 | 停止 | | | | |
| 舵机 | 电力 | 故障 | 报警 | | | | |
| | 控制电源故障 | 故障 | 报警 | | | | |
| | 液压油箱 | 低水位 | 报警 | | | | |
| | 过载电动机 | 高 | 报警 | | | | |
| | 相故障 | | | | | | |
| | 液压锁 | | | | | | |
| 电力系统 | 母线电压 | 高+低 | 报警 | | | | |
| | 母线频率 | 高+低 | 报警 | | | | |
| | 过载 | 跳闸 | 报警 | | | | |
| | 母线绝缘 | 低 | 报警 | | | | |

在完成海港验收测试后,船舶进行试运行。大型船舶在海里运行,小型船舶可在内陆足够深和宽的水域航行。然后,可以在"正常"条件下和/或满载下、全速运行、无地面或航道影响的情况下测试电气设备,这通常在舾装码头是不可能实现的。没有了速度,推进系统很快进入过载状态。

## 4 试航

试航期间将进行交给船主前的最后测试。试航向船主证明了船舶的指定性能,也证明了该船舶是能够依照《国际海上人命安全公约》所确定的最低要求进行运行。

推进设备在工作条件下进行测试并在验船师在场的情况下运行,以达到验船师满意的程度。船主的要求,如速度、油耗、噪音水平等,都是在充分的工作条件下,在建造合同中规定的任何商定的数字或情况下进行测试。货船的噪声限制已在《国际海上人命安全公约》中给出,并且对于游艇和客船,有完全不同的要求。

声音和振动水平,决定了船上乘客的舒适性,这些都必须在运行条件下验证。收集并记录主机不同负载条件下的所有必要参数,如压力、温度。

所有这些数据会被制成小册子并在船舶的整个使用寿命期间作为参考。

完成海上试航后,当船被认为是在所有方面都是完整的,就会颁发证书,尽管可能完整的项目并没有完成。当其他必需的证书都具备以后,船就允许装货和离开港口。

图27-4 试航

## 5 定期检查

然而,当船在工作中,为了保持证书的有效性,必须进行定期检验。年检、中期检查和专项检查,以及其他以5年为一个周期的强制性认证。根据船的类型,每年的基本电气调查包括下面的测试和检查。

### 5.1 一般情况

(1)测试所有舱底水位报警器。

(2)测试所有的水密门(操作和报警),当其用于淹没条件下时,需测试其在一般实验条件下的电气设备的防水密封性。

(3)测试主要及辅助舵机系统,包括报警设备。

(4)调查所有逃生路线,路线标识,低水平照明灯。

(5)测试舰桥与机舱之间的通信系统和应急控制位置。

(6)测试远程控制阀和指示灯。

(7)检查主配电板和应急配电板及相关的电缆。在正常工作条件下进行测试。自动化测试,全船失电灯火管制启动测试,启动电源测试,电源管理系统测试,自动顺序重启系统测试,非必要的跳闸系统的测试。电气安全检查,电气设备的接地,尤其是在潮湿区或危险区。

(8)所有船舶:报警和安全装置的一般检查,以及在正常工作情况下,备用发电机的自动启动和必要辅助设备的顺序重启。

(9)UMS船舶:在自动化系统的工作条件下的常规检查,如备用泵及辅助设备。报警系统的样本测试,包括舰桥、餐厅和客舱报警。安全定时器/伤亡报警系统。按批准的测试进度表进行测试。舰桥控制系统和机舱的通信系统的测试。

(10)导航和航海设备。在正常操作下,所有设备的常规检查。

(11)带1级导航的船舶,除了正常工作条件下舰桥设备、报警、指示灯的常规测试,安全定时器和机舱报警也需要测试。按批准的测试进度表进行测试。

(12)收音机/全球海上遇险和安全系统(GMDSS)/外部通信设备的测试。

(13)船员安全系统。一般报警和紧急照明系统,应急发电机自启动,如果应急电源是电池,该电池需要负载测试。

图27-5 定期检查

除5.1外，更多的检测部分：

### 5.1.1 散装运输危险货物的船舶

（1）散装危险货物。检查危险区域内，与气体、温度等级和外部损伤相关的设备，如果有的话，都需要考虑。

（2）危险的粉尘货物。检验危险区域的设备，外壳类型，防护等级，最后是外部损伤。

### 5.1.2 油轮

（1）危险的液体货物。检查危险区域的设备，与气体、温度等级和外部损伤相关的设备。一些来源于货物的气体比空气密度大，从而在甲板上或甲板下的某个区域形成一个分层。

（2）液化天然气和液化石油气运载船。液化天然气比空气轻，而液化石油气比空气重。检查在危险区域的气体、温度等级以及对船舶或装置的损坏情况。

### 5.1.3 客轮

（1）船舶安全系统。

（2）乘客安全系统。一般报警、公共广播、应急照明、过渡照明系统和低水平照明系统。电池和UPS的容量测试也是必需的。应急发电机的自启动和相关设备的操作都需被证实安全，如风扇、防火挡板、空气百叶窗。

### 5.1.4 带船首门和船尾门的车辆渡轮

（1）门报警和指示灯，水位报警，闭路电视监控系统。

（2）船员和乘客的附加照明系统。

（3）在危险区域的设备，例如在车辆甲板以上最低45 cm的地方，有放着装有汽油的汽车，这里被认为是危险地区。还要注意位于可以卸载汽车的坡道和悬挂的甲板下的设备。车辆甲板等位置的设备的最低要求，在其上方45 cm层的防护等级为IP 55。车辆甲板上的通风必须是每小时至少10次换气。

### 5.1.5 动力定位船舶

在正常操作条件下的年检，意味着在一个合适位置的每年DP试验，证明控制系统的运作通过完成整个通常为柴电的推进系统的调查。检验和测试必须按照批准的每个船舶具体的测试时间表进行。UPS容量测试需特别关注。试验往往是在故障模式和影响分析的基础上进行。

### 5.1.6 小型船舶和游艇

（1）基本的电气装置。

（2）自动化技术。

（3）危险区域的设备。这里存储着各种靠汽油运行的设备。具体要求见渡轮车辆甲板。通风设备必须是每小时至少换气10次。气体检测装置必须安装在报警器上，所有不适合这个环境的设备必须关闭。

图27-6 大型客船

## 5.2 电气设备完整的5年检查

每5年，船舶的电气设备必须经过一个特殊的检查，等同于一个年检，包括下面的测试和检查：

（1）所有电缆的电气绝缘电阻测量，以及设备、电动机、发电机、配电板、所有的用电设备、厨房、洗衣房。如果有高压电缆和高压用电设备，也要测量。

（2）必须检查主配电板和应急配电板的组件，这意味着使用扭矩扳手或在负载下使用红外摄像机进行热检查，铜母线比较软，因此，设置螺栓时，扭矩是很重要的。用特殊的低电阻测量装置测量母线电阻。断路器设置测试和触点检查。真空断路器的触点的电阻测量。校准断路器装置并测试非必要的跳闸回路。配电板的常规检查。

图27-7 电气设备检查

28 维 护

> 现代船舶的维修计划必须非常仔细，所需的检查和测试遍布于整个维修期间。

## 1 前言

维护是船舶安装的重要组成部分，计划维护系统的设计是为了防止故障。故障模式影响分析是更高级别DP符号的要求，它还提供了对单一故障影响的洞察，以及防止产生不必要的后果。监测和收集故障数据，涉及的部分在故障之前报警，有助于改进维护计划。为了帮助维修，越来越多的船舶在船上装有计算机系统进行远程监控和生命周期管理，系统与计算机内存中的报警数据相连，将报警类型与相关项目的运行时间相耦合，以生成维修计划。通过卫星通信设备，可以监测船上的设备，并在下一个停靠港口告知所需的船员或材料。

## 2 旋转机器

### 2.1 风冷机

清洗或更换空气过滤器，目视检查定子绕组和转子绕组。

应特别注意整流器和极绕组之间的电线的固定情况。发现内部脏污时，应进行清洗。应按照每个制造商的指示润滑轴承（滚轴）。

### 2.2 水冷机

水冷机的检查和2.1风冷机一样。除此之外，还有冷却水泄漏检测和报警测试。

### 2.3 带滑动轴承的大型机器

检查定子中转子的圆周间隙。记录数据，检查轴承间隙和润滑系统。

### 2.4 带滚柱轴承的机器

滚柱轴承必须按照制造商的指示进行润滑。

### 2.5 绝缘电阻

测量绝缘电阻并记录数据和条件，即在运行后的温升，或长时间停顿后的冷却。

### 2.6 滑环和电刷

目视检查划痕和过多的电刷磨损。

## 3 电缆

### 3.1 过热区域的电缆

目视检查过热区域的电缆，寻找由于电线过热而导致的颜色变化。如果有必要的话，用耐热型电缆代替。

### 3.2 在危险区域的电缆

检查电缆外护套的损坏。如果可能的话应进行修复，避免金属编织下方的腐蚀。针对密封性，应检查认证的安全设备的密封情况。

### 3.3 绝缘电阻

在安全领域，应测试所有电缆的绝缘电阻。测量配电系统的所有输出部分，包括用电设备。应用兆欧表为新建筑提供参考。

图28-1 旋转的机器

# 4 开关

## 4.1 目视检查污垢

清洗或更换空气过滤器,目测由于过热而褪色的电缆连接,目视检查母线。

## 4.2 目视检查可移动的连接

这个适用于可更换断路器和启动器的触头。检查工作弹簧是否正确,如果无法接近,则进行导电性测试。

## 4.3 温度成像仪

带有红外摄像机的温度成像仪,是一个快速找到不良连接点的方法。它必须在带负载的电路中实施,或在带上负载不久时操作。当发现一个热点时,一个彩色图像也会在相同的位置产生,以确定热点。温度成像仪应用照片缩放到该画面的最热点。因此,在一张照片中亮黄色的部分可以是35℃,而在另外一张照片中为135℃。有的配电板没有足够的入口去拍摄的所有可能的热点。这些配电板在关闭和打开门后应进行目视检查。

## 4.4 母线连接的导电性和绝缘电阻

母线通常是由电解铜制成,电解铜是一种导电性好但相当柔软的材料。母线连接由钢螺栓、螺母和弹簧垫圈组成。母线在满载的情况下,可以承受125℃的温度。PVC或尼龙锁的锁紧螺母必须适合本温度。螺母被扭矩扳手紧固,避免铜的过度应力。超过铜屈服应力会导致连接松动。用扭矩扳手检查配电板上所有的母线连接系统是一项艰巨的工作,更不用提母线隔间的打开和关闭了。检查这些连接的另一种方法是使用低电阻测量装置,测量从电缆连接的一个输出部分到电缆连接的第二个输出部分。接着是第二个到第三个,以此类推。随着所有断路器打开,母线系统的绝缘电阻可以被测量。

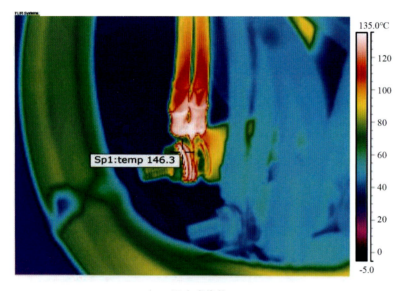

温度成像仪

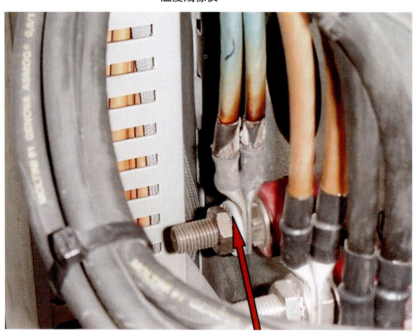

母线连接

测量绝缘电阻

## 5 断路器

### 5.1 低压

大多数低压断路器是带有主触头、弧触头和灭弧室的空气断路器。关闭灭弧室，并检查是否有残余。需检查电弧接触和主触点是否有损坏。时间间隔为一年或清除一次严重故障之后。

### 5.2 高压

大多数高压断路器是由气体填充或是真空的，接触检查时不能打开。在这里，使用母线导电性测试相同的电流注入装置，可以测量闭合触点的电阻（单位为微欧姆）。

### 5.3 功能测试

检查在测试位置，断路器的正确的关闭和开启。检查远程控制和同步机制（通过同步示波器，在正确的时刻关闭同步装置）。

### 5.4 保护装置的校准

保护装置的校准，如过电流、短路电流、欠压跳闸、反向功率、差动保护，它们的时间校准要求使用特殊工具和由专家来完成。测试的时间间隔一般为五年。

## 6 启动装置

启动器，如果有必要的话，目视检查其清洁和清洗情况。同时检查的热点：（1）低电压；（2）高电压；（3）阻风门型；（4）自耦变压器类型。

## 7 转换设备

### 7.1 风冷

空气过滤器的清洗或更换，绕组的目视检查，连接的目视检查，热点检查。

### 7.2 水冷

热交换器的清洗，泄漏报警器的测试，绕组的目视检查，连接的目视检查，热点检查。

### 7.3 电子元件

敏感的电子设备，如整流器和转换器内的印制电路板必须保持清洁，无灰尘、盐沉积物，并定期进行检查。

## 8 变压器

### 8.1 风冷

空气过滤器的清洁或更换，风扇（如有）检查，绕组的目视检查，连接的目视检查，热点检查。

### 8.2 水冷

热交换器的清洗，泄漏报警器的测试，绕组的目视检查，连接的目视检查，热点检查。

## 9 应急发电机

应急发电机必须每周启动一次。第一种启动方式（电池启动）和第二种启动方式（通常是另一种方式，例如通过弹簧或液压动力）都需要进行检查。第一种方式的自启动必须进行测试，通过模拟从主配电板到应急配电板的无电压供给。

## 10 报警和监控系统

检查温度、压力和流量开关是否正常工作。这是一个费时的过程，因为压力、温度和流量必须进行模拟。模拟发射器更容易检查：随着发动机的停止，所有实际温度或电机的预热温度在发动机温度面板上显示。在发动机轴承运转的情况下，可以比较压力和温度并且故障传感器容易找到。废气温度发射器也是如此，从空载到满载，所有发射器都应指示相同范围的温度。应使用的调试中得到的输入列表作为参考。

## 11 电池

电池需要检查：正确的液位、无腐蚀连接、外壳上的裂缝。此外，电池的容量也需要检查，通过使电池放电并测量电池电压。结果取决于电池的等级和类型。需要记录数据，通过比较，可以预测使用寿命的结束时间。

由于电池容量与环境温度有关，必须定期在每个季节检查环境条件，尤其是在冬天的时候。

## 1 公式

公式是用符号表达信息或给出数量之间一般关系的简洁方式。公式被用来解变量方程。例如，当电流流过电阻，描述一个电阻的电流用以下公式：

$$I=\frac{U}{R}$$

式中　$I$——电流，单位为安培，A；
　　　$U$——电压，单位为伏特，V；
　　　$R$——电阻，单位为欧姆，Ω。

在一般情况下，公式被用来为实际问题提供数学的解决方案。公式构成所有计算的基础。

公式是国际标准的，使世界各地的专业人士能够理解并使用它们。

下面是挑选的一些公式，包括用于本书中的公式，并附有用途说明。此外，还包括一些关键参数的简短解释。

公式和方程中使用的一些常见的电气单位：

V：伏特，电压的单位。

Ω：欧姆，电阻的单位。

A：安培，电流的单位。

W：瓦特，电能或功率的单位。

VA：伏安，伏特和安培的乘积。

说明：在直流系统中，伏安与瓦特或输出的能量相同。在交流系统中，伏特和安培可能不是100%的同步。当同步时，在瓦特表上，伏安等于瓦特。当不同步时，伏安（VA）大于瓦（W）。

$\cos\varphi$：功率因数，简言之，是瓦特与伏安的比或有功功率（实际的功）与视在功率的比。

说明：在交流网络中作为一个重要的问题，这是一些关于功率形式的解释。

功率有三个形式：

有功功率（$P$），单位为瓦（W），是由一个网络在实际工作中电阻消耗的功率。

视在功率（$S$），单位为伏安（VA），是交流电网的电压与流过它的电流的乘积。它是有功功率和无功功率的矢量和。

无功功率（$Q$），单位为乏（VAR），是被例如感应电动机、变压器和线圈存储起来或释放的功率。钢芯的磁化需要无功功率，但不起任何作用。功率因数可以根据下列计算得到：

$$\cos\varphi=\frac{P}{S}$$

式中　$P$——有功功率，W；
　　　$S$——视在功率，VA。

应该避免低功率因数，因为和正常0.8的功率因数相比，电路的电线要通过更多的电流。

从下面的公式轮可以看出计算电压（$U$）、电阻（$R$）、功率（$P$）和电流（$I$）的欧姆定律。

## 29　附　录

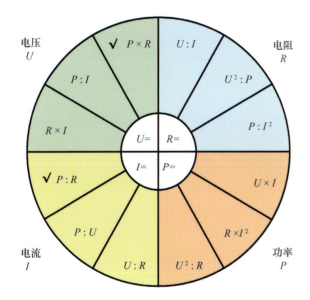

### 例：欧姆定律的应用

一个24 V电池给48 Ω的电阻供电：

电流为：$I = \dfrac{U}{R} = \dfrac{24}{48} = 0.5$（A）

功率为：$P = \dfrac{U^2}{R} = \dfrac{24^2}{48} = 12$（W）

### 单位的倍数和约数

当公式和方程中有大量的数字时，常用的做法是使用单位的倍数或约数的前缀名来简化读法，在本书中，也用了一些常用用法：

μ = micro，百万分之一或 0.000 001。

m = milli，千分之一或 0.001。

k = kilo，一千或 1 000。

M = mega，一百万或 1 000 000。

例：1 000 VA 也可以写作1 kVA，1 000 kVA 也可以写成 1 MVA；1 000×1 000=1 000 000 VA。

### 电能和功率

电能：$E = U \times I \times t$

有功功率：$P = U \times I \times \cos \varphi$

视在功率：$S = U \times I$

无功功率：$Q = U \times I \times \sin \varphi$

### 功率和电流计算

根据附在电动机或发电机上的铭牌，有时会给出效率值（η），即（η=0.95）。这是为了计算为发动机供电所需的适当轴功率，或计算由电动机供电的轴功率。

### 电功率

三相电动机：

$$P = U \times I \times \sqrt{3} \times \cos \varphi$$

$$I = \dfrac{P}{\sqrt{3} \times U \times \cos \varphi}$$

三相发电机：

$$S = U \times I \ (\text{VA})$$

$$I = \dfrac{S}{P}$$

大多数发电机的 cosφ=0.8，即 3 000 kVA 的发电机的实际功率为 3 000×0.8=2 400 kW。

单相电动机：

$$P = U \times I \times \cos \varphi$$

$$I = \dfrac{P}{U \times \cos \varphi}$$

直流电动机：

$$P = U \times I$$

$$I = \dfrac{P}{U}$$

### 电动机的效率

电动机效率可以从以下公式算出：

$$h = \dfrac{746 \times P_{hp}}{W_{input}}$$

$$= \dfrac{746 \times P_{hp}}{U \times I \times \cos \varphi \times \sqrt{3}}$$

其中，$h$ 为效率；$P_{hp}$ 为输出马力（hp）；$W_{input}$ 为输入电功率（W）。$W_{input}$ 可以用 $U \times I \times \cos \varphi \times \sqrt{3}$ 代替。

### 短路计算

详细见第7章。

## 2 表目录

| 描述 | 章 | 页码 |
|---|---|---|
| 巨型油轮的负载均衡举例 | 5 | 36~39 |
| 依照IEC 61892-2的交流电压选择 | 6 | 42 |
| 母线的机械强度 | 7 | 51 |
| 母线的最大支撑距离 | 7 | 51 |
| 基本环境测试（型式认可） | 9 | 59 |
| 环境类别（型式认可） | 9 | 59 |
| 振动试验（型式认可） | 9 | 60 |
| 高压试验（型式认可） | 9 | 62 |
| 防爆类型 | 10 | 68 |
| 提取的货物列表举例最低要求 | 10 | 68 |
| 防爆分区 | 10 | 69 |
| 防爆和IP设备/分区举例 | 10 | 70 |
| 知识产权评级 | 10 | 71 |
| 发电机转速、频率和极点的关系 | 11 | 73 |
| 发电机测试表，空载运行，短路运行 | 11 | 74 |
| 发电机测试表，负载测试 | 11 | 75 |
| 岸上连接类型 | 11 | 81 |
| 应急服务举例 | 12 | 84 |
| 低压配电板检测清单举例 | 13 | 90 |
| 柴油发电机测试表 | 14 | 94 |
| 电动机热运行举例 | 15 | 101 |
| 交流电机的额定功率和速度标准 | 15 | 102 |
| 限制风冷旋转机器的温升 | 15 | 103 |
| 交流电机主要尺寸标准 | 15 | 104 |
| 电缆与电缆的距离，以及电缆到金属表面的距离 | 17 | 120 |
| 与EMC相关的交流和直流功率容限 | 17 | 121 |
| 电缆等级 | 18 | 129 |
| 电缆支持的最大距离 | 18 | 132 |
| 固定电缆的最小弯曲半径 | 18 | 133 |
| 内河航道油轮（IWW）的报警列表 | 20 | 157 |
| 海船的最少报警列表举例 | 20 | 158 |
| 管道系统的颜色代码 | 20 | 161 |
| DP检查表（舰桥） | 25 | 191 |
| DP检查表（机舱） | 25 | 191 |
| 通信系统测试矩阵 | 28 | 201 |
| 兆欧表列表举例 | 30 | 202 |
| 两台柴油发电机并联运行测试表 | 30 | 203 |
| 单个的柴油发电机测试表 | 30 | 203 |
| 柴油发电机阶跃负载（2个）测试表 | 30 | 203 |
| 安全系统、主柴油发动机、辅助柴油发动机测试表举例 | 30 | 204 |
| 报警与监控系统测试表举例 | 30 | 205 |

## 3 符号

电气符号是一种象形图，用于在电气或电子电路的示意图中表示各种电气和电子设备（如发电机、电动机、电池、电缆、电线和电阻）。这些符号（由于保留传统）因国家而异，但今天在很大程度上已经国际标准化。符号使世界各地的专业人士"读懂"和明白其含义，并适当地使用它们。在这本书中的符号是基于IEC 60617（针对图表的图形符号）。表F-1是符号的一小部分，包括在这本书中使用的符号及它们的含义。其他符号，应参考IEC标准。

关于符号使用的一个一般规则是：如果使用的是标准类型或它们的组合，在图纸上无需做进一步的解释。

此外，标准化的符号可以任意组合，形成一个新的符号。在第8章的图中是小的和大的断路器标准符号的组合。当使用非标准符号时，例如特制的，应在图纸或在相关的文件中作出解释，如一个符号列表。

### 相位颜色

相位颜色是为了很容易地确定不同的相、中性线和保护接地线或电气设备中的接地线。但是，还没有关于相颜色的国际标准，所以在电气安装时要谨慎。

下面是一些在美国、加拿大和欧洲使用的相位颜色的例子。

### 相位颜色图表

为了清楚起见，在本书中使用的相位颜色为直到2006年4月才正式在英国使用的标准（表F-2）。根据CENELEC2006，整个欧洲正式使用的相位颜色将很难阅读。

表F-1 符号及其描述列表

| 符号 | 描述 | 符号 | 描述 |
|---|---|---|---|
| [X] | 电压和电流 | | 直流电（DC） |
| ∼ | 交流电（AC） | L1，L2，L3 | 相标记 |
| N | 中性标记 | PE | 保护地标记 |
| [X] | 布线图 | | 连接器，基础 |
| | 功率连接器 | | 连接器，从左至右延时 |
| | 连接器，从右到左延时 | | 连接器，带有热操作 |
| | 单螺杆式保险丝 | Kx | 继电器线圈 |
| Hx | 单灯 | | |
| Sx | 按钮1，没有弹簧弹回 | Sx | 按钮2，有弹簧弹回 |
| [X] | 单线图 | | 插座和插头的组合 |
| △ | 三角形连接（发电机、电动机、变压器） | Y | 星形连接（发电机、电动机、变压器） |
| G | 直流发电机 | M | 直流电动机 |
| G 3∼ | 3相交流发电机 | M 3∼ | 3相交流电动机 |
| | 变压器 | | 双股变压器 |
| | 整流器，AC到DC | | 变频器 |
| | 电池 | ⏚ | 接地 |

表F-2 一些标准的相位颜色

| L1 | L2 | L3 | N | PE | 描述 |
|---|---|---|---|---|---|
| 黑色 | 红色 | 蓝色 | 白色或灰色 | 绿色，绿-黄条纹 | 美国通用 |
| 红色 | 黑色 | 蓝色 | 灰色或白色 | 绿色 | 加拿大法律 |
| 棕色 | 黑色 | 灰色 | 蓝色 | 绿-黄条纹 | 欧洲现在根据2006 CENELEC |
| 红色 | 黄色 | 蓝色 | 黑色 | 绿-黄条纹 | 英国 直到2006年4月才开始使用（本书使用） |

## 4 缩略语

缩略语是一个词或短语的缩短形式，主要用于在书面表达形式中更加简洁，代表完整的形式。缩略语被广泛应用于不同职业的专业人士之间，因此在不同的专业之间，缩写可能有不同的含义。为了避免混淆，表F-3列出了在这本书中所使用的缩略语。缩略语按照字母的顺序进行排序。不包括P&ID和与公式相关的缩略语、船级符号和化学品的缩略语。

对于缩略语的其他含义，查阅互联网，例如，收录缩略语的互联网网站：www.abbreviations.com。

表F-3 缩略语

**A**

| | | |
|---|---|---|
| A | Ampere | 安培 |
| ABS | American Bureau of Shipping | 美国船级社 |
| AC | Alternating Current | 交流电 |
| AC | Air Conditioning | 空调 |
| AFE | Active Front End (Freq. Drive) | 有源前端（频率驱动） |
| Ah | Ampere hour | 安培小时 |
| AIS | Automatic Identification System | 自动识别系统 |
| API | American Petroleum Institute | 美国石油学会 |
| ARPA | Automatic Radar Plotting Apparatus | 自动雷达标绘仪 |
| ATEX | ATmosphere EXplosive | 爆炸性环境 |
| AVR | Automatic Voltage Regulator | 自动电压调节器 |
| AWG | American Wire Gauge | 美国线规 |

**B**

| | | |
|---|---|---|
| BV | Bureau Veritas | 法国船级社 |

**C**

| | | |
|---|---|---|
| CCTV | Closed Circuit Television | 闭路电视 |
| CEE | Commission (standard) for Electrical Equipment, common abbreviation for IECEE, International Electro Technical Commission (standard) for Electrical Equipment | 电气设备委员会（标准），是IECEE的通用缩写，电气设备的国际电工技术委员会（标准） |
| CL | Centre Line | 中心线 |
| CPA | Closest Point of Approach | 最近的接触点 |
| CPU | Central Process Unit | 中央处理单元 |

**D**

| | | |
|---|---|---|
| DAD | Design Appraisal Document | 设计评估文件 |
| DC | Direct Current | 直流 |
| DGPS | Differential Global Positioning System | 差分全球定位系统 |
| DNV | Det Norske Veritas | 挪威船级社 |
| DOL | Direct On-Line | 直接在线 |
| DP | Dynamic Positioning | 动力定位 |
| DSC | Digital Selective Calling | 数字选择性呼叫 |

**E**

| | | |
|---|---|---|
| EC | European Community | 欧洲共同体 |

| | | |
|---|---|---|
| ECDIS | Electronic Chart Display | 电子海图显示 |
| EMC | ElectroMagnetic Compatibility | 电磁兼容性 |
| ENV | Environmental | 环境 |
| EPIRB | Emergency Position Indicating Radio Beacon | 紧急位置指示无线电信标 |
| EPL | Equipment Protection Level | 设备防护等级 |
| EPR | Ethylene Propylene Rubber (cable) | 乙丙橡胶（电缆） |
| ESB | Emergency Switch Board | 应急配电板 |
| ESD | Emergency Shut Down | 紧急停车 |
| ETA | Estimated Time of Arrival | 预计到达时间 |
| ETD | Embedded Temperature Detector | 嵌式感温探测器 |
| Ex | Explosion | 爆炸 |

## F

| | | |
|---|---|---|
| FAT | Factory Acceptance Test | 工厂验收测试 |
| FMEA | Failure Mode Effect Analysis | 故障模式影响分析 |
| FPSO | Floating Production Storage and Offloading | 浮式生产储卸油 |
| FW | Fresh Water | 淡水 |

## G

| | | |
|---|---|---|
| GHz | Giga Hertz | 千兆赫兹 |
| GL | Germanisher Lloyd | 德国船级社 |
| GMDSS | Global Maritime Distress and Safety System | 全球海上遇险和安全系统 |
| GPS | Global Positioning System | 全球定位系统 |
| GT | Gross Tonnage | 总吨 |

## H

| | | |
|---|---|---|
| HAT | Harbour Acceptance Test | 港口验收测试 |
| HF | High Frequency (radio) | 高频（广播） |
| HPP | Hydraulic Power Pack | 液压动力单元 |
| HT | High Temperature | 高温 |
| HV | High Voltage | 高压 |
| HVAC | Heating, Ventilation and Air Conditioning | 加热，通风和空调 |
| Hz | Hertz (frequency) | 赫兹（频率） |

## I

| | | |
|---|---|---|
| IEC | International Electric Committee | 国际电工委员会 |
| IMO | International Maritime Organisation | 国际海事组织 |
| IP | Insulation Protection | 绝缘保护 |
| ISM | International Safety Management | 国际安全管理 |
| IWW | Inland Water Ways | 内河航道 |

## K

| | | |
|---|---|---|
| kHz | Kilo Hertz | 千赫兹 |
| kV | Kilo Volt | 千伏 |
| kVA | Kilo Volt Ampere | 千伏安 |

## L

| | | |
|---|---|---|
| LED | Light Emitting Diode | 发光二极管 |
| Lm | Lumen | 流明 |
| LNG | Liquefied Natural Gas | 液化天然气 |
| LR | Lloyd's Register | 英国劳氏船级社 |
| LRIT | Long Range Identification and Tracking | 远程识别与跟踪 |
| LT | Low Temperature | 低温 |
| LV | Low Voltage | 低压 |
| Lx | Lux | 勒克斯（照明单位） |

## M

| | | |
|---|---|---|
| MCA | Maritime & Coastguard Agency | 海事和海岸警备局 |
| MCT | Multi Cable Transit | 多电缆传输 |
| ME | Main Engine | 主机/主发动机 |
| MED | Marine Equipment Directive (European) | 船用设备指令（欧洲） |
| MF | Medium Frequency (radio) | 中频（广播） |
| MHz | Mega Hertz | 兆赫兹 |
| MODU | Mobile Offshore and Drilling Units | 移动式海上钻井装置 |
| MSB | Main SwitchBoard | 主配电板 |
| MW | Mega Watt (power) | 兆瓦特（功率） |

## N

| | | |
|---|---|---|
| NEC | National Electrical Committee (US) | 国家电气委员会（美国） |
| NKK | Nippon Kaiji Kyokai (Japanese Class) | 日本船级社 |
| NMEA | National Marine Electronics Association | 国家海洋电子协会 |

## P

| | | |
|---|---|---|
| PCB | Printed Circuit Board | 印刷电路板 |
| PLC | Programmable Logic Controller | 可编程逻辑控制器 |
| PMS | Power Management System | 电源管理系统 |
| PS | Portside | 左舷 |
| PTFE | Poly Tetra Fluor Ethylene (Teflon) | 聚四氟乙烯（铁氟龙） |
| PTO | Power Take Off | 动力输出 |
| PVC | Polyvinyl Chloride | 聚氯乙烯 |

## Q

| | | |
|---|---|---|
| Qty | Quantity | 数量 |

## R

| | | |
|---|---|---|
| RADAR | Radio Detection and Ranging | 雷达无线电探测和测距 |
| RINA | Registro Italiano Navale | 意大利船级社 |
| RMS | Root Mean Square | 均方根 |
| ROV | Remote Operated Vehicle | 水下机器人 |
| RPM | Revolutions Per Minute | 每分钟转数 |

## S

| | | |
|---|---|---|
| SART | Self Activating Radio Transmitter | 自激活无线电发射器 |
| SAT | Sea Acceptance Test (sea trials) | 海上验收试验（海试） |
| SB | StarBoard | 右舷 |
| SCADA | Supervisory Control And Data Acquisition | 监控和数据采集 |
| SOLAS | Safety Of Life At Sea | 海上人命安全公约 |
| SSAS | Ships Security Alert System | 船舶安全性报警系统 |
| SSC | Special Service Craft | 特别服务艇 |
| SW | Salt Water | 海水 |

## T

| | | |
|---|---|---|
| TA | Type Approval | 型式认可 |
| TBT | Tri Butyl Tin Fluoride | 三丁基氟化锡 |
| TEFC | Totally Enclosed, Fan Cooled | 全封闭，风扇冷却 |
| TFT | Thin Film Transistor (monitors) | 薄膜晶体管（监视器） |
| THD | Total Harmonic Distortion | 总谐波失真 |

## U

| | | |
|---|---|---|
| UHF | Ultra High Frequency | 超高频 |
| UMS | UnManned Service | 无人服务 |
| UPS | Uninterruptable Power Supply | 不间断电源 |
| UV | Ultra Violet | 紫外线 |

## V

| | | |
|---|---|---|
| V | Volt | 伏特 |
| VDR | Voyage Data Recorder | 航行数据记录仪 |
| VFD | Variable Frequency Drive | 变频驱动器 |
| VHF | Very High Frequency | 甚高频 |
| VLCC | Very Large Crude Carrier | 超大型油轮运输船 |

## X

| | | |
|---|---|---|
| XLPE | Cross-Linked Poly-Ethylene | 交联聚乙烯 |

## 30 有用的互联网链接

现在的互联网是一个巨大的信息域,但站点之间的信息的质量可能有所不同。因此,建议用户酌情使用互联网的信息资源。为了帮助读者收集互联网信息,以下是一些可能有用的互联网链接。虽然在本书出版时,对所有的链接进行了测试,但用户应注意,互联网随时都在变化,当尝试使用时,互联网链接可能不可用(断开的链接)。该列表的"可点击"版本可在出版商的网站上找到:www.dokmar.com。如果您有一些新的有趣的链接,可以给出版商的邮箱地址发送邮件:info@dokmar.com,我们会考虑在本书的下一次印刷中添加。

### 1 标准网站

| | |
|---|---|
| www.imo.org | 国际海事组织 |
| www.iso.org | 国际标准化组织 |
| www.cen.eu | 欧洲标准化委员会 |
| www.cenelec.eu | 欧洲电工标准化委员会 |
| www.iec.ch | 国际电工委员会 |
| www.cie.co.at | 国际照明委员会 |
| www.itu.int | 国际通信联盟 |
| www.bsigroup.com | 英国标准,主要的互联网网站 |
| www.ansi.org | 美国国家标准协会,大量的互联网资源概述网页也包含在这里 |
| www.uscg.mil | 美国海岸警备队(USCG)主网站 |
| www.standard.no/en/sectors/Petroleum | 挪威的石油工业标准 |

### 2 船级社

下面列出了一些主要船舶船级社。只有同时是国际船级社协会和欧洲海事安全局成员的船级社才会被列入名单。

| | |
|---|---|
| www.iacs.org.uk | 国际船级社协会 |
| www.emsa.europa.eu | 欧洲海事安全局 |
| www.lr.org/sectors/marine | 英国劳埃德船级社船舶分类主网站 |
| www.cdlive.lr.org | 英国劳埃德船级社海洋分类信息服务,由型式认证设备的列表 |
| www.eagle.org | 美国船级社 |
| www.bureauveritas.com | 法国国际检验局主网站,有到航运业部分的链接 |
| www.gl-group.com | 德国劳氏航运局 |
| www.rina.org | 意大利船级社(RINA) |
| www.classnk.or.jp | 日本船级社或NK船级社 |
| www.rs-head.spb.ru/en | 俄罗斯航运局 |
| www.dnv.com/industry/maritime | 挪威船级社,海洋部分 |

## 3 大型系统和设备供应商

以下列出了一些的主要的国际系统和设备供应商。

| | |
|---|---|
| www.schneider-electric.com | 施耐德电子，零部件，完整的组件和系统。主要网站有大型数据库，免费下载PDF格式的Cahiers技术，各学科具有非常详细的设计资料。在搜索输入框中输入"cahier"，以获得一个完整的概述。 |
| www.siemens.com | 西门子，零部件、完整的组件和系统。主要网站提供了大量的免费信息和下载。 |
| www.abb.com | ABB，零部件、完整的组件和系统。 |
| www.ge.com | GE，零部件、完整的组件和系统。 |
| www.nema.org | NEMA，电子协会和医疗成像设备。NEMA是美国的电气制造行业的贸易协会，并且拥有约450家成员公司，生产用于发电、输电和配电，控制和最终使用的电力产品。 |

## 4 材料等级

| | |
|---|---|
| www.ul.com | 美国保险商实验室（UL）是一家独立的产品安全认证机构，测试产品和编写的安全标准。 |
| www.ptb.de/en | 物理技术研究院德国慕尼黑（PTB）是德国全国性的计量机构，提供科学及技术服务。PTB证书应用在如防爆设备中。 |

## 5 船舶自动识别系统（AIS）

两个实时展示世界各地船只运动的互联网网站示例。

www.marinetraffic.com/ais
www.digital-seas.com

## 6 一般科学，工程基础

| | |
|---|---|
| www.bubl.ac.uk | BUBL LINK的网络资源目录涵盖了所有学科领域 |
| www.intute.ac.uk | INTUTE是一个有用的网站，可以找到学习和研究的网页 |
| www.unesco.org | 联合国教育、科学及文化组织和其网站上有更详细的自然科学部分（tab） |

## 7 各种各样的网站

下面是可能包含有用的信息的互联网网址示例。这是从互联网数以万个可用的网站中随机选择的。

| | |
|---|---|
| www.mathconnect.com | Mathconnect，在线计算器和转换器。简单易用，可直接获得结果 |
| www.thefreedictionary.com | 免费在线英语词典 |
| www.wetransfer.com | 用于很难附加到电子邮件中的大文件的传输 |
| www.stormy.ca | 加拿大的互联网网站，包括很多的有趣的信息和链接 |
| www.gizmology.net/batteries | 一些关于电池的选择的注意事项，带有在线计算部分 |
| webbook.nist.gov/chemistry | 美国国家标准与技术研究所（NIST）化学网页书库，带有搜索引擎和数据库，可以找到70000多种材料的化学性质 |
| www.islandnet.com/robb/marine.html | 网址提供了一些有趣的测试指南 |

## A
| | |
|---|---|
| 岸电连接 | Shore connection |

## B
| | |
|---|---|
| 半导体转换器 | Semi-conductor converters |
| 报警和监测系统 | Alarm and monitoring systems |
| 保险丝 | Fuses |
| 变压器 | Transformer |
| 变频器 | Frequency converters |
| 并联操作 | Parallel operation |
| 并联运行 | Parallel running |
| 不接地 | Ungrounded |

## C
| | |
|---|---|
| 船级社 | Classification societies |
| 超雾 | Ultra fog |
| 差分全球定位系统 | DGPS |
| 柴电推进 | Diesel electric propulsion |
| 测深仪 | Echosounder |
| 船体回路 | Hull return |
| 磁罗经 | Magnetic compass |
| 超级游艇 | Mega yachts |
| 操作条件 | Operational conditions |
| 航行数据记录仪 | Voyage data recorder |

## D
| | |
|---|---|
| 电磁兼容性 | Electromagnetic compatibility |
| 导航设备 | Navigation equipment |
| 导航灯 | Navigation lights |
| 电池 | Batteries |
| 电池系统 | Battery systems |
| 电缆连接 | Cable connections |
| 电缆贯穿 | Cable penetrations |
| 电缆布线 | Cable routing |
| 电缆 | Cables |
| 电缆槽 | Cable trays |
| 电力电缆 | Electric cables |
| 断路器 | Circuit breakers |
| 电流限制 | Current limitation |
| 动力定位 | Dynamic positioning |
| 动力定位系统 | DP systems |
| 动力定位船舶 | Dynamic positioned ships |
| 下垂 | Droop |
| 电子海图显示 | Electronic chart display (ECDIS) |
| 单线图 | One-line diagram |
| 舵角指示器 | Rudder angle indicator |
| 电压调节器 | Voltage regulator |
| 短路行为 | Short-circuit behaviour |
| 短路计算 | Short-circuit calculations |

## E
| | |
|---|---|
| 二氧化碳 | Carbon-dioxide |
| EMC干扰 | EMC interference |
| EMC管理 | EMC management |
| EMC措施 | EMC measures |
| EMC / THD测试 | EMC/THD tests |

## F
| | |
|---|---|
| 废气 | Exhaust gas |
| 发电机 | Generators |
| 负载均衡 | Load balance |
| 负载列表 | Load list |
| 负载分配 | Load sharing |
| 非必要用电设备 | Non-essential consumers |
| 防护等级 | Protection classes |
| 帆船游艇 | Sailing yacht |
| 风力发电机 | Wind-generator |
| 风速和风向 | Wind speed and direction |

## G
| | |
|---|---|
| 干扰 | Interference |
| 干扰信号 | Disturbing signals |
| 干热 | Dry heat |
| 工厂验收测试 | Factory acceptance tests (FAT) |
| 故障模式 | Failure mode |
| 故障模式和影响分析 | Failure mode and effect analysis (FMEA) |
| 公式 | Formulas |
| 高压 | High voltage |
| 高压电缆 | High voltage cables |
| 高压交流电 | HVAC |
| 高压开关设备 | HV switchgear |
| 国际海事卫星组织 | INMARSAT |
| 管道铺设驳船 | Pipe laying barges |
| 固体中性点接地方式 | Solid grounded neutral |

## H
| | |
|---|---|
| 化学品运输船 | Chemical tanker |
| 火灾探测 | Fire detection |
| 海上试航 | Sea trials |
| 港口验收测试 | Harbour acceptance tests (HAT) |
| 海港负载 | Harbour load |
| 航行警告电传机 | Navtex |

## I
| | |
|---|---|
| IEC标准 | Iec standards |
| IP防护等级 | Ip ratings |
| 同步 | Isochronous |

## J
| | |
|---|---|
| 交流电 | Current (AC) |
| 交流发电机 | AC generator |
| 交流电源 | AC sources |
| 碱性 | Alkaline |
| 基本设计标准 | Basic design criteria |
| 基本用电设备 | Essential consumers |
| 舰桥控制系统 | Bridge control systems |
| 舰桥装置 | Bridge equipment |
| 集电极 | Collectors |
| 接触器 | Contactors |
| 接地导线 | Earth conductors |

## 31 索引

|  |  |  |  |
|---|---|---|---|
| 接地系统 | Grounded systems | 危险区域 | Dangerous areas |
| 接地安排 | Grounding arrangements | 危险区域 | Hazardous areas |
| 绝缘电阻 | Insulation resistance | 外壳 | Enclosure |
| 阶跃负载 | Step loads | 维护标准 | Maintenance criteria |
| **K** | | 卫星通信 | Satcom |
| 客运渡轮 | Passenger ferry | 无限制的服务 | Unrestricted service |
| 客船 | Passenger ships | 无人符号（UMS） | Unmanned (UMS) notation |
| 汽笛 | Whistle | 无人值守引擎舱 | Unmanned engine room |
| 开关 | Switchgear | **X** | |
| **L** | | 谐波失真 | Harmonic distortion |
| 罗经系统 | Compass systems | 项目管理 | Project management |
| 雷达 | Radar | 限制服务 | Restricted service |
| 陀螺罗经 | Gyrocompass | 旋转转换器 | Rotary converter |
| 励磁 | Exciter | 旋转电流（RC） | Rotating current (RC) |
| **M** | | 选择性 | Selectivity |
| 母线 | Bus bar | 选择性图表 | Selectivity diagrams |
| **N** | | 型式认可 | Type approval |
| 年度调查 | Annual surveys | **Y** | |
| 内河航道 | Inland waterway | 预算 | Budget |
| 内河航道船舶 | Inland waterway ships | 沿海服务 | Coastal service |
| **P** | | 影响分析 | Effect analysis |
| 配电系统 | Distribution system | 用电设备 | Consumers |
| 偏离航向报警 | Off-course alarm | 应急电池 | Emergency batteries |
| 配电板 | Switchboards | 应急用电设备 | Emergency consumers |
| **Q** | | 应急发电机 | Emergency generator |
| 车辆渡轮 | Car ferries | 应急电源 | Emergency power |
| 起重船 | Cranebarge | 应急推进 | Emergency propulsion |
| 气密边界 | Gas tight boundaries | 应急服务 | Emergency services |
| 全球海上遇险和安全系统 | GMDSS | 一般报警系统 | General alarm system |
| 铅酸电池 | Lead acid battery | 永磁 | Permanent magnet |
| 启动装置 | Starting devices | 水下机器人 | Remote operated vehicle |
| 启动器 | Starters | 盐环境 | Salt environment |
| **R** | | 油轮 | Tankers |
| 认证设备 | Certified equipment | **Z** | |
| 人体耐受量 | Human tolerance | 自动识别系统 | AIS |
| 日志 | Log | 自动控制系统 | Automatic control systems |
| 冗余标准 | Redundancy criteria | 自动驾驶 | Automatic pilot |
| **S** | | 自动电压调节器 | Automatic voltage regulator |
| 索具 | Rigging | 自动跟踪 | Autotrack |
| 鼠笼转子 | Squirrel cage rotor | 自耦变压器类型 | Autotransformer type |
| 鼠笼式电动机 | Squirrel cage motor | 转换器 | Converters |
| **T** | | 转换设备 | Converting equipment |
| 通信 | Communication | 直流电 | Direct current (DC) |
| 天线 | Antennas | 钻井 | Drilling |
| 调速器 | Governors | 直升机设施 | Helicopter facilities |
| 同步 | Synchronisation | 照明 | Lighting |
| 同步设备 | Synchronising equipment | 照明系统 | Lighting systems |
| 太阳能电池 | Solar cells | 主母线 | Main bus-bar |
| 太阳辐射 | Solar radiation | 兆欧表测试 | Meggertest |
| **U** | | 转向指示灯率 | Rate of turn indicator |
| UPS单元 | UPS units | 转子 | Rotor |
| **W** | | 载人机舱 | Manned engine room |
| | | 轴带发电机 | Shaft generators |

**更正和验证阅读：**

- Jan van Boerum　　　　　　　斯希丹
- Carol Conover　　　　　　　　荷兰
- Mimi Kuijper　　　　　　　　　特西林岛
- Fred van Laar　　　　　　　　 福尔斯霍滕
- Mark Ringlever　　　　　　　 斯希丹
- Huib van Zessen　　　　　　　巴伦德勒克

**使用的一些转载的照片：**

| | | |
|---|---|---|
| – Alphatron Marine BV | 鹿特丹 | 165，167，168，171 |
| – Amsport | 阿姆斯特丹 | 32 |
| – Jan van Boerum | 斯希丹 | 51，89，97，135，137，139，164，175，183，192，194，195，196 |
| – Danny Cornelissen | 罗曾堡 | 162，214，215 |
| – Klaas van Dokkum | 恩克森 | 6，42，66，83，166，169，172 |
| – GustoMSC | 斯希丹 | 219 |
| – Hans ten Katen | 鹿特丹 | 31 |
| – OceAnco | 阿尔布拉瑟丹 | 39 |
| – Klaas Slot | 哈勒姆 | 4，7，8，9，14，29，39 157，187，193，194，206，209，220，221 |

以上未提及的照片为Rene Borstlap自己收集。

**使用的一些转载的图纸：**

| | | |
|---|---|---|
| – Jan van Boerum | 斯希丹 | 19，20，21，22，25，33，55，57，76，77，97，105，108，111，171，215 |

# 32　致　谢